U0922999

卓越系列·教育部高职高专自动化技术类专业教指委推荐教材

可编程控制器技术及应用

（西门子 S7－300 系列）

Technique and Application of Programmable Logic Controller

（SIEMENS S7－300）

主　编　王　芹　王　浩
副主编　苗　蓉　马光松
参　编　滕今朝　王文华　林京娜　兰茂龙

内 容 提 要

本书以工作任务引领知识、技能和态度,使学生在完成工作任务的过程中学习专业知识,培养和锻炼学生的动手能力和应用能力,提高学生的综合职业能力,突出了“工学结合”特色。

本书全面深入地介绍了西门子 S7 - 300 PLC 的硬件结构与硬件组态的方法、指令系统、程序结构以及编程软件和仿真软件的使用方法;通过大量实例介绍了常用指令的功能和常用的软件编程方法,介绍了数字量控制系统的顺序控制设计法;介绍了模拟量的相关知识及 PID 控制、高速计数及高速脉冲输出功能;通过实例介绍了 S7 - 300 PLC 几种常用的网络通信协议。

本教材突出学生实践动手能力的培养,较好地体现了应用型人才培养的要求,适用于高职院校电气自动化专业、机电一体化专业及机电类专业师生,本书各章配有适量的练习题,可供工程技术人员和维修人员自学,亦可作为大专院校、培训班的教材或参考书。

图书在版编目(CIP)数据

可编程控制器技术及应用:西门子S7-300系列/王芹,王浩主编.—天津:天津大学出版社,2012.2(2017.2重印)
(卓越系列)
教育部高职高专自动化技术类专业教指委推荐教材
ISBN 978-7-5618-4292-8

Ⅰ.①可… Ⅱ.①王… ②王… Ⅲ.①可编程序控制器-高等职业教育-教材 Ⅳ.①TP332.3

中国版本图书馆CIP数据核字(2012)第018021号

出版发行 天津大学出版社
地 址 天津市卫津路92号天津大学内(邮编:300072)
电 话 发行部:022-27403647
网 址 publish.tju.edu.cn
印 刷 天津市蓟县宏图印务有限公司
经 销 全国各地新华书店
开 本 185mm×260mm
印 张 17
字 数 424千
版 次 2012年3月第1版
印 次 2017年2月第3次
定 价 34.00元

前　言

可编程逻辑控制器(Programmable Logic Controller)通常称为可编程控制器或PLC,是近年来发展迅速的工业控制装置,已广泛应用于工业企业的各个领域。它是一种以微处理器为基础,综合了现代计算机技术、自动化技术和通信技术发展起来的一种通用的工业自动控制装置。西门子公司的S7－300 PLC在中型PLC中应用最广,市场占有率最高,本书针对S7－300 PLC的硬件、编程软件、编程语言、指令系统、程序结构、模拟量及PID控制、高速计数及高速脉冲输出、网络通信等方面作了全面的介绍。

教材编写团队基于高职教育必须主动适应职业岗位的需求,研究实施“工学结合”人才培养模式,进行基于工作过程的课程建设及改革,根据自动化技术岗位的能力要求,在编者多年从事PLC教学、培训及科研的基础上,编写了《可编程控制器技术及应用(西门子S7－300系列)》教材。本教材采用“任务驱动”教学模式,在取材和编写的过程中,针对高职学生的认知规律,精简并整合了理论知识部分的内容,注重和强化实际动手操作环节,强调使学生“学以致用”,所学技能具有可持续发展性。

教材在编写中,基于制造业的工业背景,与企业紧密合作,深入分析相关岗位工作任务及职业能力需求,围绕自动化技术岗位能力要求,教材内容由浅入深,合理地安排知识点、技能点及拓展环节,结合岗位中的实例作为教学任务,突出学生实践能力的培养,较好地体现应用型人才培养的要求,也便于工程技术人员作为参考书使用。

教材以西门子公司的S7－300 PLC为例,共分9个模块,前8个模块以“任务驱动”的方式进行编写,最后一个模块设计了1个综合案例。第一个模块“认识PLC”,讲述了PLC的概念、组成及工作原理;第二个模块“S7－300 PLC的硬件与组态”,讲述了S7－300 PLC的系统结构,各模块的性能,S7－300 PLC系统、输入输出接线以及扩展模块与PLC的连接,使用STEP 7软件进行S7－300 PLC的硬件组态;第三个模块“PLC的编程基础”,主要通过几个典型控制任务作为切入点,介绍S7－300 PLC的基本指令;第四个模块“顺序控制设计法”,介绍顺序功能图的使用及顺序功能图到梯形图的转换方法;第五个模块“S7－300 PLC的程序结构”,从实际的工程需求出发,在具体的项目中,介绍PLC的组织块、功能、功能块、系统功能和系统功能块的各自功能、特点及生成和调用方法;第六个模块“模拟量及PID控制”,介绍了常用的模拟量模块的使用、接线和编程,PID的基本概念和原理,温度控制系统的PID控制方法;第七个模块“高速计数与脉冲输出控制”,介绍了高速计数器的基本知识,高速计数器的组态与编程方法,步进驱动器的相关知识,脉冲输出控制的组态与编程方法;第八个模块“S7－300 PLC工业网络组态与编程”,主要介绍网络的基本概念,S7－300 PLC的联网实例;第九个模块“S7－300 PLC综合案例”,介绍PLC应用的典型工程案例。

以任务的方式进行教学,能够激发学生的求知欲,调动学生主动学习。相关知识和任务解决方案将知识和技能有效结合,符合高职“工学结合”人才培养模式的指导思想。知识拓展,使学生将所学知识迁移到新的学习对象上。任务小结、巩固与提高环节使学生巩固所学的知识。模块导向、任务驱动的教学内容,便于组织教学,加深理解,提高学习效果。本书坚持结构层次递进,语言表述尽量浅显易懂,符合职业能力的培养规律。

本书由威海职业学院王芹、王浩任主编并统稿,苗蓉、马光松任副主编,滕今朝、王文华、林京娜、兰茂龙参与了编写。其中,模块一由王芹、马光松编写;模块二由王芹、滕今朝编写;模块三由王芹、王浩编写;模块四由苗蓉编写;模块五、六由王芹、王浩编写;模块七、八由王浩、林京娜、兰茂龙编写;模块九由王浩、苗蓉编写;附录由王文华编写。

本书编写的过程中,注重企业调研,广泛征求企业工程技术人员的意见,威海北洋电气集团高级工程师高明、山东蓝星玻璃集团工程师林平及闫霞提供大量资料和帮助,在此表示衷心感谢。

由于编者水平所限,书中难免存在错误和不妥之处,敬请广大读者批评指正。

本书有配套的电子课件与教案免费提供,作者电子邮箱为 wqzyxy@163.com,或咨询编辑热线 022-27404575(胡老师),电子邮箱为 hxj8321@126.com。

编者

2011 年 8 月

目　录

模块一　认识 PLC

学习目标：

学习了本模块之后，你将会

☞ 了解 PLC 的基本概念；

☞ 熟悉从传统的电气控制到 PLC 控制的转换；

☞ 熟悉 PLC 硬件的构成及各部分的功能；

☞ 熟悉 PLC 的软件构成；

☞ 熟悉 PLC 的编程语言及各种编程语言的特点；

☞ 了解 PLC 的工作原理，熟悉 PLC 的扫描工作模式；

☞ 了解 PLC 的性能与选型；

☞ 了解西门子 S7 系列 PLC。

任务一　初识 PLC

可编程控制器（PLC）在图 1.1 所示的整个控制系统中起着怎样的作用呢？

在全集成化的控制系统中，PLC 是最基本的控制设备，收集来自现场的各种传感器信号及操作者的控制信息作为输入信号，执行存储器中用户编写的程序，将程序执行结果输出，驱动相应电动阀门的开关、电机的启动与调速等。

国际电工委员会（IEC）对 PLC 的定义是："可编程控制器是一种数字运算操作的电子系统，专为在工业环境下应用而设计。它采用可编程序的存储器，用来在其内部存储执行逻辑运算、顺序控制、定时、计数和算术运算等操作的指令，并通过数字的、模拟的输入和输出，控制各种类型的机械或生产过程。可编程序控制器及其有关设备，都应按易于与工业控制系统形成一个整体，易于扩充其功能的原则设计。"

PLC 是由继电器逻辑系统发展而来，初期主要代替继电接触器控制系统，用在离散制造、工序控制等方面，侧重于开关量顺序控制。

近年来随着微电子技术、大规模集成电路技术、计算机技术和通信技术等的发展，PLC 在技术和功能上发生了飞跃。在初期逻辑运算的基础上，增加了数值运算、闭环调节等功能，增加了模拟量和 PID 调节等功能模块；运算速度的提高，使 CPU 的运算能力赶上了工业控制计算机；通信能力的提高，发展了多种局部总线和网络（LAN），因而可构成为一个集散系统。特别的是个人计算机也被吸收到 PLC 系统中。

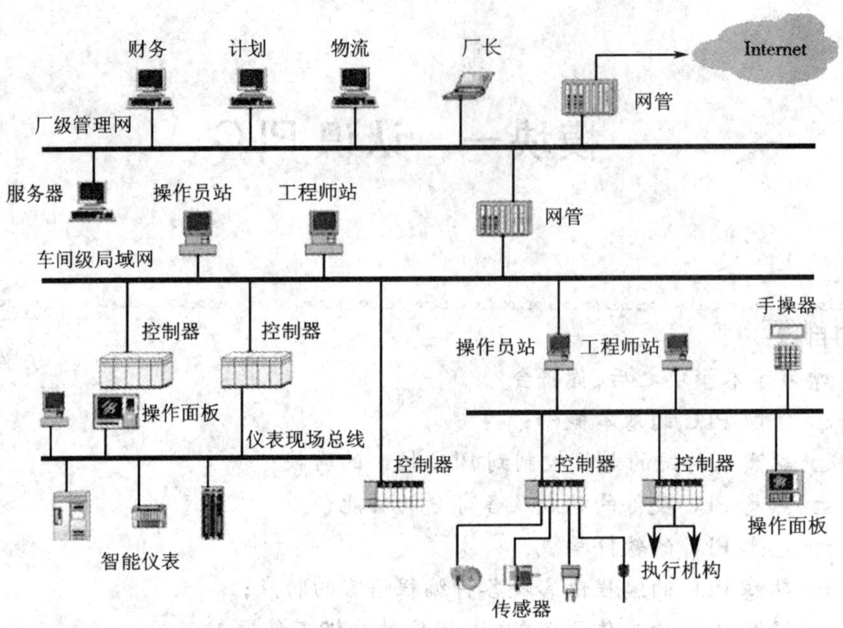

图 1.1　全集成控制系统图

本教材里介绍的 S7－300 系列 PLC,在自动化系统中有其强大功能。使用范围可覆盖从替代继电器的简单控制到更复杂的自动化控制。应用领域极为广泛,几乎覆盖所有与自动检测、自动化控制相关的工业及民用领域,包括各种机床、机械、电力设施、民用设施、环境保护设备等,如冲压机床、磨床、印刷机械、橡胶化工机械、中央空调、电梯控制、运动系统等。

一、从传统的电气控制到 PLC

电气控制是一个内容十分广泛的概念,电路的通断、电动阀门的开关、电机的启动与调速等,都属于电气控制的范畴。传统的继电接触器控制系统具有结构简单、价格低廉、容易操作、技术难度较小等优点,所以长期以来被广泛地应用于工业控制的各种领域中。

下面用 PLC 改进传统的鼠笼式异步电机的启动、制动控制方式,并对使用传统控制方式和 PLC 控制方式进行比较。

(一)使用传统方式控制的电机自锁运行启动

继电接触器控制电路图如图 1.2 所示。当按下启动按钮 SB1 后,继电器线圈 KM 通电,主电路中 KM 主触点闭合,电机开始运行,同时控制电路中的 KM 辅助触点闭合形成自锁;当按下停止按钮 SB2 时,继电器线圈 KM 断电,电机停止运行。

这种传统的继电接触器控制方式控制逻辑清晰,采用机电合一的组合方式便于普通机类或电类技术人员维修,但由于使用的电气元件体积大、触点多、故障率大,所以运行的可靠性较低。

(二)使用 PLC 控制的电机自锁运行

采用 PLC 实现电机的自锁运行,是将传统的继电接触器控制和计算机控制结合起来实现控制过程。采用 PLC 实现的控制电路如图 1.3 所示。

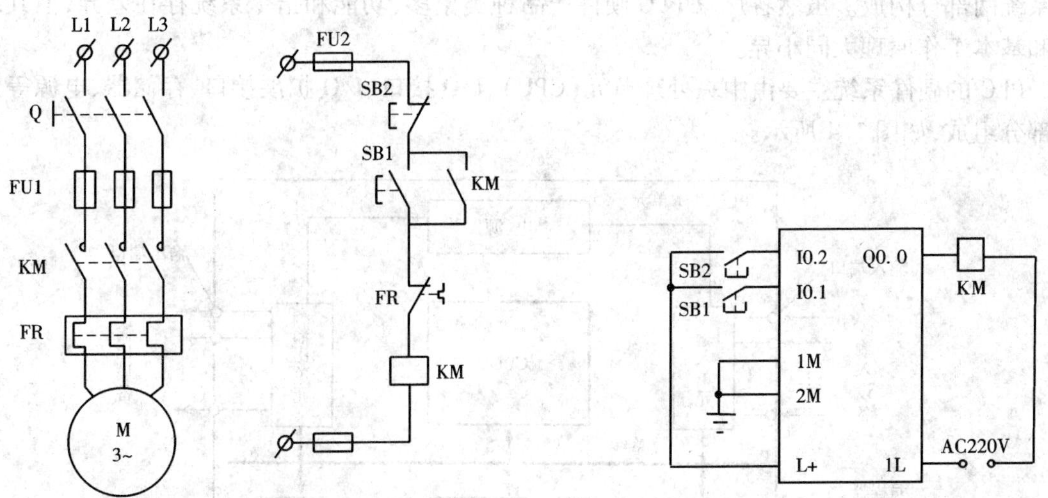

图 1.2 继电接触器控制电路

图 1.3 PLC 控制电路

PLC 控制电路的控制逻辑由 PLC 内部的程序实现,与传统的继电接触器控制系统基本一致。关于 PLC 是如何结合继电接触器控制来实现控制过程的,将在后续项目中介绍。

(三)电机的传统控制方法和 PLC 控制方法的比较

比较图 1.2 和图 1.3,可以看出,使用 PLC 控制之后,所需要的硬件接线只是作为 PLC 输入的操作者控制信号和作为输出的控制电机运行信号。这种控制方式的改变,使两者之间有许多不同。

1. PLC 控制系统结构紧凑

继电接触器控制系统使用电器多,体积大且故障率高;PLC 控制系统结构紧凑,使用电器少,体积小。

2. PLC 内部大部分采用"软"逻辑

继电接触器控制全部用"硬"器件、"硬"触点和"硬"线连接,为全硬件控制,机械式触点动作慢,弧光放电严重;PLC 内部大部分采用"软"器件、"软"触点和"软"线连接,为软件控制,"软"触点动作快。

3. 改变 PLC 控制功能极其方便

改变继电接触器控制功能,需拆线、接线乃至更换元器件,比较麻烦;而改变 PLC 控制功能,一般只需修改程序,极其方便。

4. PLC 控制系统制造周期短

由于 PLC 控制系统结构简单紧凑,基本为软件控制,因此设计、施工与调试周期比继电接触器控制系统短。

此外,由于 PLC 技术是在计算机控制的基础上发展而来,因此它的软硬件设置有着传统的继电接触器控制无法比拟的优势,工作可靠性极高。

二、认识 PLC 的硬件

PLC 是以微处理器为核心的计算机控制系统。作为计算机系统,它同样由硬件系统和软件系统两部分构成。虽然各厂家PLC硬件产品种类繁多,功能和指令系统存在差异,但其组成和基本工作原理大同小异。

PLC的硬件系统主要由中央处理单元(CPU)、I/O接口、I/O扩展接口、存储器、电源等几个部分组成,如图1.4所示。

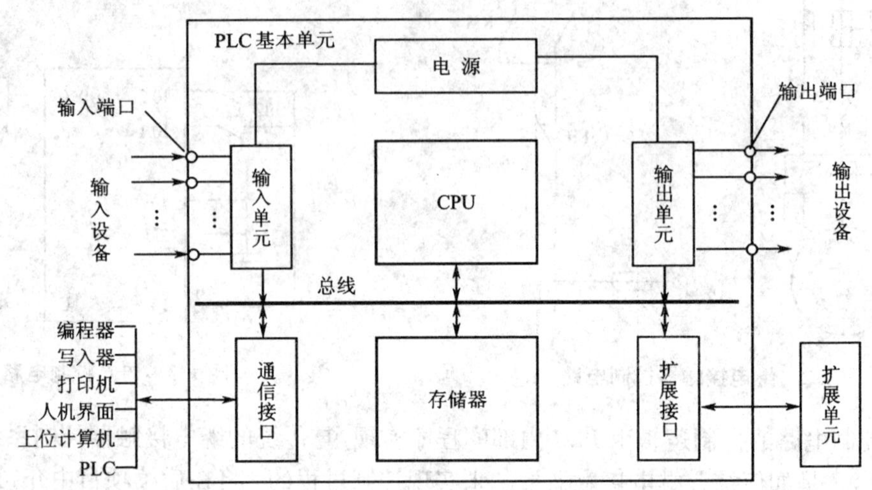

图1.4 PLC硬件系统结构

(一)中央处理单元(CPU)

PLC的中央处理器与一般的计算机系统一样,是PLC的控制中枢,其性能决定了PLC的性能,它按PLC中程序赋予的功能有条不紊地进行工作。

(二)存储器(RAM/ROM)

存储器是具有记忆功能的半导体电路,主要用来存放系统程序、用户程序和工作数据等。PLC中使用的存储器由只读存储器(ROM)、随机存储器(RAM)及可擦除只读存储器(EPROM)组成。存储器是衡量PLC性能的一个重要指标。

只读存储器(ROM)用于存放厂家编写的系统程序,它决定了PLC的功能。用户不能随便修改系统程序。系统程序根据PLC功能的不同而不同。

随机存储器(RAM)主要存放用户根据控制要求编写的各种应用程序,用户可以根据要求对其内容进行修改,是具有易失性的存储器。电源关断后,储存的信息将会丢失,可用锂电池保持。

可擦除只读存储器(EPROM)兼有ROM的非易失性和RAM的随机存取的优点,但是写入时间比RAM长,主要用来存放用户程序和需长期保存的重要数据。

(三)I/O接口

输入接口一般由数据输入寄存器、选通电路和中断请求逻辑电路构成,负责微处理器及存储器与外部设备的信息交换。输入接口接收来自现场检测部件(如限位开关、操作按钮、选择开关、行程开关)以及其他一些传感器输出的开关量或模拟量(要通过模数变换进入机内)等各种状态控制信号,并存入输入映像寄存器。

输入接口采用光电耦合电路将PLC与现场设备隔离起来,以提高PLC的抗干扰能力。

输入接口电路通常有两类:一类为直流输入型,另一类是交流输入型。

输出接口模块是 PLC 与现场设备之间的连接部件,用来将输出信号送给控制对象。其作用是将中央处理单元送出的弱电控制信号转换成现场需要的强电信号输出,以驱动电磁阀、接触器、电机等被控设备的执行元件。

(四)I/O 扩展接口

小型的 PLC 输入输出接口都是与中央处理单元(CPU)制造在一起的。为了满足被控设备输入输出点数较多的要求,常需要扩展数字量输入输出模块;为了满足模拟量控制的需要,常需要扩展模拟量输入输出模块,如 A/D、D/A 转换模块等。I/O 扩展接口就是为连接各种扩展模块而设计的。

(五)通信接口

通信接口用于 PLC 与编程器、计算机、变频器、触摸屏以及其他 PLC 等智能设备之间的连接,以实现 PLC 与智能设备之间的数据传送。

(六)编程器

利用编程器可对用户程序进行编制、编辑、调试和监视,还可以通过键盘调用和显示 PLC 的一些内部状态和系统参数。它经过编程器接口与中央处理单元联系,完成人机对话操作。

编程器主要有两种。一种是 PLC 专用编程器,有手持式和台式等,具有编辑程序所需的显示器、键盘及工作方式设置开关。编程器通过电缆与 PLC 的中央处理单元(CPU)相连。编程器具备程序编辑、编译和程序存储管理等功能。一些手持式的小型 PLC 编程器本身无法独立工作,需和 PLC 的 CPU 连接后才能使用。另一种是基于个人计算机系统的 PLC 编程器。在通用计算机系统中,配置 PLC 的编程及监控软件,通过 RS232 串行接口与 PLC 的 CPU 相连。PLC 语言的编译软件已包含在编程软件系统中。目前许多 PLC 产品都有自己的个人计算机 PLC 编程软件系统,如用于西门子 S7 - 300 系列 PLC 的编程软件 STEP 7 - Micro/WIN 等。

(七)电源

电源部件将交流电源转换成供 PLC 内部需要的直流电源。它的好坏直接影响 PLC 的功能和可靠性,因此目前大部分 PLC 均采用开关式稳压电源供电,同时还向各种扩展模块提供 24 V 直流电源。

三、认识 PLC 的软件

PLC 软件系统和硬件系统共同构成了可编程控制器系统。那么,PLC 的软件有哪几种?在整个控制系统中起什么作用呢?

(一)PLC 的软件构成

PLC 的软件系统可分为系统程序和用户程序两大类。系统程序是厂家编写的程序,随 PLC 的功能不同而不同,它包括管理程序、用户指令解释程序和供系统调用的标准程序模块等,主要用于时序管理、存储空间分配、系统自检和用户程序翻译等;用户程序是用户根据控制要求,按系统程序允许的编程规则,用厂家提供的编程语言编写的程序。

改进系统程序可使 PLC 的性能在不改变硬件的情况下得到很大的改善,所以 PLC 制造厂商对此极为重视,不断地升级和完善产品的系统程序。

(二)PLC 的编程语言

PLC 的用户程序是根据现场控制要求,使用厂家提供的编程语言自行编写的。不同厂家的 PLC 有不同的编程语言。现以西门子 PLC 的编程语言为例，说明各种编程语言之间的异同。

1. 顺序功能图(Sequential Function Chart,SFC)

这是位于其他编程语言之上的图形语言，用来编制顺序控制的程序（如机械手控制程序）。编写时，工艺过程被划分为若干个顺序出现的步，每步中包括控制输出的动作，从一步到另一步的转换由转换条件来控制，特别适用于生产制造过程。西门子 STEP 7 中的该编程语言是 S7 Graph。

2. 梯形图(LAdder Diagram,LAD)

这是使用最多的 PLC 编程语言。因与继电器电路很相似，具有直观易懂的特点，很容易被熟悉继电接触器控制的电气人员掌握，特别适合数字量逻辑控制，不适合编写大型控制程序。

梯形图由触点、线圈和用方框表示的指令构成。触点代表逻辑输入条件；线圈代表逻辑运算结果，常用来控制指示灯、开关和内部的标志位等；指令方框用来表示定时器、计数器或数学运算等指令。

3. 语句表(STatement List,STL)

语句表是一种类似于微机汇编语言的文本编程语言，由多条语句组成一个程序段。语言表适合经验丰富的程序员使用，可以实现某些梯形图不能实现的功能。

4. 功能块图(Function Block Diagram,FBD)

功能块图使用类似于布尔代数的图形逻辑符号来表示控制逻辑，一些复杂的功能用指令框表示，适合有数字电路基础的编程人员使用。功能块图用类似于“与门”、“或门”的框图来表示逻辑运算关系，方框的左侧为逻辑运算的输入变量，右侧为输出变量，输入输出端的小圆圈表示“非”运算，方框用“导线”连在一起，信号自左向右。

5. 结构化文本(Structured Text,ST)

结构化文本是为 IEC 61131—3 标准创建的一种专用的高级编程语言。与梯形图相比，它可实现复杂的数学运算，编写的程序非常简洁和紧凑。

STEP 7 的 S7 SCL 结构化控制语言的编程结构和 C 语言、Pascal 语言相似，特别适合习惯于使用高级语言编程的人使用。

在西门子 S7 - 300 系列 PLC 的编程软件 STEP 7 - Micro/WIN 中，主要使用 LAD、STL、FBD 三种方式编写用户程序。

开关量逻辑控制程序是 PLC 用户程序中最重要的一部分，是将 PLC 用于开关量逻辑控制的软件，一般采用 PLC 生产厂商提供的如梯形图、语句表等编程语言编制。模拟量运算控制和闭环控制程序是大中型 PLC 系统的高级应用程序，通常采用 PLC 厂商提供的相应程序模块及主机的汇编语言或高级语言编制。工作站初始化程序是用户为 PLC 系统网络进行数据交换和信息管理而编制的初始化程序，在 PLC 厂商提供的通信程序基础上进行参数设定，一般采用高级语言实现。

任务二 了解 PLC 的工作原理

前面述及的电机自锁运行控制中,PLC 是怎么实现与继电接触器同样的控制逻辑呢?

一、PLC 的扫描工作模式

最初研制生产的 PLC 主要用于代替传统的由继电接触器构成的控制装置,两者的运行方式是不相同的。

继电接触器控制装置采用硬逻辑并行运行方式,即如果这个继电器的线圈通电或断电,该继电器所有的触点(包括其常开或常闭触点)无论在继电接触器控制电路的哪个位置上都会立即同时动作。

PLC 的 CPU 则采用顺序逻辑扫描用户程序的运行方式。当 PLC 投入运行后,其工作过程一般分为输入采样、执行用户程序、处理通信请求、CPU 自诊断和输出刷新 5 个阶段。完成上述 5 个阶段称为一个扫描周期。在整个运行期间,PLC 的 CPU 以一定的扫描速度重复执行上述 5 个阶段。

(一)输入采样阶段

PLC 以扫描方式依次读入所有输入状态和数据,并将它们存入输入映像寄存器中相应的单元内。输入采样结束后,顺序转入下面几个阶段的执行。在这几个阶段中,即使输入状态和数据发生变化,输入映像寄存器中的相应单元的状态和数据也不会改变。因此,如果输入是脉冲信号,则该脉冲信号的宽度必须大于一个扫描周期,才能保证在任何情况下该输入均能被读入。

(二)执行用户程序阶段

PLC 的用户程序由若干条指令组成, 在执行用户程序阶段,PLC 总是从第一条指令开始,逐条顺序地执行用户程序。

(三)处理通信请求阶段

在处理通信请求阶段,CPU 处理从通信接口和智能模块接收到的信息,如由编程器送来的程序、命令和各种数据,并把要显示的状态、数据、出错信息等发送给编程器进行显示。如果有与计算机等的通信请求,也在这段时间完成数据的接收和发送任务。

(四)CPU 自诊断阶段

自诊断测试包括定期检查 CPU 模块的操作和扩展模块的状态是否正常以及将监控定时器复位等。

(五)输出刷新阶段

扫描用户程序结束后,PLC 就进入输出刷新阶段。在此期间,CPU 按照输出过程映像寄存器内对应的状态和数据刷新所有的输出锁存电路,再经输出电路驱动相应的外设。

同样的若干条梯形图排列次序不同,执行结果也不同。另外,采用 PLC 控制的扫描用户程序的运行结果与继电接触器控制装置的硬逻辑并行运行的结果有所区别。如果扫描周期占用的时间对整个运行来说可以忽略,那么两者之间就没有什么区别了。

PLC 的一个扫描周期等于处理通信请求、输入采样、执行用户程序、自诊断、输出刷新等所有时间的总和。

由于 PLC 采用循环扫描的工作方式，而且对输入和输出信号只在每个扫描周期的固定时间集中输入和输出，所以会产生输出信号相对输入信号滞后的现象。扫描周期越长，滞后现象越严重。从 PLC 输入端信号发生变化到输出端对输入变化作出反应，需要一段时间。这一段时间称为 PLC 的响应时间和滞后时间，又称为 I/O 响应时间。响应时间由输入延迟、输出延迟和程序执行三部分决定。

另外，一个输出线圈或逻辑线圈被接通或断开，该线圈的所有触点不会立即动作，必须等扫描到该触点时才会动作。为了消除二者之间由于运行方式不同而造成的差异，考虑到继电接触器控制装置各类触点的动作时间一般在 100 ms 以上，而 PLC 扫描用户程序的时间一般均小于 100 ms，因此 PLC 采用了一种不同于一般微型计算机的运行方式——扫描技术。这样在对于 I/O 响应时间要求不高的场合，PLC 与继电接触器控制装置的处理结果就没有什么区别了。

但对控制时间要求较严格、响应速度要求快的系统，就应该精确地计算响应时间，细心编排程序，合理安排指令的顺序，以尽可能减少扫描周期造成的响应延时等不良影响。

二、PLC 的工作原理

现以控制电机自锁运行为例，分析 PLC 是如何完成控制要求的。图 1.5 为整个系统的控制图和扫描工作过程。

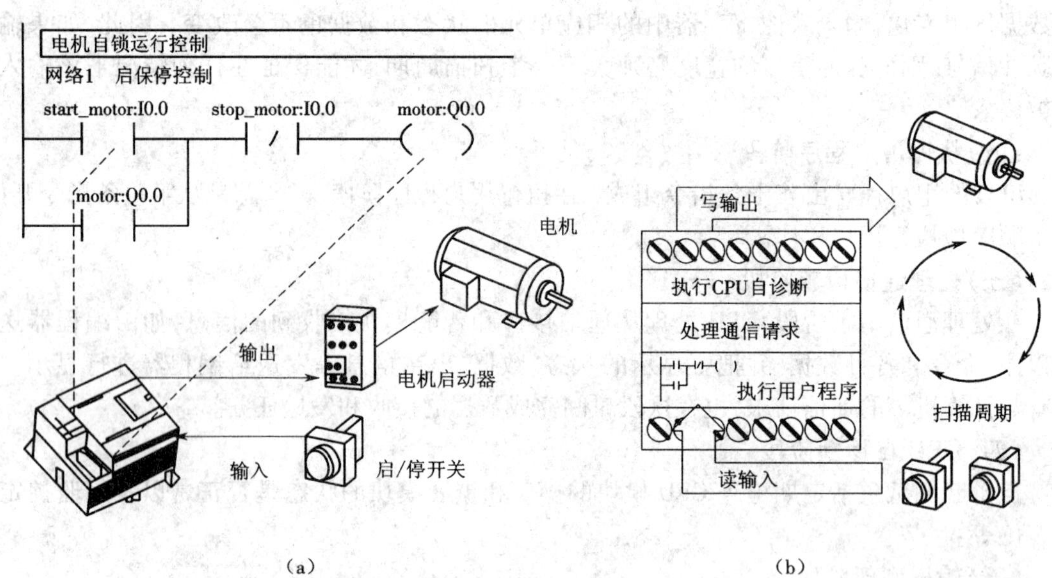

图 1.5 PLC 的工作原理

(a)系统控制示意 (b)扫描工作过程

PLC 在循环扫描中完成控制任务，在一个扫描周期中，执行读输入、执行用户程序、处理通信请求、执行 CPU 自诊断、执行写输出等 5 个阶段。

(1)读输入:PLC 将物理输入点上的状态复制到输入过程映像寄存器中。

(2)执行用户程序:PLC 执行程序指令并将数据存储在变量存储区中。

(3)处理通信请求及执行 CPU 自诊断:执行通信任务,检查固件、程序存储器和扩展模块是否工作正常。

(4)写输出:将输出过程映像寄存器中存储的数据复制到物理输出点。

此控制系统中有两个输入(启动和停止开关)和有一个输出(控制电机启动器)。电机启动开关的状态和其他输入点的状态结合在一起,计算结果决定了控制执行机构启动电机的输出点状态。

三、了解 PLC 的性能及选型

PLC 种类很多,功能不同,如何根据控制要求选用需要的 PLC 呢?

(一) PLC 的性能指标

1. I/O 点数

I/O 点数是指所能支持的最多可访问的 I/O 端子数,一般大于 PLC 面板上的 I/O 端子的个数。I/O 点数越多,可连接的 I/O 设备越多,控制规模就越大,因而 I/O 点数是衡量 PLC 性能的重要指标之一。

2. 存储器容量

存储器容量是衡量可存储用户应用程序多少的指标,通常以 B 或 KB 为单位。内存大,可存储的程序量大,也就可以完成更为复杂的控制。

3. 指令的种类和数量

一般来讲,指令的种类和数量越多,功能越强,因而指令多少是衡量 PLC 能力强弱的指标,决定了 PLC 的处理能力和控制能力。

4. 扫描速度

扫描速度是指 PLC 执行程序的快慢,它是一个重要的性能指标,决定了系统的实时性和稳定性。

5. 内部寄存器的种类和数量

内部寄存器的种类和数量是衡量 PLC 硬件功能的一个指标。内部寄存器主要用于存放变量的状态、中间结果、数据等,还提供大量的辅助寄存器(如定时器/计数器、移位寄存器、状态寄存器等)以便用户编程使用。

6. 通信能力

通信能力是指 PLC 与 PLC、PLC 与计算机之间的数据传送及交换能力,是工厂自动化的必备基础。目前生产的 PLC 不论是小型机还是中大型机,都配有一至两个甚至多个通信端口。

7. 智能模块

智能模块是指具有自己的 CPU 和系统的模块。它作为 PLC 中央处理单元的下位机,不参与 PLC 的循环处理过程,但接受 PLC 的指挥,可独立完成某些特殊的操作。如常见的位置控制模块、温度控制模块、PID 控制模块、模糊控制模块等。

8. 扩展能力

扩展能力包括 I/O 点数的扩展和 PLC 功能的扩展。

(二)PLC 的选型

1. PLC 的类型

PLC 按结构分为整体型和模块型两类,按应用环境分为现场安装和控制室安装两类,按 CPU 字长分为 1 位、4 位、8 位、16 位、32 位、64 位等。从应用角度出发,通常可按控制功能或输入输出点数选型。

整体型 PLC 的 I/O 点数固定,因此用户选择的余地较小,用于小型控制系统;模块型 PLC 提供多种 I/O 卡件或插卡,因此用户可较合理地选择和配置控制系统的 I/O 点数,功能扩展方便灵活,一般用于大中型控制系统。

2. 输入输出模块的选择

选择输入输出模块应考虑与应用要求的统一。可根据应用要求合理选用智能型输入输出模块,以便提高控制水平和降低应用成本并考虑是否需要扩展机架或远程 I/O 机架等。例如,对输入模块,应考虑信号电平、信号传输距离、信号隔离、信号供电方式等;对输出模块,应考虑选用的输出模块类型。通常继电器输出模块具有价格低、使用电压范围广、寿命短、响应时间较长等特点;晶闸管输出模块适用于开关频繁、电感性低功率因数负荷场合,但价格较贵,过载能力较差。输出模块还有直流输出、交流输出和模拟量输出等,与应用要求应一致。

3. 电源的选择

如果引进设备时同时引进 PLC,其供电电源应根据产品说明书要求设计和选用。一般情况下,PLC 的供电电源应设计选用 220 V 交流电源,与国内电网电压一致。重要的应用场合,应采用不间断电源或稳压电源供电。

如果 PLC 本身带有可使用电源时,应核对提供的电流是否满足应用要求,否则应设计外接供电电源。为防止外部高压电源因误操作而引入 PLC,对输入和输出信号的隔离是必要的,有时可采用简单的二极管或熔丝管隔离。

4. 存储器的选择

由于计算机集成芯片技术的发展,存储器的价格已下降。因此,为保证应用项目的正常投运,如果 PLC 有 256 个 I/O 点,至少选 8 KB 存储器。需要复杂控制功能时,应选择容量更大、档次更高的存储器。

5. 经济性的考虑

选择 PLC 时,应考虑性能价格比。考虑经济性时,应同时考虑应用的可扩展性、可操作性、投入产出比等因素,进行比较和权衡,最终选出较满意的产品。

输入输出点数对价格有直接影响。每增加一块输入输出卡件就需增加一定的费用。当点数增加到某一数值后,相应的存储器容量、机架、母板等也要相应增加。因此,点数增加对 CPU 选用、存储器容量、控制功能范围等选择都有影响。

任务三 认识 S7 系列的 PLC

西门子(SIEMENS)公司的工控产品包括可编程控制器(如 LOGO、S7 - 200、S7 - 300、S7 - 400 等)、工业网络、HMI 人机界面、工业软件等。其中可编程控制器在我国的应用相当广泛,在冶金、化工、印刷生产线等领域都有应用。

西门子 S7 系列 PLC 体积小、速度快、标准化,具有网络通信能力,功能更强,可靠性更高。S7 系列 PLC 产品可分为微型 PLC(如 S7 - 200),中小规模性能要求的 PLC(如 S7 - 300)和中、高性能要求的 PLC(如 S7 - 400)等。

一、S7 - 200 系列 PLC

S7 - 200 系列 PLC 以其可靠性高、指令丰富、内置功能丰富、强劲的通信能力、较高的性价比等特点,在工业控制领域中被广泛应用。

S7 - 200 系列 PLC 有 CPU 21x 和 CPU 22x 两代五种产品,其不同型号主要通过集成的输入输出点数、程序和数据存储器容量、可扩展性区分。

五种不同的 S7 - 200 系列 PLC 的 CPU 如图 1.6 所示。

图 1.6　五种不同的 S7 - 200 系列 PLC 的 CPU

二、S7 - 300 系列 PLC

S7 - 300 系列 PLC 是一种模块化的中小规模 PLC 系统,其优越的性价比,使之成为中小规模控制系统理想的选择。S7 - 300 系列 PLC 的 CPU 如图 1.7 所示。

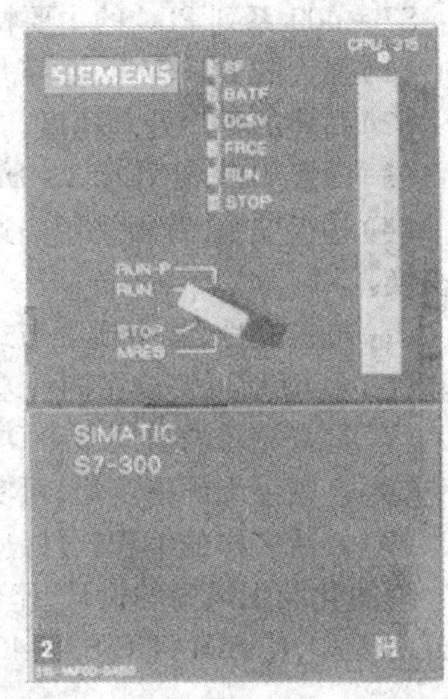

图 1.7　S7 - 300 系列 PLC 的 CPU

S7 - 300 系列 PLC 的主要特点表现在以下几个方面。

(1)多种规格的处理器,系统采用独特的导轨安装。

(2)高速的指令处理,可满足快速程序控制要求。

(3)浮点数运算,可有效地实现更为复杂的数学运算。

(4)CPU 内集 MPI 接口,多种通信模块能用来连接 AS-I 接口、PROFIBUS 和工业以太网总线系统。

(5)具有时间/中断驱动、开环定位和 PID 等高级控制功能。

(6)I/O 模块采用前连接器方式,维修或更换十分方便。

(7)系统自行组态,信号或通信模块不受限制地随意安放。

(8)具有满足高速计数、步进电机和伺服定位控制等特殊应用的 I/O 模块。

(9)STEP 7 编程语言具有大量的以 STEP 5 为基础的指令集,使程序的编制简单快捷。

三、S7 - 400 系列 PLC

S7 - 400 系列 PLC 是为大中型自动化任务设计的可编程控制器系统,是各种复杂应用控制的理想解决方案。S7 - 400 系列 PLC 的 CPU 如图 1.8 所示。

图 1.8 S7 - 400 系列 PLC 的 CPU

S7 - 400 系列 PLC 自动化系统采用模块化无风扇的设计。它所具有的模块扩展和配置功能使其能够按照每个不同的需求灵活组合。一个系统包括电源模块、中央处理单元(CPU)、各种信号模块(SM)、通信模块(CP)、功能模块(FM)、接口模块(IM)、SIMATIC S5 模块等。

S7 - 400 系列 PLC 的主要特点表现在以下几个方面。

(1)强大的 I/O 容量,数字量 I/O 各 128 KB、模拟量 I/O 各 8 192 KB。

(2)高速的程序处理速度,二进制指令的运行时间仅为 0.08 ms/KB。

(3)内置 MPI、SINECL2 - DP 等多种通信网络接口。

(4)基板安装,背板采用高速并行 I/O 总线,用于 CPU 和信号模块、功能模块之间进行数据交换。

(5)可扩充性,集中或分布式扩展可以使系统扩展多达 21 个单元。

(6)多 CPU 可安放在同一基板上,可完成实时多任务控制。

(7)具有完善的通用型 I/O 及特殊功能 I/O 设计。

(8)完整强大的指令集,可实现复杂的浮点、三角函数和其他函数运算。

(9)灵活多样的编程软件、应用组态软件,可为应用提供极大的方便。

模块化及无风扇的设计,坚固耐用,容易扩展通信能力,容易实现的分布式结构以及用户友好的操作,使 SIMATIC S7 - 400 系列 PLC 成为中、高档性能控制领域中首选的理想解决方案。

思考与练习

1. 什么是可编程控制器？它有哪些主要特点？

2. 简述 PLC 的硬件组成及各部分的功能。

3. 输入接口和输出接口电路各有哪几种形式？各有何特点？

4. PLC 的编程语言有哪些？各种编程语言的特点是什么？

5. 简述 PLC 的工作原理是什么，工作过程分哪几个阶段。在一个扫描周期中，如果在程序执行期间输入状态发生变化，输入映像寄存器的状态是否也随之改变？为什么？

6. PLC 主要有哪些性能指标？

模块二　S7－300 PLC 的硬件与组态

学习目标：

学习了本模块之后，你将会

☞ 了解 S7－300 PLC 的系统结构，各模块的性能；

☞ 学会构建 S7－300 PLC 系统、输入输出接线以及扩展模块与 PLC 的连接；

☞ 学会使用 STEP 7 软件，掌握 S7－300 系列的硬件组态。

任务一　认识 S7－300 PLC 的硬件

S7－300 PLC 是一种中型 PLC 系统，采用模块化结构设计，各种单独的模块之间可进行组合以实现扩展。其结构如图 2.1 所示。

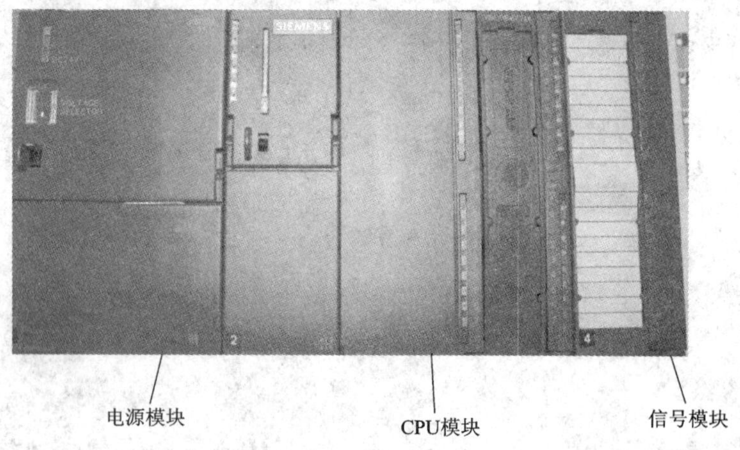

图 2.1　S7－300 PLC 的结构

S7－300 PLC 的系统构成框图如图 2.2 所示。它的主要组成部分有导轨（RACK）、电源模块（PS）、中央处理单元模块（CPU）、接口模块（IM）、信号模块（SM）、功能模块（FM）等。它通过 MPI 网的接口直接与编程器（PG）、操作员面板（OP）和其他 S7 系列 PLC 相连。

电源模块总是安装在机架的最左边，CPU 模块紧靠电源模块（PS），接口模块（IM）放在 CPU 模块的右侧。S7－300 PLC 用背板总线将除电源模块之外的各个模块连接起来。背板

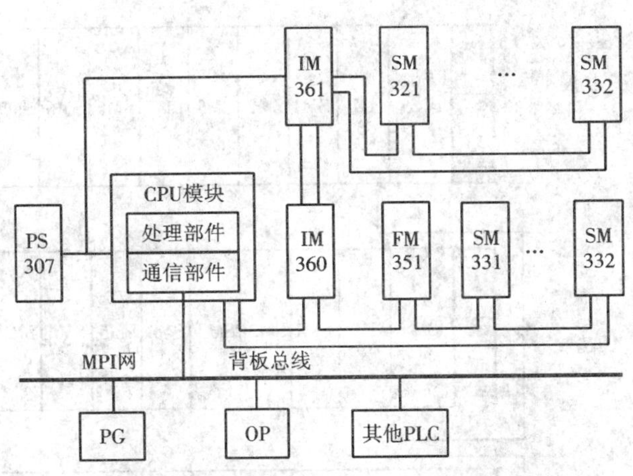

图 2.2 S7－300 PLC 系统构成框图

总线集成在模块上，模块通过 U 形总线连接器相连，总线连接器插在各模块的背后，安装时先将总线连接器插在 CPU 模块上，并固定在导轨上，然后依次装入各个模块，如图 2.3 所示。

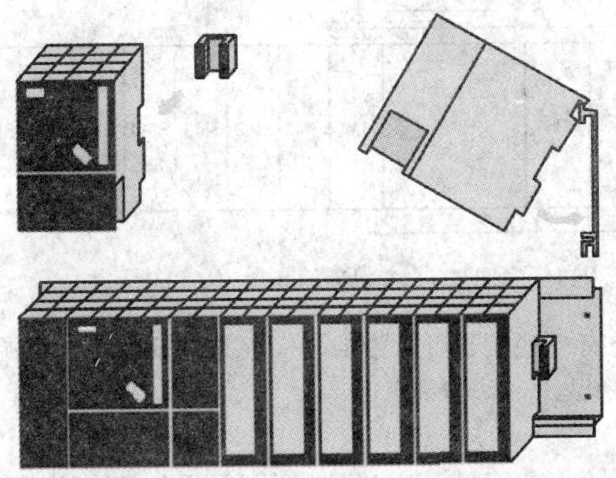

图 2.3 S7－300 PLC 的安装

外部接线接在信号模块和功能模块的前连接器的端子上，前连接器用插接的方式安装在模块前门后面的凹槽中，如图 2.3 所示。前连接器与模块是分开订货的。

机架的最左边是 1 号槽，最右边是 11 号槽，电源模块总是在 1 号槽的位置，中央机架的 2 号槽上是 CPU 模块，3 号槽上是接口模块。信号模块和通信处理模块可以不受限制地插到 4 ~11 的任何一个槽上，系统可以自动分配模块的地址。除了电源模块、CPU 模块和接口模块外，每个机架最多还能再安装 8 个信号模块、功能模块或通信处理模块。如果系统任务需要的这些模块超过 8 个，则可以增加扩展机架。除了带 CPU 的中央机架（CR），最多可以增加 3 个扩展机架（ER），4 个机架最多可以安装 32 个模块。

IM 360/IM 361 接口模块将 S7－300 PLC 背板总线从一个机架连接到下一个机架，如图 2.4 所示。

S7－300 PLC 的电源模块通过电源连接器或导线与 CPU 模块相连，为 CPU 提供 DC 24 V

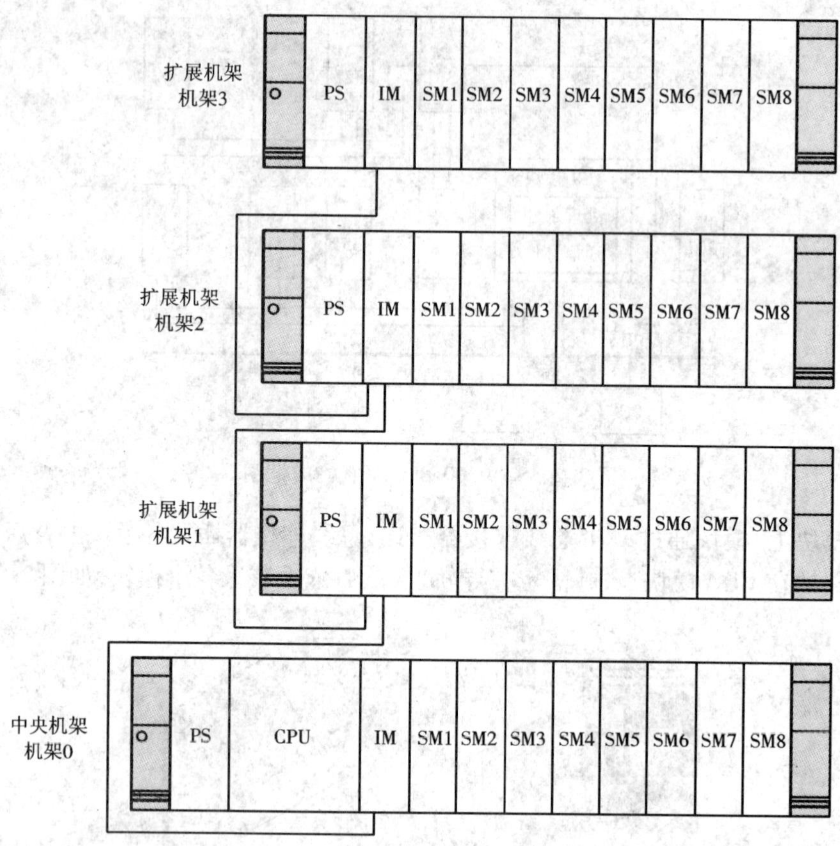

图 2.4　多机架的 S7 - 300 PLC

电源,PS 307 电源模块还有一些端子可以为信号模块提供 DC 24 V 电源。

一、CPU 模块

S7 - 300 PLC 可以提供 CPU 312 IFM、CPU 313、CPU 314、CPU 314 IFM、CPU 315、CPU 315 - 2 DP、CPU 316 - 2 DP、CPU 318 - 2 DP 等多种不同的中央处理单元,分别适用于不同等级的控制要求。有的 CPU 模块集成了数字 I/O 接口,有的同时集成了数字 I/O 接口和模拟 I/O 接口。CPU 315 - 2 DP、CPU 316 - 2 DP、CPU 318 - 2 DP 均具有现场总线扩展功能。CPU 以梯形图(LAD)、功能块(FBD)或语句表(STL)进行编程。

(一)CPU 模块的类型和主要特性

(1)紧凑型 CPU:CPU 312C、CPU 313C、CPU 313C - PtP、CPU 313C - 2 DP,CPU 314C - PtP 和 CPU 314C - 2 DP。各 CPU 均有计数、频率测量和脉冲宽度调制功能,而且有的还具有定位功能或带有 I/O 接口。

(2)标准型 CPU:CPU 312、CPU 313、CPU 314、CPU 315、CPU 315 - 2 DP 和 CPU 316 - 2 DP。

(3)户外型 CPU:CPU 312 IFM、CPU 314 IFM、CPU 314 户外型和 CPU 315 - 2 DP。此类型 CPU 可在恶劣环境下使用。

(4)高端 CPU:CPU 317－2 DP 和 CPU 318－2 DP。

(5)故障安全型 CPU:CPU 315F－2 DP。

CPU 内的元件封装在一个牢固且紧凑的塑料机壳内,如图 2.5 所示,面板上有状态和故障显示 LED、模式选择开关和通信接口。

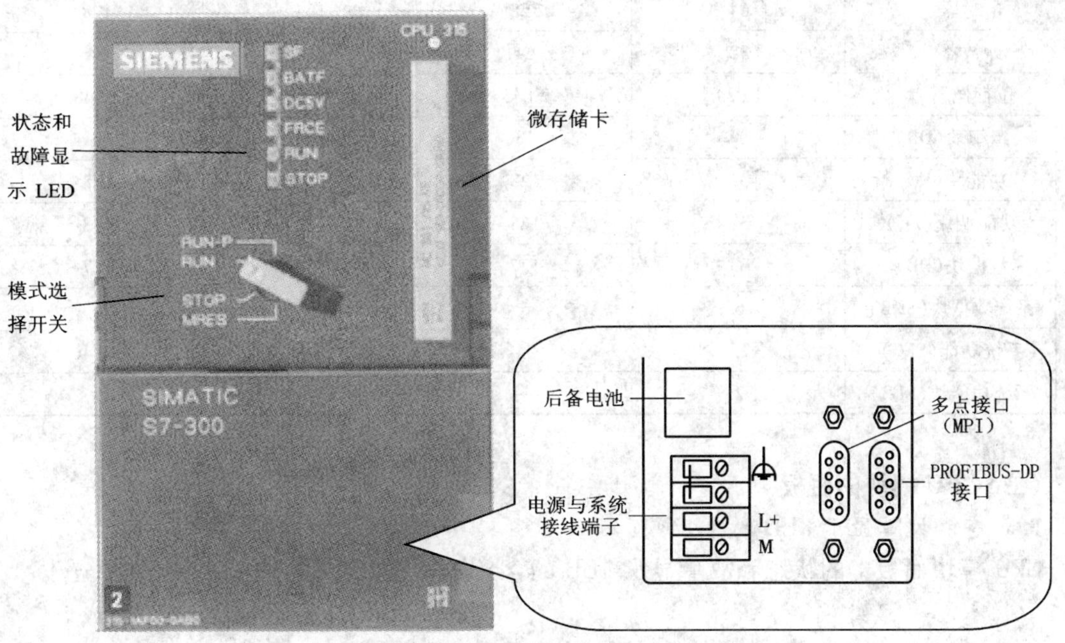

图 2.5　S7－300 PLC 的 CPU

表 2.1 列出了部分 CPU 的主要特性,包括存储器容量、指令执行时间、最大 I/O 点数、各类编程元件(位存储器、计数器、定时器、可调用块)数量等。

表 2.1　部分 CPU 的主要特性

特　性		CPU 312 IFM	CPU 313	CPU 314	CPU 315/ CPU 315－2 DP
装载存储器		①内置 20 KB RAM ②内置 20 KB E^2PROM	①内置 20 KB RAM ②最大可扩展 8 MB 存储器卡	①内置 40 KB RAM ②最大可扩展 8 MB 存储器卡	①内置 80 KB RAM ②最大可扩展 8 MB 存储器卡
随机存储器/KB		6	12	24	48
执行时间	位操作/μs	0.6	0.6	0.3	0.3
	字操作/μs	2	2	1	1
	定点加/μs	3	3	2	2
	浮点加/μs	60	60	50	50
最大数字 I/O 点数		144	128	512	1 024
最大模拟 I/O 通道数		32	32	64	128

续表

特性		CPU 312 IFM	CPU 313	CPU 314	CPU 315/ CPU 315－2 DP
最大配置		1个机架	1个机架	4个机架	4个机架
时钟		软件时钟	软件时钟	硬件时钟	硬件时钟
定时器		64	128	128	128
计数器		32	64	64	64
位存储器		1 024	2 048	2 048	2 048
可调用块	组织块(OB)	3	13	13	13/14
	功能块(FB)	32	128	128	128
	功能调用(FC)	32	128	128	128
	数据块(DB)	63	127	127	127
	系统数据块(SDB)	6	6	9	6
	系统功能(SFC)	25	34	34	37/40
	系统功能块(SFB)	2	—	—	—

(二)CPU模块的面板

1.状态和故障显示LED

CPU模块面板上的状态和故障显示LED的含义如表2.2所示。

表2.2 状态和故障显示LED的含义

发光二极管LED	含义	说明
SF(红色)	系统错误或故障	下列事件引起灯亮： ①硬件故障 ②固件出错 ③编程出错 ④参数设置出错 ⑤算术运算出错 ⑥定时器出错 ⑦存储器卡故障(只用于CPU 313和CPU 314上) ⑧电池故障或电源接通时无后备电池(只用于CPU 313和CPU 314上) ⑨I/O的故障或错误(只对外部I/O) 用编程装置读出诊断缓冲器中的内容,以确定错误或故障的真正原因
BATF(红色)	电池故障	如果电池有下列情况,则灯亮： ①失效 ②未装入
DC5V(绿色)	用于CPU和S7－300 PLC总线的DC 5 V电源	如果内部的DC 5 V电源正常,则灯亮

续表

发光二极管 LED	含　义	说　明
FRCE(黄色)	强制信号指示	至少有一个 I/O 被强制时亮,部分低序号 CPU 该指示灯功能为保留(未用)
RUN(绿色)	运行方式指示	CPU 处于 RUN 状态时亮,重新启动时以 2 Hz 的频率闪亮,HOLD 状态时以 0.5 Hz 的频率闪亮
STOP(黄色)	停止方式指示	CPU 处于 STOP、HOLD 状态或重新启动时亮,请求存储器复位时以 0.5 Hz 的频率闪亮,正在执行存储器复位时以 2 Hz 的频率闪亮

CPU 315 - 2 DP 和 CPU 316 - 2 DP 除具有上述 6 个指示灯外,还有另外两个指示灯 SF - DP 和 BUS - DP,用于指示现场总线及 DP 接口的错误。

2. 模式选择开关

S7 - 300 PLC 的 CPU 模块的方式选择开关都一样,有四种工作方式,通过可卸的专用钥匙来控制选择,如图 2.5 所示。钥匙拔出后,就不能改变操作方式,可以防止未经授权的人员非法删除或改写用户程序以及改变运行方式。

(1)RUN - P:可编程运行方式。CPU 扫描用户程序,既可以用编程装置从 CPU 中读出,也可以由编程装置装入 CPU 中。用编程装置可监控程序的运行。在此位置钥匙不能拔出。

(2)RUN:运行方式。CPU 扫描用户程序,可以用编程装置读出并监控 CPU 中的程序,但不能改变装载存储器中的程序。在此位置可以拔出钥匙,以防止程序在正常运行时被改变操作方式。

(3)STOP:停止方式。CPU 不扫描用户程序,可以通过编程装置从 CPU 中读出,也可以下载程序到 CPU。在此位置可以拔出钥匙。

(4)MRES:该位置瞬间接通,用以清除 CPU 的存储器,回到初始状态。这个位置不能保持,松开时,开关将自动返回 STOP 位置。

复位存储器按下述步骤操作:PLC 通电后将钥匙开关从 STOP 位置扳到 MRES 位置,STOP LED 熄灭 1 s 亮 1 s,再熄灭 1 s 后保持亮,放开开关使它回到 STOP 位置,然后再扳回到 MRES 位置,STOP LED 以 2 Hz 的频率至少闪动 3 s,表示正在执行复位,最后 STOP LED 一直亮,就可以松开模式开关,复位完成。

存储卡被取掉或插入时,CPU 会发出系统复位请求,STOP LED 以 0.5 Hz 的频率闪动。此时应将模式选择开关扳到 MRES 位置,执行复位操作。

3. 微存储卡(MMC)

如果确实需要在断电时保存用户程序或某些数据,可将用户程序存储在存储卡内。存储卡以 FLASH EPROM 提供最大 8 MB 存储空间,直接在 CPU 内编程,不需要专用的编程器。将连接 I/O 模块的所有参数化数据都安全地存储在卡上,存储卡在 CPU 上的中央数据管理方面也起到重要作用,当更换模块时,不需要一个新的编程设备,甚至不必重新分配参数。作为一种实际的替代办法,在断电时,可用后备电池在内部自动地将所有程序和数据保存在 CPU 上(如图 2.6 所示)。

如果在写访问过程中拆下了微存储卡,卡中的数据会被破坏。在这种情况下必须将微存储卡插入 CPU 中并删除其中内容或在 CPU 中格式化存储卡。只有在断电状态和 CPU 处于

STOP 状态时,才能取下存储卡。

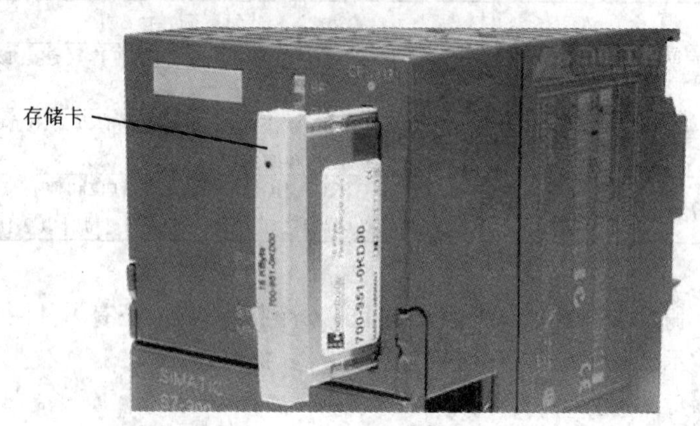

图 2.6　存储卡插入到 CPU 内

4. 后备电池

对 2002 年 10 月以前生产的 CPU,在 PLC 面板上,有个装后备电池的盒子,在 PLC 断电时,锂电池用来保证实时时钟的正常运行,并可以在 RAM 中保存用户程序和更多的数据。2002 年 10 月以后生产的 CPU 不需要电池。

5. 通信接口

所有的 CPU 模块都有一个多点接口 MPI,有的 CPU 模块有 1 个 MPI 和 1 个 PROFIBUS - DP 接口,如图 2.5 所示。

MPI 用于 PLC 与其他 PLC、PG/PC(编程器或个人计算机)、OP(操作员接口)通过 MPI 网络的通信。CPU 通过 MPI 接口或 PROFIBUS - DP 接口在网络上自动地广播它设置的总线参数(即波特率),PLC 可以自动地"挂到"MPI 网络上。

S7 - 300 PLC 的 CPU 可作为主设备或从设备设置,最多可将 125 个 PROFIBUS - DP 站连接到主设备,数据传输率为 12 Mbps。分布式 I/O 以与中央 I/O 完全相同的方式(即用 STEP 7)进行配置和编程。作为从设备连接到 PROFIBUS - DP 的 S7 - 300 PLC 是实现现场分布式控制方式最理想的解决方案,也可将编程设备和操作员面板连接到集成的 PROFIBUS - DP 接口。

6. 电源接线端子

电源模块的 L1、N 端子接 AC 220 V 电源,电源模块的接地端子和 M 端子一般用短路片短接后接地,机架的导轨也应接地。

电源模块的 L + 和 M 端子分别是 DC 24 V 输入电压的正极和负极,用专用的电源连接器或导线连接电源模块和 CPU 模块的 L + 和 M 端,如图 2.5 所示。

二、电源模块(PS)

电源模块用于将 S7 - 300 PLC 连接到 AC 120/230 V 电源或 DC 24/48/60/110 V 电源。

PS 307 是西门子公司为 S7 - 300 PLC 专配的 DC 24 V 电源。PS 307 系列模块除输出额定电流不同外(有 2 A、5 A、10 A 三种),其工作原理和各种参数都相同。

PS 307 可安装在 S7 - 300 PLC 专用导轨上的插槽 1 上，紧靠在 CPU 或扩展机架上 IM 361 的左侧，除了给 S7 - 300 PLC 的 CPU 供电外，也可给 I/O 模块提供负载电源。图 2.7 为 PS 307 10A模块端子接线图。模块的前面板上有如下几个部分。

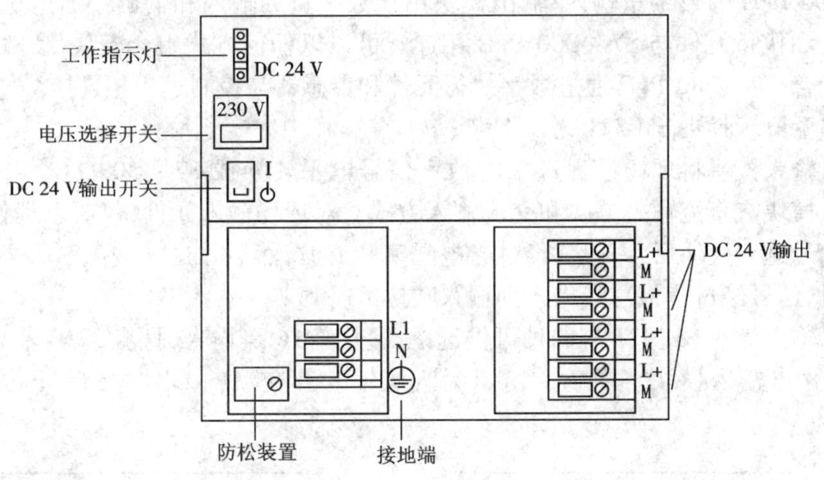

图 2.7　PS 307 10A 模块端子接线图

(1)工作指示灯。用一个 LED 指示 DC 24 V 输出。

(2)电压选择开关。一个带有保护罩的开关，可用来选择 AC 120 V 或 AC 230 V 线电压。

(3)DC 24 V 输出开关。

(4)连接端子。线电源电缆、输出电源电缆和保护接地可连接到这些端子上。

S7 - 300 PLC 模块使用的电源由 S7 - 300 PLC 背板总线提供，一些模块还需外部负载电源供电。在组建 S7 - 300 PLC 应用系统时，考虑每个模块的电流耗量和功率损耗是非常必要的。一个实际的 S7 - 300 PLC 系统，确定所有的模块后，要选择合适的电源模块，所选定的电源模块的输出功率必须大于 CPU 模块、所有 I/O 模块、各种智能模块等总消耗功率之和，并且要留有 30% 左右的裕量。当同一电源模块既要为主机单元又要为扩展单元供电时，从主机单元到最远一个扩展单元的线路压降必须小于 0.25 V。

三、信号模块(SM)

信号模块用于数字量和模拟量的输入/输出，包括数字量输入模块、数字量输出模块、数字量输入/输出模块、模拟量输入模块、模拟量输出模块、模拟量输入/输出模块，如图 2.8 所示。

图 2.8　信号模块

S7 - 300 PLC 的信号模块的外部接线接在插入式前连接器的端子上，前连接器插在前盖后面的凹槽内，一个编码元件与之啮合，该连接器只能插入同类模块。无须断开前连接器的外部连线，就可以迅速地更换模块。

信号模块面板上 LED 用来显示各数字量输入/输出点的信号状态，模块安装在 DIN 标准导轨上，通过总线连接器与相邻的模块连接。模块的默认地址由模块所在的位置决定,也可以用 STEP 7 指定模块的地址。

(一)数字量输入/输出模块

S7 - 300 PLC 的数字量输入/输出模块用于数字量的输入和输出。通过这些模块,可将数字传感器和执行元件与 S7 - 300 PLC 相连。可以以任何方式组合模块,使输入/输出点数与任务相配合,S7 - 300 PLC 通过数字执行元件和传感器与控制过程相连接。

1. 数字量输入模块 SM 321

数字量输入模块将现场过程送来的数字信号电平转换成 S7 - 300 PLC 内部信号电平。数字量输入模块有直流输入方式和交流输入方式。对现场输入元件,仅要求提供开关触点即可。输入信号进入模块后,一般都经过光电隔离和滤波,然后才送至输入缓冲器等待 CPU 采样。采样时,信号经过背板总线进入到输入映像区。

数字量输入模块 SM 321 有四种可供选择,即直流 16 点输入、直流 32 点输入、交流 16 点输入、交流 8 点输入模块。图 2.9 所示为直流输入和交流输入对应的端子连接及电气原理图。

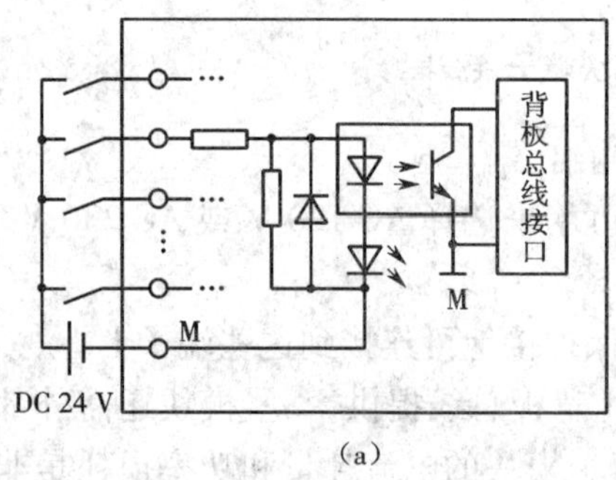

(a)

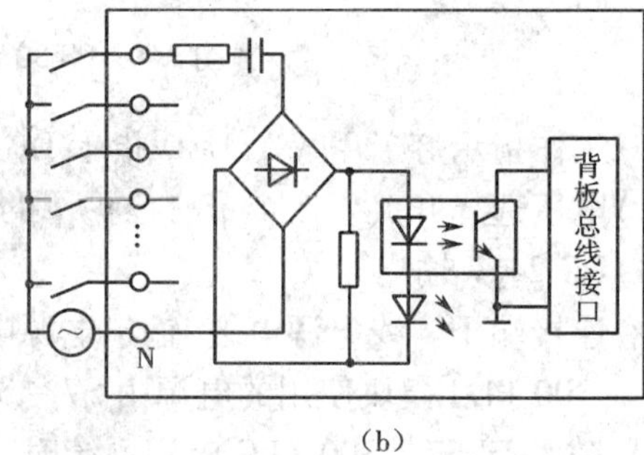

(b)

图 2.9 数字量输入模块

(a)直流输入模块 (b)交流输入模块

M 和 N 为同一输入组内各输入信号的公共点,输入电路一般设有 *RC* 滤波电路,以防止由于输入触点拉动或外部干扰脉冲引起的错误输入信号,输入电流一般为毫安级。

2. 数字量输出模块 SM 322

数字量输出模块 SM 322 将 S7 - 300 PLC 内部信号电平转换成过程所要求的外部信号电平,可直接用于驱动电磁阀、接触器、小型电机、灯和电机启动器等。

继电器触点输出方式的模块属于交直流两用输出模块,如图 2.10 所示。

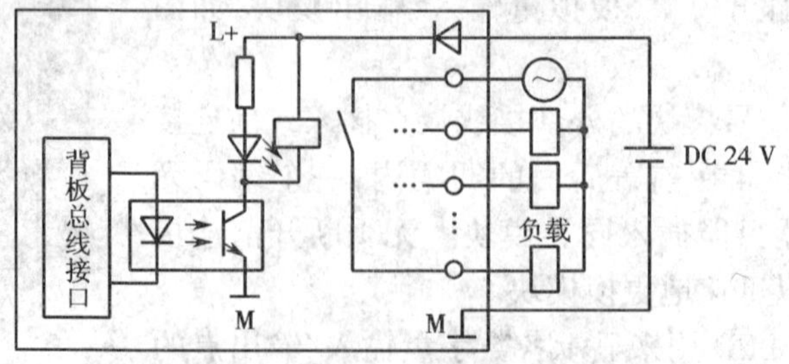

图 2.10 继电器触点输出电路

晶闸管输出方式(固态继电器)属于交流输出模块,如图 2.11 所示,这类模块只能用于交流负载,因为是无触点开关输出,所以其开关速度快,工作寿命长。

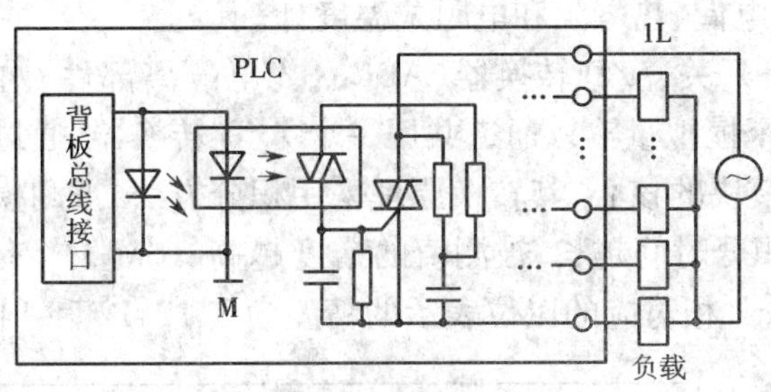

图 2.11　晶闸管输出电路

晶体管或场效应管输出电路,只能驱动直流负载,属于直流输出模块,如图 2.12 所示。

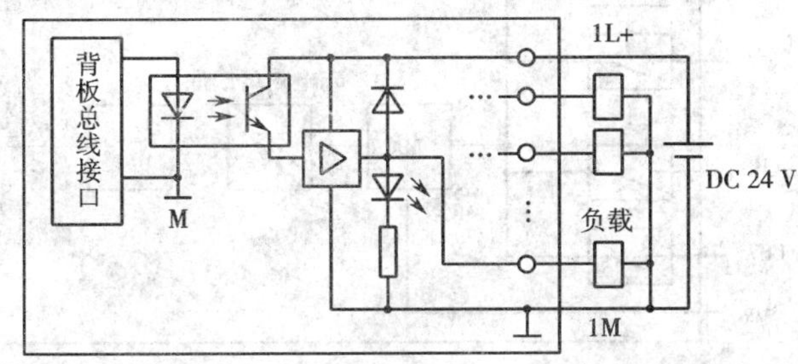

图 2.12　晶体管或场效应管输出电路

继电器输出模块的负载电压范围宽,导通压降小,承受瞬时过电压和过电流的能力较强,但是动作速度较慢,寿命(动作次数)有一定的限制。如果系统输出量的变化不是很频繁,建议优先选用继电器输出模块。晶闸管输出模块只能用于交流负载,晶体管或场效应管输出模块只能用于直流负载,它们的可靠性高、响应速度快、寿命长,但是过载能力较差。

3. 数字量输入/输出模块 SM 323

SM 323 模块有两种类型,一种带有 8 个共地输入端和 8 个共地输出端,另一种带有 16 个共地输入端和 16 个共地输出端,两种特性相同。I/O 额定负载电压 DC 24 V ,输入电压“1”信号电平为 11 ~30 V,“0”信号电平为 －3 ~5 V,I/O 通过光电耦合电路与背板总线隔离。在额定输入电压下,输入延迟为 2.2 ~4.8 ms。输出具有电子短路保护功能。

(二)模拟量输入/输出模块

生产过程中有大量连续变化的模拟量需要用 PLC 来测量或控制,有的是非电量,例如温度、压力、流量、液位、物体的成分(例如气体中的含氧量)和频率等。

S7－300 PLC 的模拟量输入/输出模块主要用于包含模拟过程信号的较复杂任务以及连接不带附加放大器的模拟执行元件和传感器。模拟量输入/输出模块包括用于 S7－300 PLC 的模拟量输入和输出模块。通过这些模块可将模拟传感器和执行元件与 S7－300 PLC 相连。

1. 模拟量输入模块 SM 331

模拟量输入(简称模入或 AI)模块主要用于将模拟量信号转换为 CPU 内部处理用的数字

信号,其主要组成部分是 A/D 转换器。模拟量输入模块 SM 331 有多种输入通道可供选择,如 AI 2×12 位、AI 8×12 位、AI 8×16 位、AI 8×14 位、AI 8×RTD、AI 8×TC 等。该模块可接电压信号、电流信号、热电偶、热电阻和电阻式温度计。

SM 331 主要由多路开关、A/D 转换器(ADC)、光电隔离部件、内部电源和逻辑电路等组成,如图 2.13 所示。8 个模拟量输入通道共用一个 A/D 转换器,通过多路开关切换到被转换的通道,A/D 转换器是模块的核心,其转换原理采用积分方法,被测模拟量的精度是所设定的积分时间的正函数,即积分时间越长,被测值的精度越高。SM 331 有四挡积分时间:2.5 ms、16.7 ms、20 ms 和 100 ms,相对应的以位表示的精度为 8、12、12 和 14。

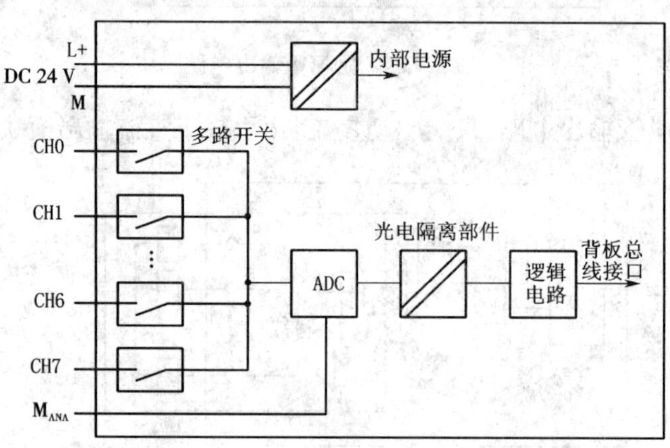

图 2.13 模拟量输入模块

模拟量输入模块的输入信号种类用安装在模块侧面的量程卡(又称量程模块)来设置。量程卡安装在模拟量输入模块的侧面,每两个通道为一组,共用一个量程卡。量程卡有 4 个位置,如表 2.3 所示,供货时量程卡被设置在 B 位置。如果量程卡为 B 位置不能满足测量要求,那么必须重新设置量程卡,以更改测量方法和测量范围。各位置对应的测量方法和测量范围都标在模拟量模块上。设置量程卡时,根据要设置的量程,确定量程卡的位置,再按新的设置将量程卡插入到模拟量输入模块中,如图 2.14 所示。

表 2.3 模拟量输入模块的量程卡默认设置

量程卡设置	测量方法	量程
A	电压	±1 V
B	电压	±10 V
C	4 线变送器电流	4~20 mA
D	2 线变送器电流	4~20 mA

如果测量的信号不是标准的直流电流或直流电压信号,例如电机组的电流、电压、有功功率和无功功率、功率因数等,需要用变送器将传感器信号提供的电量或非电量转换为标准的直流电流或直流电压信号,例如 DC 0~10 V 和 DC 4~20 mA。

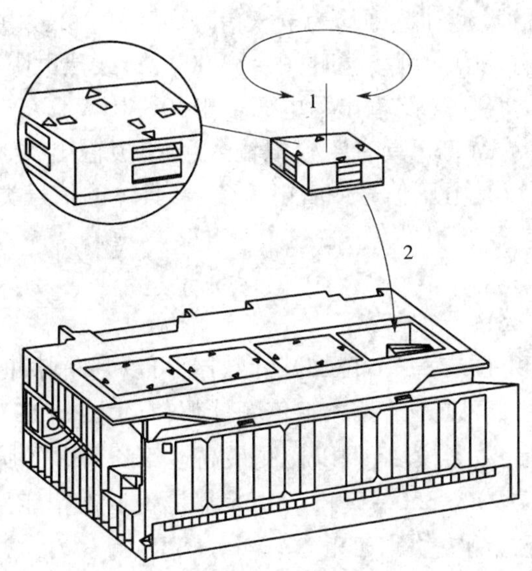

图 2.14　模拟量输入模块的量程卡设置

2. 模拟量输出模块 SM 332

模拟量输出(简称模出或 AO)模块用于将 CPU 送给它的数字信号转换为成比例的电流信号或电压信号,对执行机构进行调节或控制。模拟量输出模块 SM 332 有 AO 2×12 位、AO 4×12 位、AO 8×12 位和 AO 4×16 位四种。

SM 332 可以输出电压,也可以输出电流,其主要组成部分是 D/A 转换器,如图 2.15 所示。模拟量输出模块为负载和执行器提供电流和电压,模拟信号应使用屏蔽电缆或双绞线电缆来传送。QV 和 S+、M_{ANA} 和 S－应分别经电缆线到达负载端后铰接在一起,且与负载相连,这样可以减轻干扰的影响,并将电缆两端的屏蔽层接地。

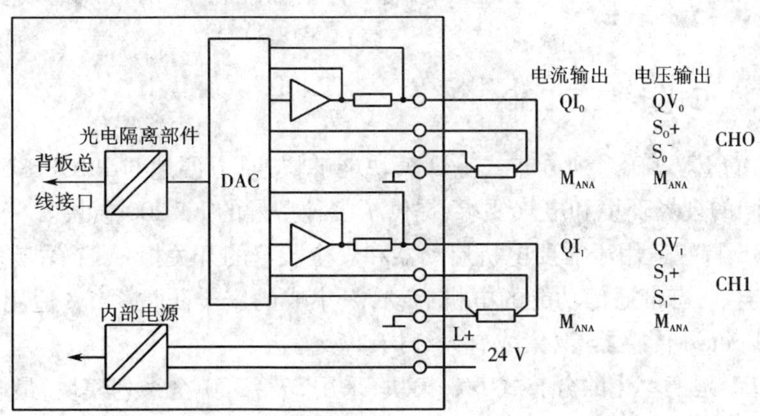

图 2.15　模拟量输出模块

3. 模拟量输入/输出模块 SM 334 和 SM 335

模拟量输入/输出模块 SM 334 有两种规格,一种是输入、输出精度为 8 位的 AI 4/AO 2 模拟量模块;另一种是输入、输出精度为 12 位的 AI 4/AO 2 模拟量模块。8 位精度的 SM 334 的

4 路输入和 2 路输出信号的类型和范围均为电压信号(0~10 V)或电流信号(0~20 mA)。12 位精度的 SM 334 的 4 路输入中均可接电阻(0~10 000 Ω)或热电阻(Pt 100 气候类型),其中 2 路可以接电压信号(0~10 V);2 路输出为电压输出(0~10 V)。

模拟量输入/输出模块 SM 335 具有 4 模拟输入、4 模拟输出、1 脉冲输入和编码器供电,输入信号和输出信号均可以是电压信号或者电流信号,具体的信号类型参考相关手册。

四、功能模块(FM)

(一)计数器模块

计数器模块均为 0~32 位或 ± 31 位加减计数器,可以判断脉冲的方向,模块给编码器供电,达到比较值时发出中断,可以 2 倍频和 4 倍频计数,有集成的 DI/DO。

FM 350-1 是单通道计数器模块,可以检测最高达 500 kHz 的脉冲,有连续计数、单向计数、循环计数三种工作模式。FM 350-2 和 CM 35 都是 8 通道智能型计数器模块。

(二)位置控制与位置检测模块

FM 351 双通道定位模块用于控制变级调速电机或变频器。FM 353 是步进电机定位模块。FM 354 是伺服电机定位模块。FM 357 可以用于最多 4 个插补轴的协同定位。FM 352 是高速电子凸轮控制器,它有 32 个凸轮轨迹,13 个集成的 DO,采用增量式编码器或绝对式编码器。SM 338 通过超声波传感器检测位置,无磨损、保护等级高、精度稳定。

(三)闭环控制模块

闭环控制模块 FM 355 有 4 个闭环控制通道,有自优化温度控制算法和 PID 算法。

(四)称重模块

称重模块 SIWAREX U 是紧凑型电子秤,测定料仓和贮斗的料位,对吊车载荷进行监控,对传送带载荷进行测量或对工业提升机、轧机超载进行安全防护等。

称重模块 SIWAREX M 是有校验能力的电子称重和配料单元,可以组成多料称系统,安装在易爆区域。

五、分布式 I/O 模块 ET 200

西门子公司的 ET 200 系列分布式 I/O 模块能够快速、方便地与 PROFIBUS-DP 现场总线连接,针对不同的现场环境和电气要求,提供了多种型号的 ET 200 模块。

(1) ET 200S 特别适用于需要电机启动器和安全装置的开关柜,一个站最多可接 64 个子模块,模块种类丰富,有带通信功能的电机启动器、集成的安全防护系统(适用于机床及重型机械行业)和 IQ Sense 传感器等,集成有光纤接口。

(2) ET 200M 是模块化的分布式 I/O 模块,采用 S7-300 全系列模块,最多 8 个模块,可以连接 256 个 I/O 通道,适用于大点数、高性能的应用。ET 200M 户外型温度范围为 -25~60 °C。

(3) ET 200is 是本质安全系统,适用于有爆炸危险的区域。

(4) ET 200X 是具有高保护等级(IP 65/67)的分布式 I/O 模块,相当于 CPU 314,可用于有粉末和水流喷溅的场合。

(5) ET 200eco 是经济实用的分布式 I/O 模块,保护等级为 IP 67。

(6) ET 200R 适用于机器人,能抗焊接火花的飞溅。

(7) ET 200L 是小巧经济的分布式 I/O 模块,是像明信片大小的 I/O 模块。

(8) ET 200B 是整体式的一体化分布式 I/O 模块。

全集成自动化概念和 STEP 7 使 ET 200 能与西门子的其他自动化系统协同运行,实现了从硬件配置到共享数据库等所有层次上的集成。所有的 I/O 均在一个软件的控制之下。

六、案例

在一个自动化任务解决方案中,所必需的硬件材料如表 2.4 所示。

表 2.4　系统硬件材料

名称	数量	配置型号
电源模块(PS)	1	PS 307,6ES7 307－1EA00－0AA0
CPU 模块	1	CPU 313C,6ES7 313－5BE00－0AB0
SIMATIC 微存储卡(MMC)	1	6ES7 953－8LL00－0AA0
扩展模块	根据需要配置	根据需要配置
前连接器	根据模块数量,分为 20 针、40 针	通过螺钉连接的 40 针, 6ES7 392－1AM00－0AA0
固定导轨	1	6ES7 390－1AE80－0AA0
编程软件	1	STEP 7 软件(版本 ≥ 5.1 + SP2)
编程接口	1	PG 电缆带适当接口卡的 PC(CP5611 卡)

任务二　学会 S7－300 PLC 的硬件组态

S7－300 PLC 由 STEP 7 软件来实现硬件组态, S7－300 PLC 的软件与硬件同样出色,简洁、方便、易用。这种编程软件基于用标准工具 STEP 7 软件实现 SIMATIC 工业软件功能,并具有能应用所有新的 S7 系列硬件的优势。

一、STEP 7 软件概述

图 2.16 显示了 STEP 7 软件对 PLC 硬件进行组态和编程,图中的编程设备可以是 PG 或 PC,编程设备通过编程电缆与 PLC 的 CPU 模块相连,用户可以在 STEP 7 软件中进行硬件组态和编写程序,并将硬件组态信息和用户程序下载到 CPU,也可从 CPU 上载到 PG 或 PC 上。当程序下载、调试完成后,PLC 系统就可以执行各种控制任务了。

STEP 7 具有硬件配置和参数设置、通信组态、编程、测试、启动和维护、文件建档、运行和诊断等功能。STEP 7 允许两个或多个用户同时处理一个工程项目,但是禁止两个或多个用户同时写访问。STEP 7 所有功能均有大量的在线帮助,用鼠标打开选中的某一对象,按 F1 键可以得到该对象的在线帮助。

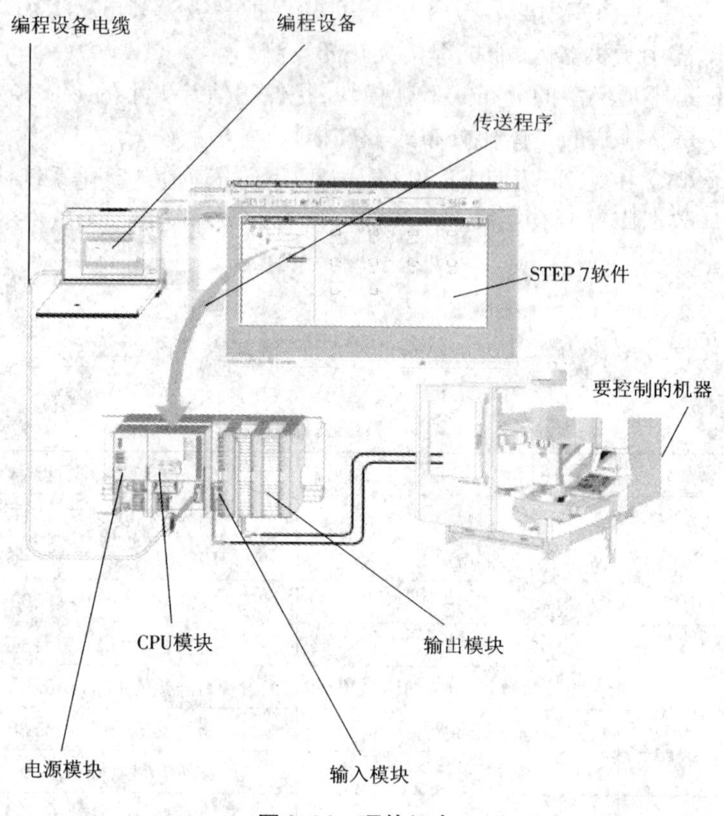

图 2.16　硬件组态

STEP 7 是用项目来管理一个自动化系统的硬件和软件。STEP 7 用 SIMATIC 管理器对项目进行集中管理，它可以方便地浏览 SIMATIC S7、C7、M7 和 WinAC 的数据。STEP 7 中的转换程序可以将 STEP 5 或 TISOFT 生成的程序转换为 STEP 7 的程序。双击 SIMATIC Manager 图标，可进入 SIMATIC 管理器窗口，如图 2.17 所示。

STEP 7 软件可以在一个项目下生成 S7 程序，PLC 用 S7 程序监视和控制设备，在 S7 程序中通过地址寻址 I/O 模板。

如图 2.17 所示，每个自动化过程都是由许多较小的部分和子过程组成，所以工程建立的第一个任务是分解子任务。每个子任务定义了自动化系统要完成的硬件和软件要求。其中硬件包括输入/输出数目和类型，对应模块序号和类型，所用机架号，CPU 型号和容量，HMI 系统，网络系统。软件方面主要是程序结构，自动化过程中的数据管理，组态数据、通信数据及程序和项目文档。在 SIEMENS 的 S7 系列中，上述工作都在项目管理（SIMATIC 管理器）中完成，包括必需的硬件及其组态、网络及其组态、所有程序和自动化解决方案的数据管理。

SIMATIC 管理器管理 STEP 7 项目，是编写 STEP 7 用户程序的工具，利用编程器或外部编程器可以把用户程序保存到 EPROM 卡上。

项目结构用来以一定的顺序保存和排列所有的数据和程序，一旦创建了一个有 SIMATIC 站的项目，就可以用 STEP 7 进行硬件组态了，这些组态可以通过下载传送到 PLC。SIMATIC

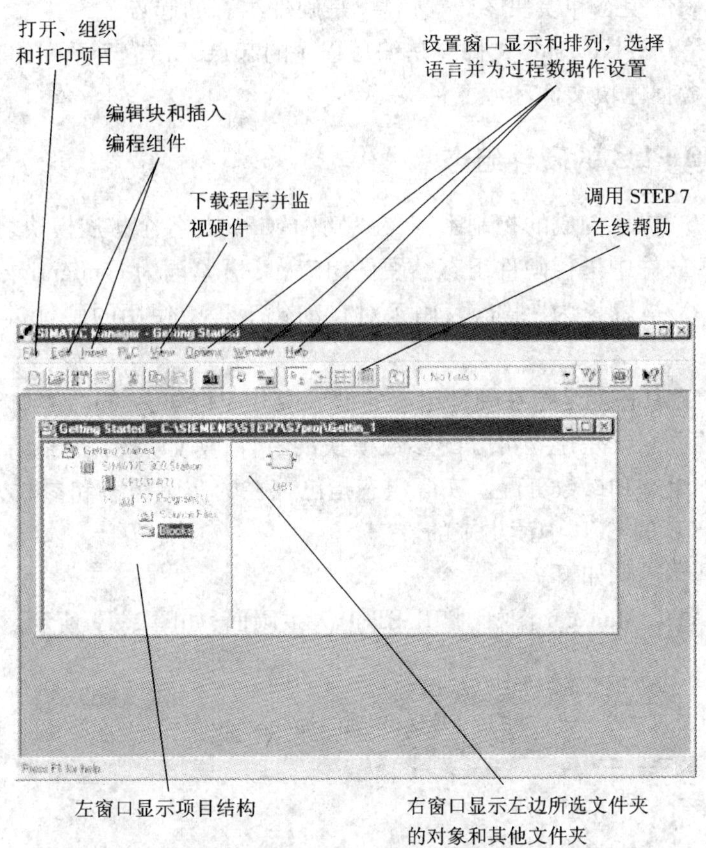

图 2.17　SIMATIC 管理器窗口

管理器是一个在线/离线编辑 S7 对象的图形化用户界面,这些对象包括项目、用户程序、硬件站和工具。此管理器的用户界面中工具条和 Windows 差不多,就是多了几个 PLC 菜单——显示访问节点、存储卡、下载、仿真模块。

STEP 7 项目结构:项目中,数据以对象形式存储,按树形结构组织,如图 2.18 所示。

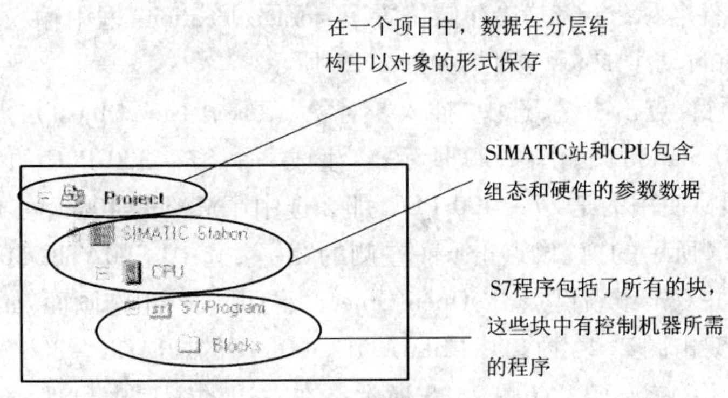

图 2.18　STEP 7 的项目结构

项目:包含项目图表,每个项目代表和项目存储有关的一个数据结构。

站:用于存放硬件组态和模块参数等信息,是硬件组态的起点。

程序:S7 程序(S7 - Program)文件夹是编写程序的起点,所有 S7 系列的软件均放在 S7 程序文件夹下,它包含程序块文件和源文件夹。

二、S7 - 300 PLC 的硬件组态

一个由 S7 - 300 PLC 构成的控制系统,在实现了 CPU 与各个扩展模块之间的物理连接之后,需要在 STEP 7 软件中进行硬件组态。硬件组态,英语单词为 configuring(配置、设置),在 PLC 专业书籍中一般被翻译为"组态",用于对自动化工程中使用的硬件进行配置和参数设置。

S7 - 300 PLC 的组态就是指在硬件组态的窗口中分配机架、分布式 I/O 等,即从硬件目录中选择部件。参数分配就是建立可分配参数模块的特性,例如启动特性、保持区等。设定组态就是设定好硬件组态和参数分配。实际组态指已存在的实际组态和参数分配,一般是在已装配的系统中从 PLC 的 CPU 中读出来的。

硬件组态的具体步骤如下。

(1)双击 SIMATIC Manager 图标,打开 STEP 7 主画面,如图 2.19 所示。

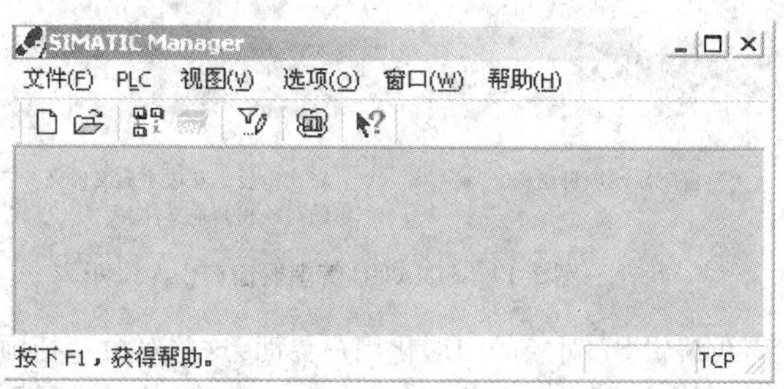

图 2.19 STEP 7 主画面

(2)点击菜单"文件"→"新建"(File→New),显示如图 2.20 所示对话框,在"名称"(name)框中输入文件名称(test),在"存储位置"(storage location)框中输入文件夹地址,然后点击"确定",系统将自动生成 test 项目,如图 2.21 所示。

(3)选中 test 项目,点击右键,选中"插入新对象"(Insert New Object),点击"SIMATIC 300 站点"(SIMATIC 300 Station),如图 2.22 所示,将生成一个 S7 - 300 PLC 的站,得到如图 2.23 所示的窗口,如果项目使用的是 S7 - 400 PLC,那么选中 SIMATIC 400 站点即可。

(4)在如图 2.23 所示的窗口,点击 test 左侧的" + ",选中"SIMATIC 300(1)",然后选中"硬件"(Hardware)并双击或右键点击"Open Object",打开硬件组态画面,如图 2.24 所示。

(5)生成机架:双击图 2.24 窗口中"SIMATIC 300"下的"RACK - 300"文件夹,将"Rail"拖入到左边空白处,生成空机架,如图 2.25 所示。在左边的窗口中出现两个机架表:上面的部分显示一个简表,下面的部分显示带有订货号、MPI 地址和 I/O 地址的详细信息。

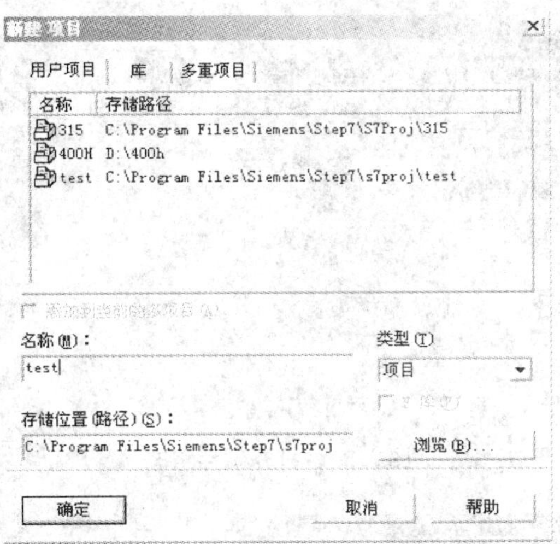

图 2.20　新建对话框

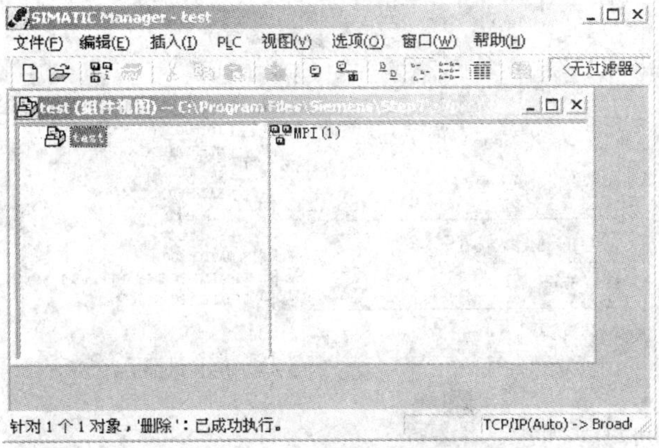

图 2.21　生成 test 项目

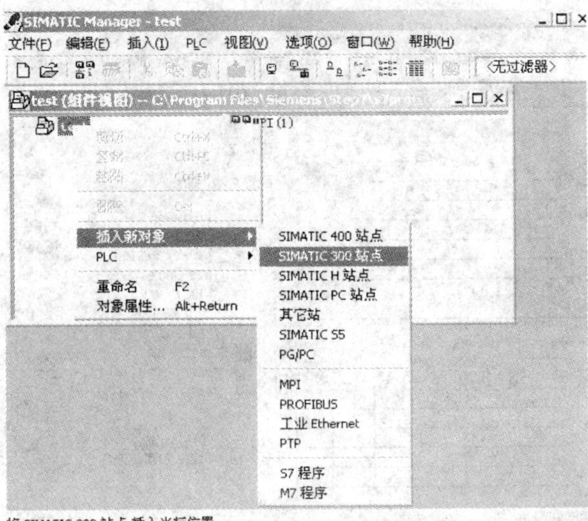

图 2.22　生成一个 S7－300 的项目

图 2.23　打开硬件组态

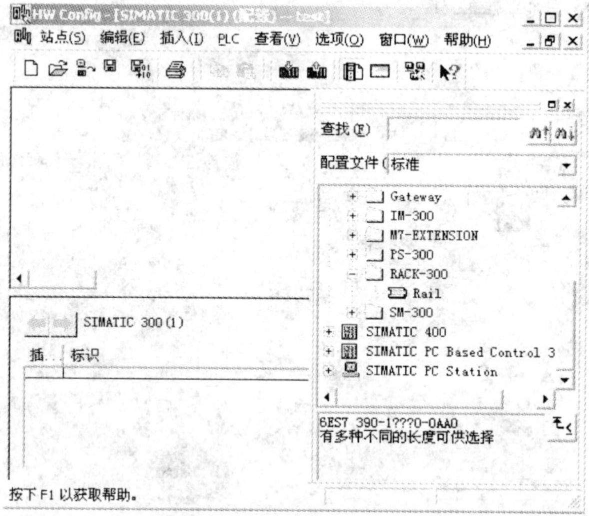

图 2.24　硬件组态画面

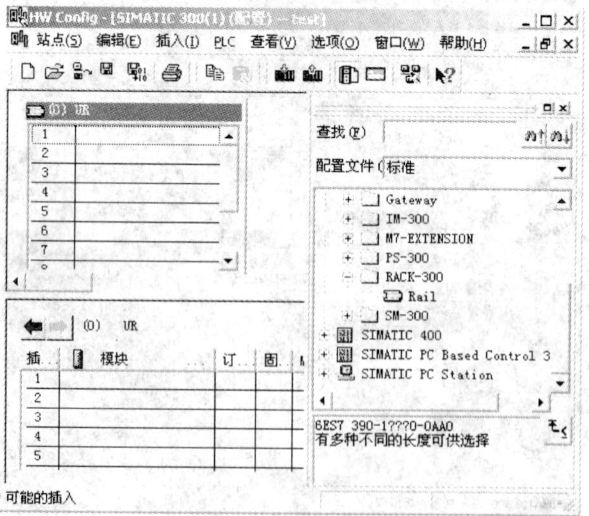

图 2.25　生成机架

(6)添加电源模块:双击“PS－300”文件夹,选中“PS 307 5A”,将其拖到左边机架表的第一个插槽(Slot),如图2.26所示。

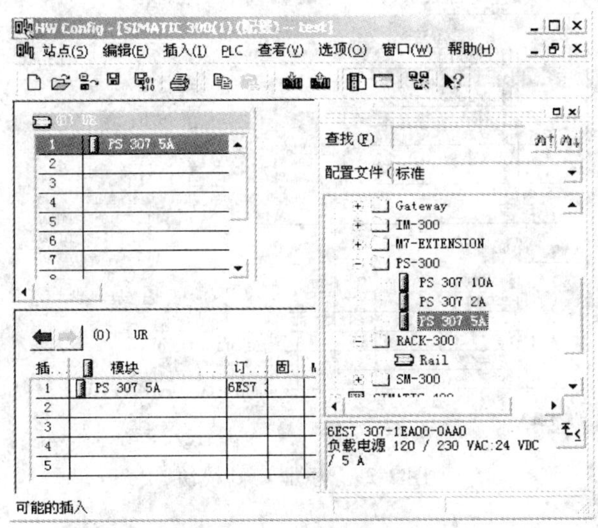

图2.26　添加电源模块

(7)添加CPU模块:双击“CPU－300”,双击“CPU 313C－2DP”,双击“6ES7 313－6CF03－0AB0”,选中“V2.6”,将其拖到左边机架表的第二个插槽;然后组态PROFIBUS－DP的窗口弹出,在地址中选择分配DP地址,默认为2,如图2.27所示,添加CPU模块后的窗口如图2.28所示。

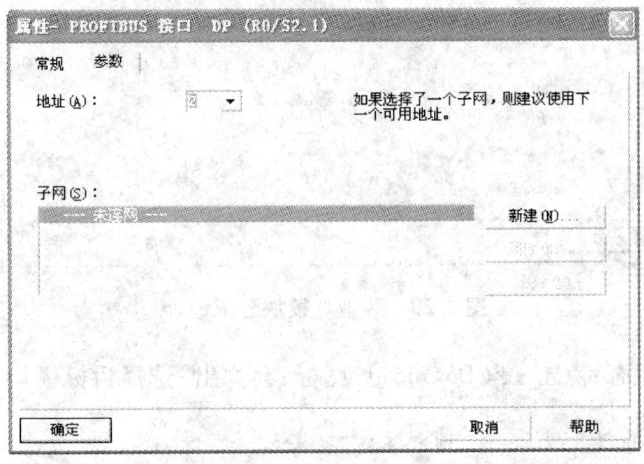

图2.27　组态PROFIBUS－DP窗口

(8)双击左边机架表上2.2插槽(Slot)的DI 16/DO 16模块给I/O模块分配地址,如图2.29所示(无特殊情况使用系统自动分配的地址即可)。

(9)点击工具栏中的(Save and Compile)图标,存盘并编译硬件组态,完成硬件组态工作。

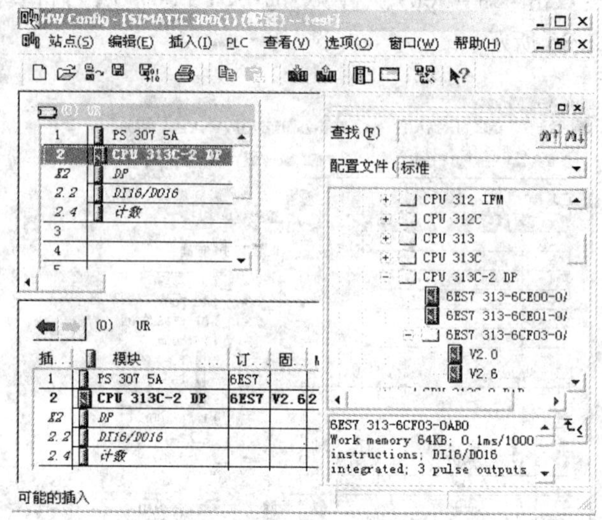

图 2.28　添加 CPU 模块

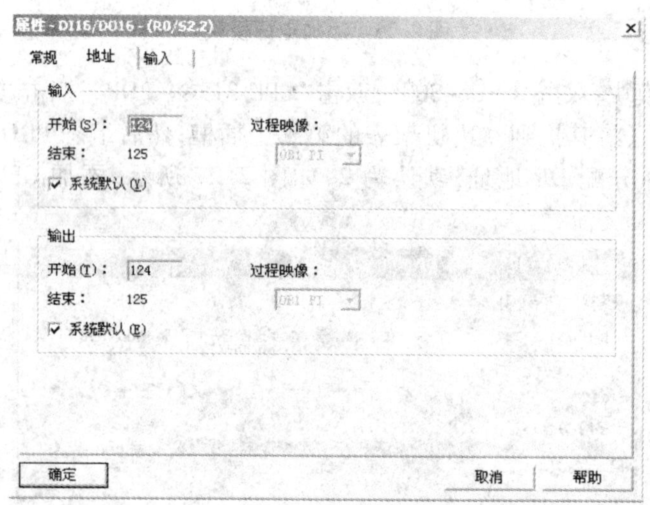

图 2.29　为 I/O 模块分配地址

(10)下载硬件组态:点击 (Download)图标,会弹出“选择目标模块”窗口,如图 2.30 所示,点击“确定”即可。

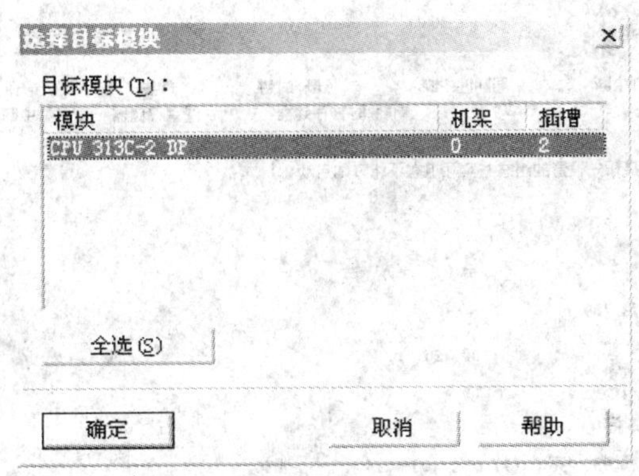

图 2.30 “选择目标模块”窗口

三、CPU 属性参数设置

在图 2.28 所示的硬件组态画面中，双击左边机架表中 CPU 所在的行，弹出图 2.31 所示 CPU 属性对话框，在窗口中点击某一选项卡，即可进行相应属性设置。

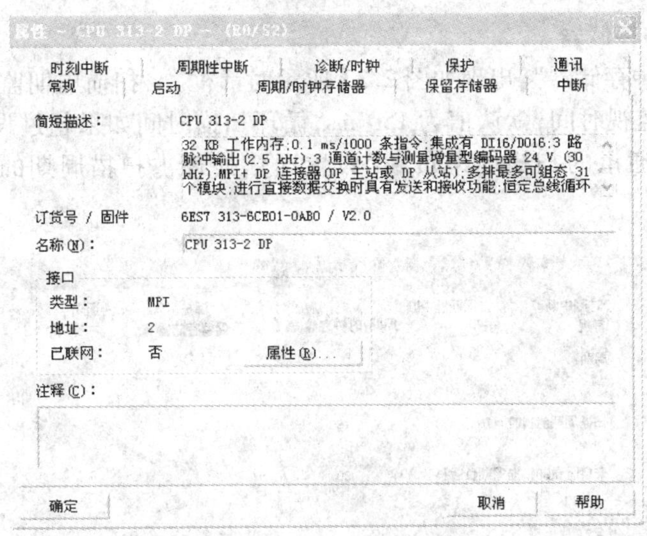

图 2.31 CPU 属性对话框

(一)启动

如图 2.32 所示，点击“启动”选项卡，设置启动属性，选择“如果预先设置的组态与实际组态不相符则启动”，如果有模块没有插在组态时指定的槽位，或者某个槽插入的不是组态的模块，CPU 也会启动，CPU 不会检查 I/O 组态；“热启动时重置输出”和“通过操作员”选项仅用于 S7－400 PLC。

在监视时间中，“来自模块的‘完成’消息”时间设置单位是 100 ms，设置的范围为 1 ~ 650，电源接通后，CPU 等待所有被组态的模块发出“‘完成’消息”的时间，如果超出了这个时间，表明实际的组态与预置组态不符。“参数传送到模块的时间”设置是 CPU 将参数传送到

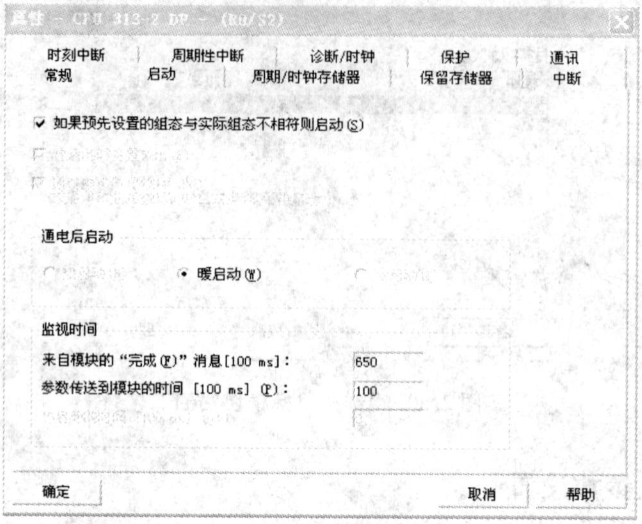

图 2.32　CPU 属性对话框之“启动”设置

模块的最长时间。

（二）周期/时钟存储器

点击“周期/时钟存储器”，出现如图 2.33 所示对话框。“扫描周期监视时间”设置以 ms 为单位的扫描循环监视时间，默认值为 150 ms，循环扫描时间如果超过设定值，CPU 将进入 STOP 模式。“来自通讯的扫描周期负载”设置通信处理占扫描周期的百分比，默认值为 20%。

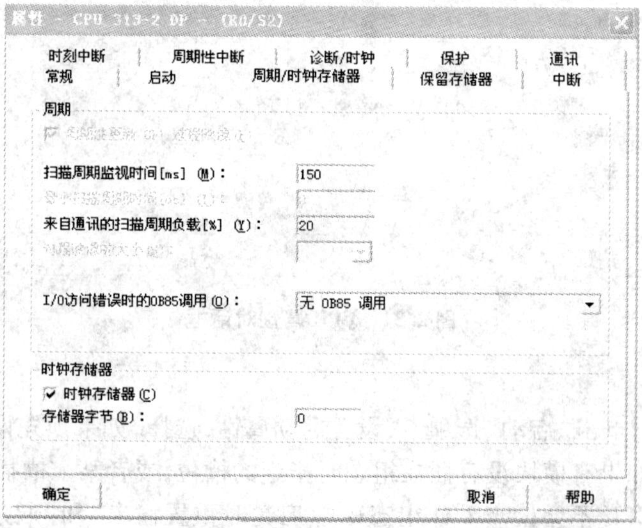

图 2.33　CPU 属性对话框之“周期/时钟存储器”设置

选中“时钟存储器”选项，可为用户程序提供占空比为 1∶1 的方波信号，设置“存储器字节”的地址，一个字节的时钟存储器的每一位对应一个时钟脉冲。时钟存储器字节各位的脉冲周期和频率如表 2.5 所示。

表 2.5　时钟存储器字节各位的脉冲周期和频率

位	7	6	5	4	3	2	1	0
脉冲周期/s	2	2.6	1	0.8	0.5	0.4	0.2	0.1
频率/Hz	0.5	0.625	1	2.25	2	2.5	5	10

假定设置的存储器字节地址为 100，即 MB100，由表 2.5 可知，M100.7 的脉冲周期为 2 s，用其常开触点控制输出线圈，则输出将以 2 s 周期闪烁。

（三）保留存储器

点击“保留存储器”，出现如图 2.34 所示对话框，在电源掉电或 CPU 从 RUN 模式进入 STOP 模式后，其内容保持不变。CPU 安装了后备电池后，用户程序中的数据块总是被保护的，没有后备电池的 CPU，可以在数据中设置保持区域。

“从 MB0 开始的存储器字节数目”用来设置从 MB0 开始需要断电保持的存储器字节数，“从 T0 开始的 S7 定时器数目”用来设置从 T0 开始需要断电保持的定时器数量，“从 C0 开始的 S7 计数器的数目”用来设置从 C0 开始需要断电保持的计数器数量。

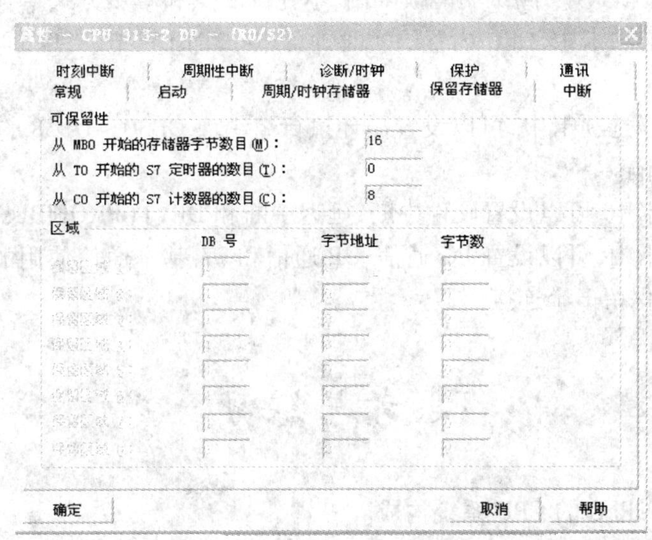

图 2.34　CPU 属性对话框之“保留存储器”设置

（四）诊断/时钟

点击“诊断/时钟”，出现如图 2.35 所示对话框。系统诊断指对系统中出现的故障进行识别、评估和作出相应的响应，并保存诊断的结果，通过诊断可发现用户程序错误和模块、传感器、执行器的故障。

在某些大系统中，某一设备的故障会引起连锁反应，为了分析故障的起因，需要了解故障发生的顺序，为了准确记录故障顺序，系统中各部分时钟必须作同步调整。

在同步类型中，可以选择作为主站或者从站，时间间隔用来设置时钟同步的周期。

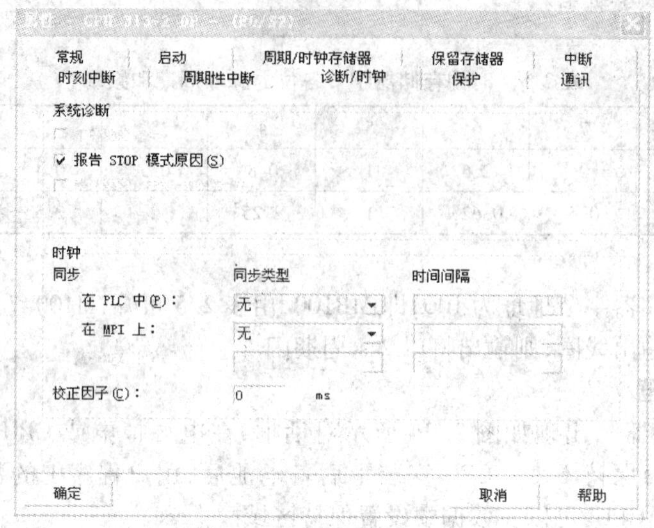

图 2.35　CPU 属性对话框之"诊断/时钟"设置

在"保护"选项卡中,可以设置 3 个保护级别。在此选项卡中,模式选择可以选择运行模式和测试模式。运行模式中,测试功能被限制,不允许断点和单步方式。

在"时刻中断"选项卡中,CPU 内置的实时钟可以产生时间中断,中断产生时调用组织块 OB10 ~ OB17。

在"周期性中断"选项卡中,可以设置循环执行组织块 OB30 ~ OB38,包括中断的优先级、时间、执行的时间间隔。

在"中断"选项卡中,可以设置硬件中断、延迟中断和 DPV1(PROFIBUS - DP)中断。

在"通讯"选项卡中,可以设置 PG 通信、OP 通信和 S7 基本通信使用的连接个数,至少应该为 PG 和 OP 分别保留 1 个连接。

思考与练习

1. 简述 S7 - 300 PLC 的 CPU 系统构成。
2. S7 - 300 PLC 的 CPU 有几种工作方式,分别是什么?
3. 如何复位 S7 - 300 PLC 的存储器?
4. 数字量输入模块有哪几种输入方式? 数字量输出模块有哪几种输出方式?
5. 硬件组态有什么作用?
6. 时钟存储器哪一位的周期是 1 s? 怎样设置时钟存储器?
7. 信号模块是哪些模块的总称?
8. 硬件组态的步骤有哪些?
9. 如何设置通信方式? 如何下载程序?
10. 填空题。

(1)S7－300 PLC 每个机架最多只能安装______个信号模块、功能模块和通信处理模块，最多可以增加______个扩展机架。电源模块在中央机架最______边的 1 号槽，CPU 只能在______号槽，接口模块只能在______号槽。

(2)S7－300 PLC 中央机架的 4 号槽的 16 点数字量输入模块的字节地址为______和______;5 号槽的 32 点数字量输出模块的字节地址为________和________;6 号槽的 AI 4/AO 2 模块的模拟量输入字节地址是________至________，模拟量输出字节地址是________和________。

模块三 PLC 的编程基础

学习目标：

学习了本模块后，你将会

☞ 熟悉 STEP 7 软件的安装步骤；

☞ 了解 STEP 7 软件包和常用设置；

☞ 掌握 PLC 编程中最基本的位逻辑指令的格式与功能；

☞ 掌握 S7 - 300 PLC 定时器、计数器的工作原理及指令格式；

☞ 能够熟练应用定时器、计数器进行相关系统设计；

☞ 掌握 PLC 编程设计方法中较常用的经验设计法；

☞ 能够为解决中等难度的问题打下良好的基础。

任务一 STEP 7 软件使用

STEP 7 可以对整个控制系统(包括 PLC、远程 I/O、HMI、驱动装置和通信网络等)进行硬件组态、通信连接、软件编程、程序下载、调试和监控等。

在模块二的任务二中，对 STEP 7 软件进行了整体概述，介绍了其项目结构，并详细地介绍了硬件组态的方法和步骤。在本任务中，将详细介绍 STEP 7 软件的安装、标准软件包及其扩展、使用设置等。

一、STEP 7 的安装

STEP 7 的订货版本有三种：STEP 7 Lite、STEP 7 Basis(基本版)和 STEP 7 Professional(专业版)。

(1) STEP 7 Lite：适用于 S7 - 300、C7 系列 PLC 以及带有 CPU 的 ET 200S 和 ET 200X 系列分布式 I/O 模块的编程和硬件组态。

(2) STEP 7 Basis(基本版)：适用于 S7 - 300/400、M7、C7 系列 PLC 的编程与组态，具有 STEP 7 的全部功能，有梯形图、语句表和功能块图三种编程语言。

(3) STEP 7 Professional(专业版)：与 STEP 7 Basis 版本相比，增加了两种编程语言 S7 Graph 和 S7 SCL 以及仿真软件 S7 - PLCSIM。

STEP 7 软件可以通过 Setup 程序自动地进行安装，用户可按照屏幕弹出的指示信息，一步一步地完成整个安装步骤。

(一)安装要求

(1)操作系统:Windows 2000 或 Windows XP,Windows Sever 2003。

(2)基本硬件要求如下。

①PG 或 PC。PG 是专门为在工业环境中使用而设计的紧凑型个人计算机 PC,它安装了用于 SIMATIC PLC 编程所需的软件。另外根据通信方式的需要,选择编程电缆(PC 适配器或 CP 卡)。

②主频 600 MHz 以上。

③内存至少 256 MB。

④Microsoft Windows 支持彩色显示器、键盘和鼠标。

⑤需硬盘空间 300 ~600 MB(视安装选项不同而定)。

(二)安装步骤

下面以 STEP 7 V5.3 中文版为例,简单说明安装过程。

双击安装文件中的 setup. exe,进入 STEP 7 的安装程序,会出现图 3.1 所示的安装提示,选择安装语言为"简体中文",然后点击"下一步"。

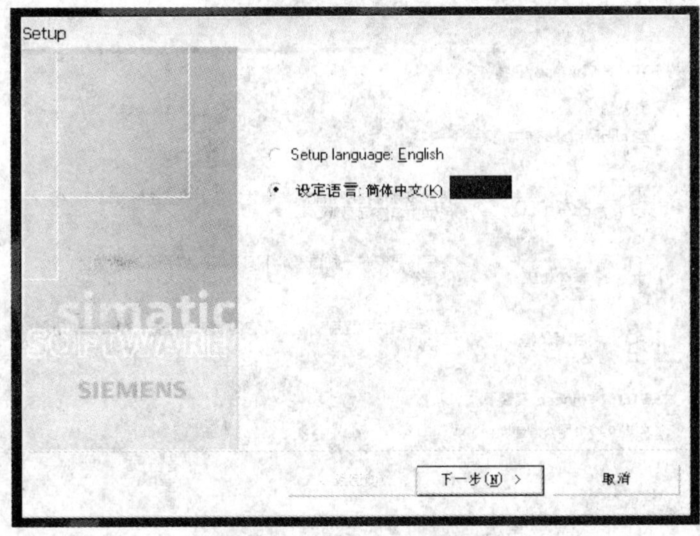

图 3.1　选择安装语言

在弹出的如图 3.2 所示的对话框中,选择要安装的程序,在需要安装的程序前打上对钩,然后点击"下一步"。

按照弹出的对话框提示,一步步进行安装。有些对话框没有什么操作,只需要点击"下一步"按钮确认。在图 3.3 所示的"安装类型"对话框中,选择所需的安装类型,其中有如下三种安装类型可供选择。

①典型的:安装标准的程序功能、项目实例和手册,可以选择安装的语言,需要较大的硬盘空间。建议初学者选择此项。

②最小:只安装一种语言,不安装实例和手册,所需的硬盘空间最小。

③自定义:可以选择安装的程序功能、实例和通信功能等。适用于有经验的用户。

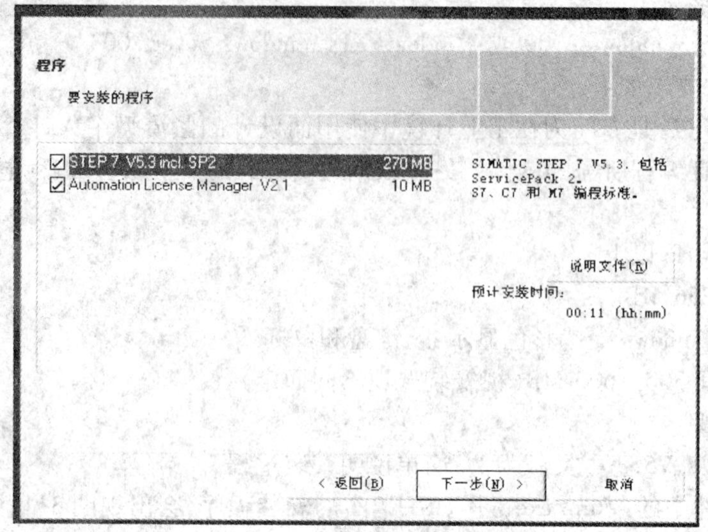

图 3.2　选择安装程序

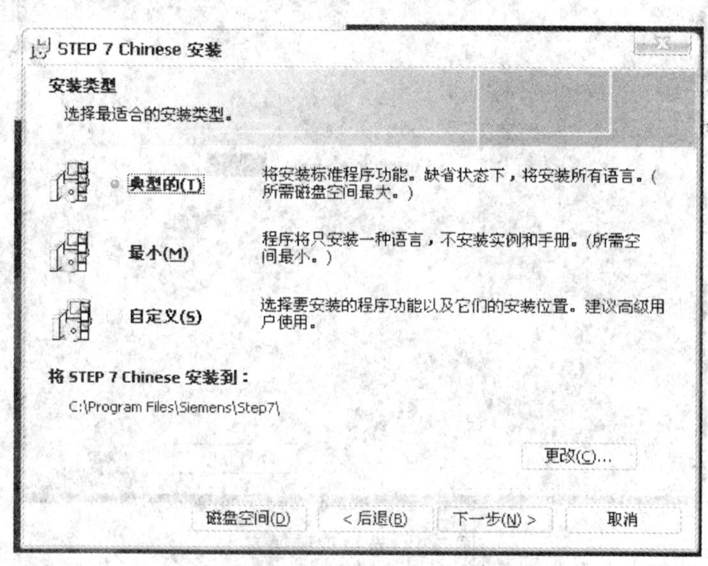

图 3.3　选择安装类型

点击“更改”按钮,可以修改 STEP 7 安装路径。

在如图 3.4 所示的“产品语言”对话框中,选择需要安装的语言。

在弹出的如图 3.5 所示的对话框中,提示需要传送许可证密钥。使用 STEP 7 编程软件时,需要产品的许可证密钥(License Key),或称为授权。STEP 7 与可选的软件包需要不同的许可证密钥。STEP 7 的许可证密钥存放在一张只读不能复制的软盘中,通过该软盘将密钥传送到计算机硬盘中,就可以在计算机上使用相应的软件。

如果选择“是,应在安装期间进行传送”,安装程序将软盘中的密钥导入计算机硬盘中;如果选择“否,以后再传送许可证密钥”,则跳过许可证密钥安装程序,以后可在许可证管理器中

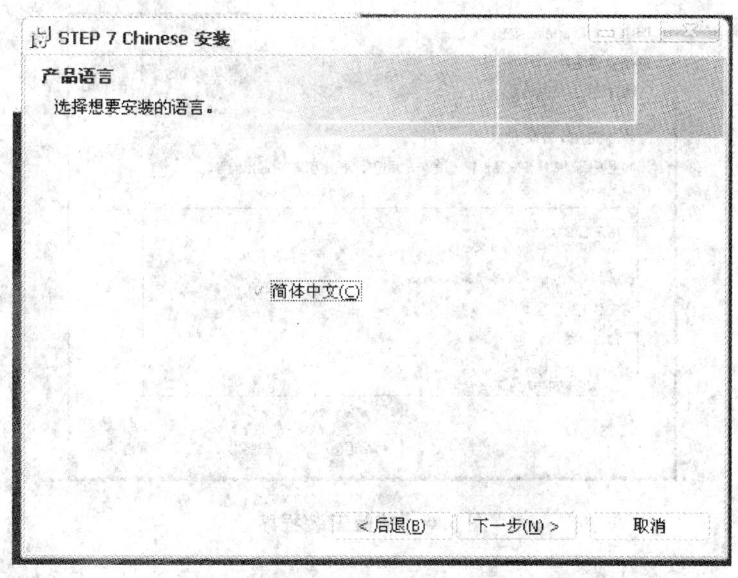

图 3.4　选择需要安装的语言

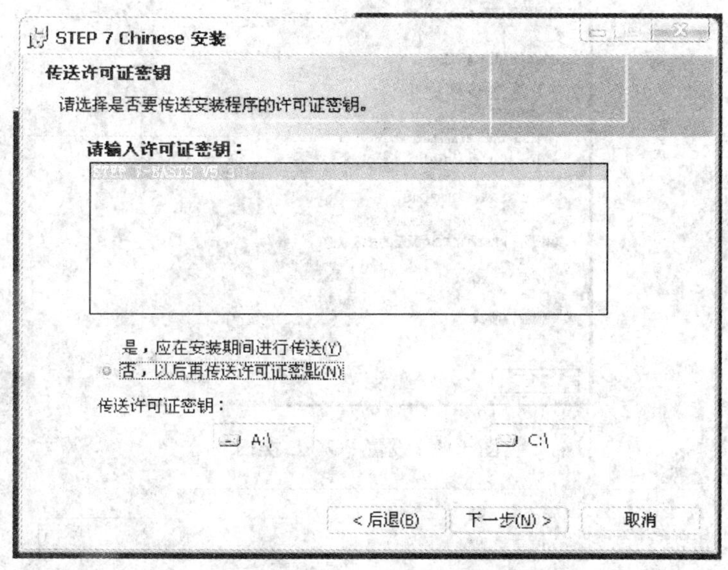

图 3.5　传送许可证密钥

安装密钥。点击“下一步”,准备开始安装。

点击图 3.6 中的“安装”按钮,安装开始。在安装的过程中,将会出现“设置 PG/PC 接口”对话框,如图 3.7 所示。根据实际的硬件,选择接口的类型,如果没有相应的接口方式,可通过点击“选择”按钮来添加,如图 3.8 所示。

STEP 7 安装完成后,会自动安装“Automation License Manager”(自动化许可证管理器)。安装完成后,会出现对话框,提示重启计算机,如图 3.9 所示。选择“是,立即重启计算机”,点击“完成”按钮,结束安装过程。

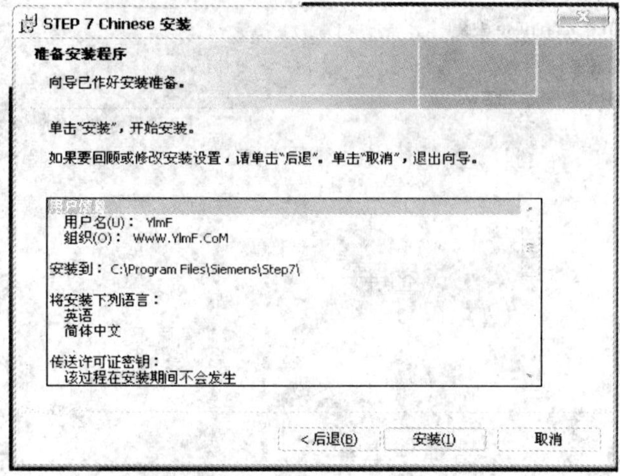

图 3.6　准备安装程序

图 3.7　设置 PG/PC 接口

图 3.8　安装/删除接口

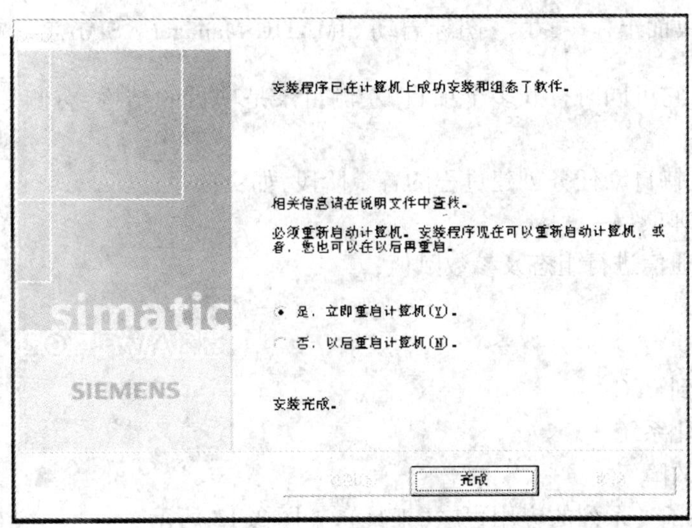

图 3.9　安装完成

最后安装密钥，打开"Automation License Manager"（自动化许可证管理器），安装前如图 3.10 所示，安装后如图 3.11 所示。

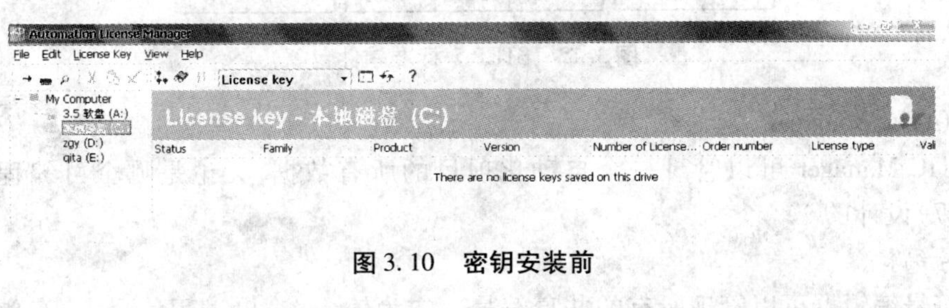

图 3.10　密钥安装前

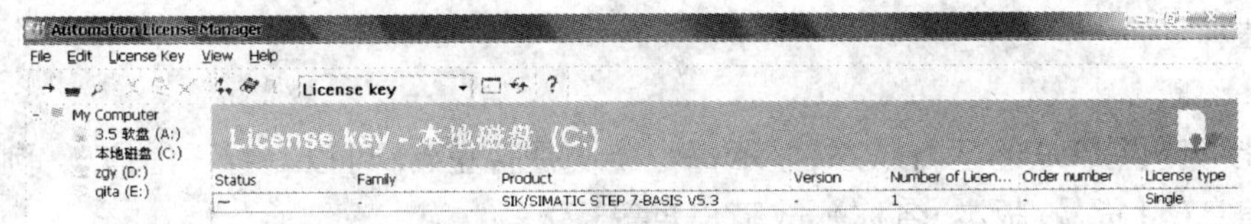

图 3.11　密钥安装后

到此安装过程全部完成，可正常使用 STEP 7 软件了。

二、STEP 7 标准软件包

STEP 7 是用于对 SIMATIC PLC 进行组态和编程的标准软件包，它是 SIMATIC 工业软件的组成部分。STEP 7 中集成的 SIMATIC 编程语言和语言表达方式，符合 EN 61131—3 标准，标准软件包符合图形化以及面向对象的 Windows 操作系统的要求，可以运行在操作系统 Windows 2000/XP 专业版以及 Windows Sever 2003 下。

在 SIMATIC 管理器（SIMATIC Manager）环境中可进行项目的编程和组态。STEP 7 安装完成后,通过双击桌面上图标启动 SIMATIC Manager。SIMATIC Manager 的运行界面如图 2.17 所示,它可同时打开多个项目,左侧目录是项目的结构,右侧是当前选中的项目所包含的对象。

标准软件包支持自动任务创建过程的各个阶段,如:

(1)建立和管理项目;

(2)对硬件和通信进行组态及参数赋值;

(3)管理符号;

(4)创建程序;

(5)下载程序到 PLC;

(6)测试自动化系统;

(7)诊断设备故障。

该软件包提供了一系列的应用程序(工具),如图 3.12 所示。

图 3.12　STEP 7 标准软件包

1. SIMATIC Manager

SIMATIC Manager 可以管理一个自动化项目的所有数据,无论是哪个可编程控制系统(S7/M7/C7)设计的。

2. 符号编辑器

使用符号编辑器可以管理所有的共享符号。它为输入/输出过程信号、位存储和块设定符号名和注释。

3. 硬件诊断

此功能可提供 PLC 的运行状态,显示每个模块是否正常,可以查看详细信息,例如显示模块的一般信息(订货号、版本、名称)、故障信息等。

4. 编程语言

国际电工委员会(IEC)是为电子技术的所有领域制定全球标准的国际组织。IEC 61131 是 PLC 国际标准,我国参照 IEC 61131 标准,在 1995 年 12 月颁布了 PLC 的国家标准 GB/T 15969,该标准基本上采用了 IEC 61131 标准的前四部分。对应于 IEC 61131 第五部分的 GB/T 15969.5《通信服务规范》在 2003 年 5 月颁布出版。

IEC 61131 由五部分组成,分别是通用信息、设备与测试要求、编程语言、用户指南和通信。其中第三部分(IEC 61131—3)是 PLC 的编程语言标准。该标准已成为 DCS(集散控制系统)、IPC(工业控制计算机)、FCS(现场总线控制系统)、SCADA(数据采集与监视控制)和运动控制系统事实上的软件标准。

用于 S7 - 300 PLC 和 S7 - 400 PLC 的编程语言梯形图、语句表和功能块图都集成在一个标准软件包中。

(1)梯形图(LAD)是STEP 7编程语言的图形表达方式。它的指令语法与继电接触器控制逻辑非常相似。当电信号通过各个触点、复合元件以及输出线圈时,使用梯形图可以追踪电信号在电源示意线之间的流动。

(2)语句表(STL)是STEP 7编程语言的文本表达方式,与机器码相似。如果一个程序是用语句表编写的,CPU执行程序时则按每一条指令一步一步地执行。

(3)功能块图(FBD)是STEP 7编程语言的图形表达方式,使用与布尔代数相类似的逻辑框来表达逻辑。

其他编程语言如S7 SCL(结构化控制语言)、S7 HiGraph(图形编程语言)、S7 CFC(连续功能图)作为可选软件包使用。

5. 硬件组态

在模块二中,已经介绍了硬件组态的步骤,学习了对自动化项目的硬件如何进行组态和参数赋值,这是进行设计开发中重要的一步。一旦组态有问题,系统就会报错,可能影响到PLC的正常运行。

6. NETPRO通信组态

该工具用来组态通信网络连接,包括对通信网络进行设置和对网络中的设备进行设置。

另外,还可以使用帮助系统,解决使用过程中的问题。方法为选中疑问点,按下F1键,此时将会弹出相关帮助信息。

三、STEP 7使用设置

在使用STEP 7之前,可以对STEP 7的软件使用环境进行设置,以符合用户的习惯和项目的需求。以下将介绍一些较常用的设置选项。

(一)语言环境设置

STEP 7 V5.3安装了多种语言,用户可以根据习惯修改语言环境。通过菜单"Options"→"Customize"打开自定义选项菜单,选择"Language"选项卡,如图3.13所示。

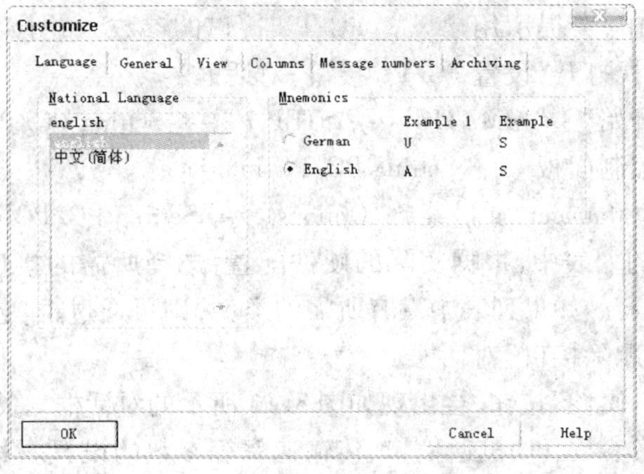

图3.13 语言环境设置

对话框左侧的列表显示了已经安装的语言，选择习惯的语言，单击“OK”，新的语言环境将在下次启动 SIMATIC Manager 的时候生效。语言环境修改后，软件的窗口、菜单、帮助系统、文档、项目示例等语言都随之更改。

对话框右侧的助记符(Mnemonics)选项包含了德语和英语两种风格，并分别给出了语句和变量示例。需要注意的是，助记符是编程中语句、变量等不同风格的命名规范，与语言环境无关。

（二）常规选项设置

通过菜单项“选项”→“自定义”，打开对话框，选择“常规”选项卡，出现常规选项的设置界面，如图 3.14 所示。

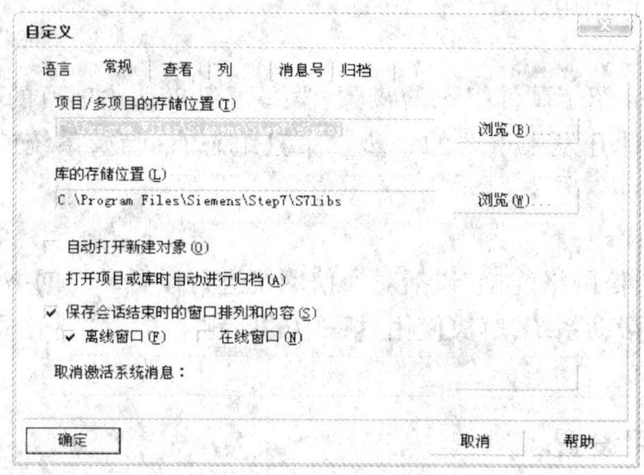

图 3.14　常规选项设置

（三）PG/PC 接口设置

PG/PC 接口是 PG/PC 和 PLC 之间进行通信连接的接口。PG/PC 支持多种类型的接口，每种接口都需要进行相应的参数设置，如波特率等。因此，要实现通信必须正确地设置 PG/PC 接口。

STEP 7 安装过程中，会提示用户设置 PG/PC 接口的参数，如图 3.7 所示。在完成安装后，还可以通过以下方式打开“设置 PG/PC 接口”对话框。

(1) Windows 的“开始”→“SIMATIC”→“STEP 7”→“Setting PG/PC interface”。

(2) Windows 的“控制面板”→“Setting PG/PC interface”。

(3) 打开 SIMATIC Manager，通过菜单“Options”→“Setting PG/PC interface”。

在“接口参数集”的列表中，根据实际的硬件配置，选择所需的接口类型。在图 3.7 中，PC Adapter 是 PC 适配器。如果列表中没有所需的类型，则可通过框“接口”→“选择”，打开图 3.15 所示的“安装/删除接口”对话框。

在图 3.7 中，点击“属性”按钮，会出现如图 3.16 所示的对话框。关于所选的通信方式的属性，要进行地址、网络参数、PC 机通信口、传输速率等参数的设置。其中一般将 PC 机的地址设置为“0”，MPI 的网络传输率设置为“187.5 Kbps”。

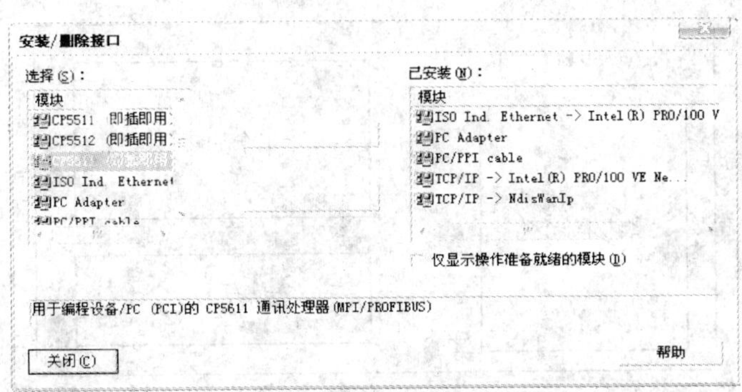

图 3.15　安装/删除接口

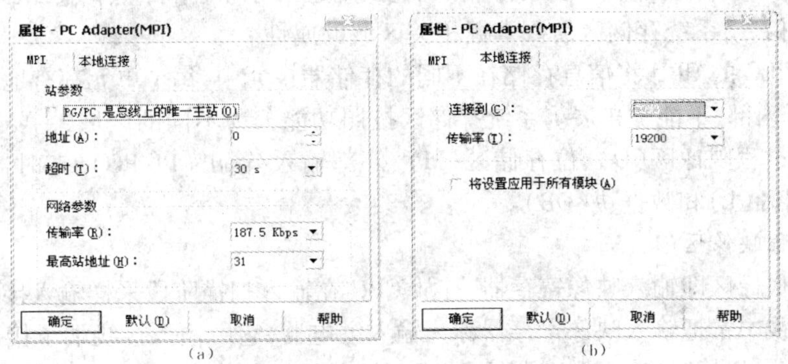

图 3.16　MPI 通信属性设置

(a)MPI 设置　(b)本地连接设置

任务二　S7 - 300 PLC 的内存结构与寻址方式

一、PLC 的存储器

S7 - 300 PLC CPU 的存储器可以分为 3 个区域，如图 3.17 所示。

(1)装载存储区(Load Memory)。该区位于 SIMATIC 微存储卡(MMC)中，装载存储区的容量与 MMC 的容量一致，用于保存程序指令块、数据块及系统数据，也可保存项目的整个组态数据。装载存储区存入的用户程序不包含符号地址分配或注释(这些保留在编程设备的存储器中)。

(2)工作存储区(Work Memory)。该区集成在 CPU 内部的高速存取 RAM 中，用于运行程序指令并处理用户程序数据，不能被扩展。RAM 中的内容通过电源模块或后备电池供电，具有保持功能。

(3)系统存储区(System Memory)。该区是为运行程序提供的存储区的集合，由用户程序可以直接或间接寻址访问的多个区域组成，不能被扩展。

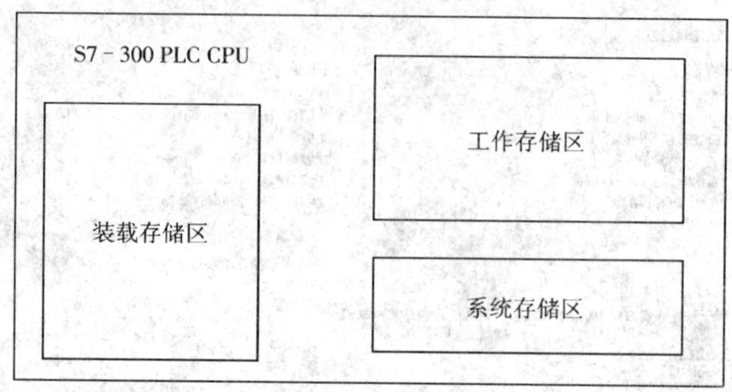

图 3.17　S7 - 300 PLC CPU 的存储器分区

CPU 存储器的 3 个区域中,装载存储区需要掌握下载程序和站点信息,工作存储区需要掌握复位操作指令,系统存储区需要掌握相关区域的属性。

S7 - 300 PLC 的 CPU 将信息存储在不同的存储器单元中,每个单元都有地址。系统存储区集成在 CPU 内部,不能被扩展。系统存储区按照功能分为不同的区域,主要有输入过程映像区(I)、输出过程映像区(Q)、位存储区(M)、外部输入/输出(PI/PQ)、定时器(T)、计数器(C)、局部数据区(L)和数据块(DB)。

1. 输入过程映像区(I)

输入过程映像区即输入映像寄存器,存放 CPU 在输入扫描阶段采样输入接线端子的控制信号。工程实践中常把输入映像寄存器称为输入继电器,它由输入接线端子接入的控制信号驱动,当控制信号接通时,输入继电器得电,即对应的输入映像寄存器的位为“1”;当控制信号断开时,输入继电器失电,对应的输入映像寄存器的位为“0”。输入接线端子可以接常开触点或常闭触点,也可以是多个触点的串并联。

2. 输出过程映像区(Q)

输出过程映像区即输出映像寄存器,存放 CPU 执行程序的结果,并在输出扫描阶段将其复制到输出接线端子上。工程实践中常把输出映像寄存器称为输出继电器,它通过 PLC 的输出接线端子控制执行电器完成规定的控制任务。

过程映像寄存器的 I/Q 可以以位、字节、字、双字的方式来存取。

3. 位存储区(M)

位存储区即位存储器,为用户提供用于存储中间变量的单元,其作用相当于继电接触器控制系统中的中间继电器。S7 - 300 PLC 中位存储器分为保持型和普通型两种。保持型位存储器是指 CPU 在 STOP 或停电状态时,仍保持 STOP 或停电前的状态。普通型位存储器在 STOP 或停电状态下,再次运行时其状态全部自动复位。

位存储器可以以位、字节、字、双字的方式来存取。

4. 外部输入/输出(PI/PQ)

外部输入/输出用于直接访问输入/输出模块,通过外设访问时只能按照字节、字、双字的方式来存取,其访问速度慢于访问过程映像区。

5. 定时器(T)

定时器是为定时器指令提供相应存储单元的区域,该区域为每个定时器地址保留一个 16

位的字，其功能相当于继电接触器控制系统中的时间继电器，不同的时间继电器用不同的定时器指令来代替。定时器的具体功能将在介绍定时器指令时详细介绍。

6. 计数器(C)

计数器是为计数器指令提供相应存储单元的区域，该区域为每个计数器地址保留一个 16 位的字，用于实现加减计数的功能。计数器的具体功能将在介绍计数器指令时详细介绍。

7. 局部数据区(L)

局部数据区是特定块的本地数据，处理时其状态临时存储在该块的临时堆栈(L 堆栈)中，处理完成关闭该块后，不能再访问其中的数据。该块中的数据形式有形式参数、静态数据和临时数据。

8. 数据块(DB)

数据块用于用户根据需要创建并定义其内部参数，分为共享数据块(DB)和背景数据块(DI)。DB 块可用于任何一个块存取数据，而 DI 块只能被定义为某个功能块 FB 的背景数据块，为调用它的功能块 FB 提供存储单元，其内部参数与对应的功能块 FB 的变量声明表的内容一致。

二、寻址方式

访问 CPU 系统存储区的 8 个存储区域可以采用绝对地址寻址方式，也可以采用符号地址寻址方式。CPU 在对数据进行编址后，才能进行寻址。

(一)编址方式

在计算机中使用的数据均为二进制数，二进制数的基本单位是 1 个二进制位，8 个二进制位组成 1 个字节，2 个字节组成一个字，2 个字组成 1 个双字。

存储器的单位可以是位(bit)、字节(Byte)、字(Word)、双字(Double Word)，所以需要对位、字节、字、双字进行编址。存储单元的地址由区域标识符、字节地址和位地址组成。

(1)位编址：寄存器标识符 + 字节地址. 位地址，如 I124.0、M0.1、Q124.2 等。

(2)字节编址：寄存器标识符 + 字节关键字 B + 字节地址，如 IB1、MB20、QB2 等。

(3)字编址：寄存器标识符 + 字关键字 W + 起始字节地址，如 MW20 表示由 MB20 和 MB21 这 2 个字节组成的字。

(4)双字编址：寄存器标识符 + 双字关键字 D + 起始字节地址，如 MD20 表示由 MB20 ~ MB23 这 4 个字节组成的双字。

位、字节、字、双字编址如图 3.18 所示。

(二)绝对地址寻址

绝对地址寻址是一种直接指定访问区域、数据类型和数据的寻址方式。

(1)采用位寻址时，数据格式是：存储区关键字 + 字节地址．位地址。例如，I4.3 表示的是输入过程映像区(I)的第 4 个字节的第 3 位。其中字节地址从 0 开始，最大值由该存储区的大小决定，位地址的取值范围为 0 ~ 7。

(2)采用字节寻址时，数据格式是：存储区关键字 + 字节关键字 B + 字节地址。例如，QB4 表示的是输出过程映像区(Q)的第 4 个字节。

(3)采用字寻址时，数据格式是：存储区关键字 + 字关键字 W + 第 1 个字节地址。例如，

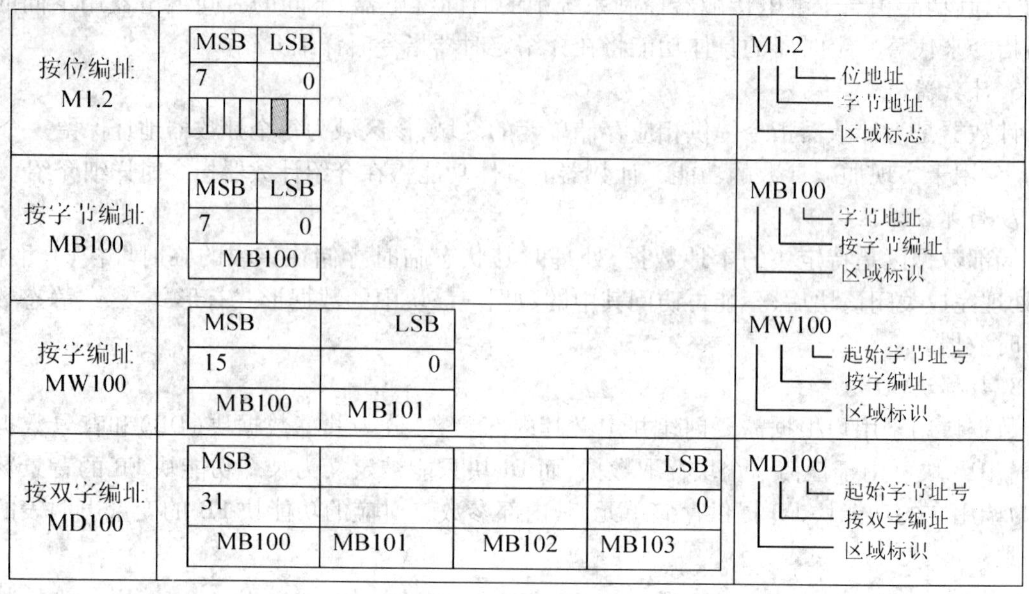

图 3.18 编址方式

MW6 表示的是位存储区(M)的由 MB6 和 MB7 这 2 个字节组成的字。

(4)采用双字寻址时,数据格式是:存储区关键字 + 双字关键字 D + 第 1 个字节地址。例如,LD20 表示的是局部数据区(L)的由 LB20 ~ LB23 这 4 个字节组成的双字。

采用绝对地址寻址方式要特别注意如下几个方面。

(1)在访问数据块的某位时,如果没有先打开数据块,需采用数据块号 + 地址的方式,例如,DB20. DBX10. 2 表示的是第 20 个数据块的第 10 个字节的第 2 位的数据。

(2)外部输入/输出存储区(PI/PQ)没有位寻址方式。

(3)采用字和双字寻址时,要尽量避免地址重叠情况的发生。例如,MW20 和 MW21 都包含 MB21,建议在使用字寻址时采用为 2 的倍数的偶数,双字寻址时采用为 4 的倍数的偶数。

访问定时器或计数器时,数据格式是:关键字 T(C) + 定时器号(计数器号)。例如,T3 表示的是第 3 号定时器。

(三)符号地址寻址

使用符号地址寻址需要首先对绝对地址或参数变量定义符号,然后在程序中使用定义好的符号进行编程寻址。STEP 7 中定义的符号有全局符号和局部符号两种。全局符号需要在符号编辑器中定义,可以在所有的块中使用,并指向符号编辑器中指定的绝对地址。STEP 7 的一个项目中可以包含多个工作站,每个工作站的 S7 程序中都有符号编辑器,可以为本工作站编辑全局符号,如图 3. 19 所示,双击图 3. 19 中“符号”图标,进入符号编辑器,编辑环境如图 3. 20 所示。

用户可以在图 3. 20 所示的编辑环境中进行本工作站全局符号的编辑。编辑符号时需注意:不能出现相同的符号,相同的地址变量也不允许重复出现;符号栏、地址栏以及数据类型栏必须填写,注释栏可不填写。

编辑好的符号表保存后,可在编辑程序时直接使用符号名进行编程,输入的符号将被自

图 3.19 符号编辑器工具

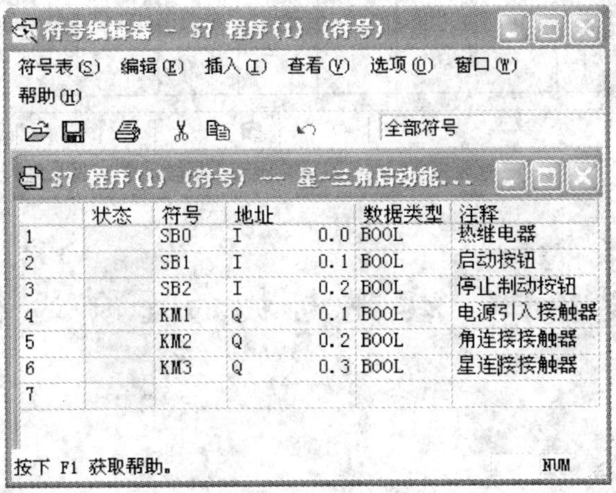

符号编辑器 - S7 程序(1) (符号)

符号表(S) 编辑(E) 插入(I) 查看(V) 选项(O) 窗口(W) 帮助(H)

全部符号

S7 程序(1) (符号) -- 星-三角启动能...

	状态	符号	地址		数据类型	注释
1		SB0	I	0.0	BOOL	热继电器
2		SB1	I	0.1	BOOL	启动按钮
3		SB2	I	0.2	BOOL	停止制动按钮
4		KM1	Q	0.1	BOOL	电源引入接触器
5		KM2	Q	0.2	BOOL	角连接接触器
6		KM3	Q	0.3	BOOL	星连接接触器
7						

按下 F1 获取帮助。 NUM

图 3.20 符号编辑器编辑环境

动加引号以表示为全局符号，如图 3.21 所示。

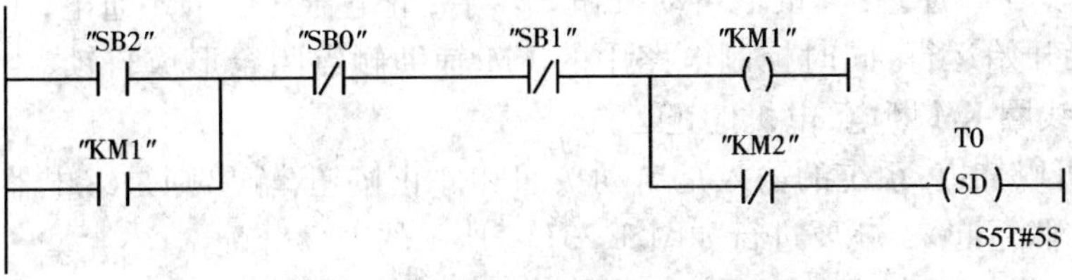

"SB2" "SB0" "SB1" "KM1"

"KM1" "KM2" T0 (SD) S5T#5S

图 3.21 使用符号寻址编写的程序

三、多层组态的编址

在 S7－300 PLC 中,多层组态也使用固定编址,如图 3.22 所示。例如,Q7.7 是 0 号机架 5 号槽位上 32 通道 DO 模块的最后一个通道,IB105 是 3 号机架 6 号槽位 DI 模块上第 2 个字节,QW60 是 1 号机架 11 号槽位 DO 模块上前 2 个字节,ID80 是 2 号机架 8 号槽位 32 通道 DI 模块上所有 4 个字节。

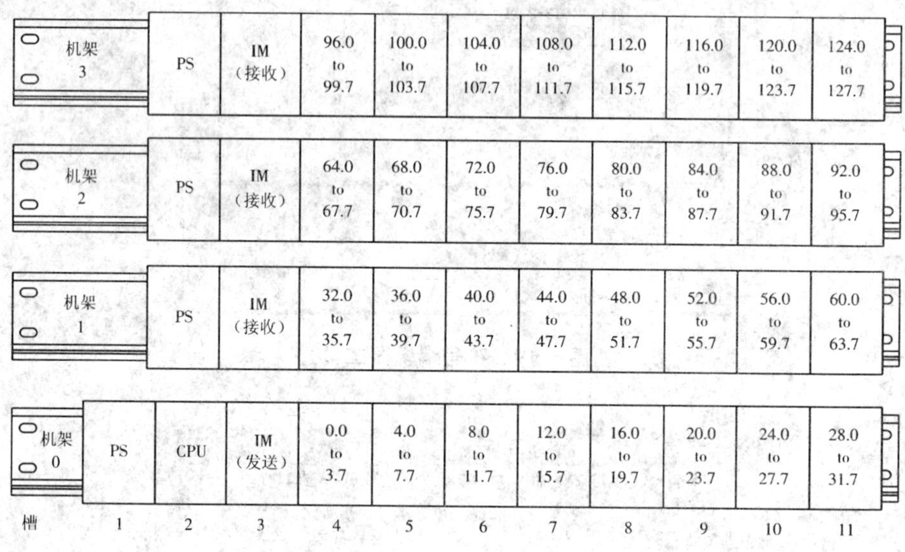

图 3.22　多层组态的编址

任务三　实现电机的自锁运行

一、任务提出

传统继电接触器控制主要应用于对电机、电磁阀等的控制,在很多控制系统中都有电机,学会运用 PLC 控制电机的各种方法,对今后的工作会有很大的帮助。

三相异步电机是怎样实现单向的连续运转的呢? 图 3.23(a)所示为三相异步电机自锁运行控制电路,其工作原理:当按下启动按钮 SB1 后,继电器线圈 KM 通电,主电路中 KM 主触点闭合,电机开始运行,同时控制电路中的 KM 辅助触点闭合形成自锁,当按下停止按钮 SB2 时,继电器线圈 KM 断电,电机停止运行。

通过分析可以知道:系统的输入是启动按钮和停止按钮,输出则是继电器。要把这些输入、输出与 PLC 联系起来,就要进行如图 3.23(b)所示的 I/O 分配。

图 3.23 中的继电接触器控制是一系列按钮、触点和线圈之间硬件的逻辑组合,这些硬件的逻辑组合现在都要通过编程来实现。

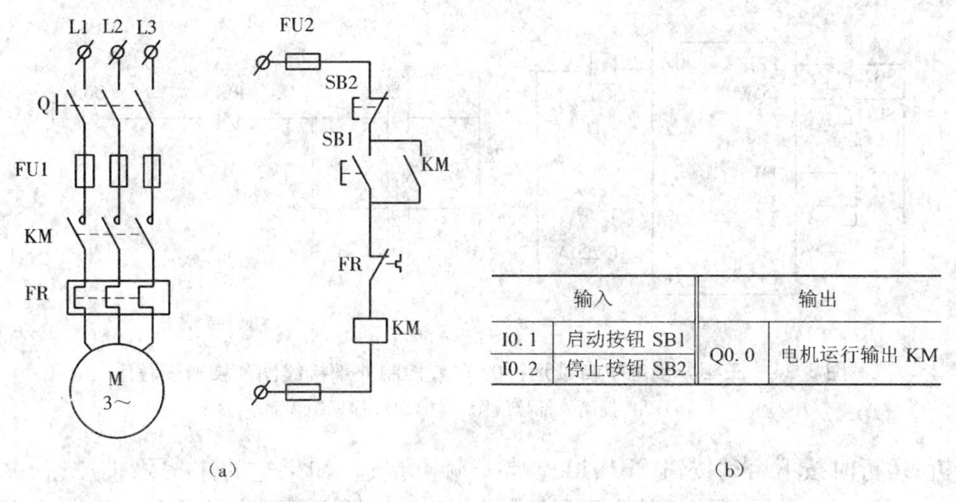

输入		输出	
I0.1	启动按钮 SB1	Q0.0	电机运行输出 KM
I0.2	停止按钮 SB2		

图 3.23　三相异步电机自锁运行控制电路与 I/O 分配

(a)继电接触器控制电路　(b)I/O 分配

二、相关新知识

PLC 控制电路中的触点和线圈是以指令的形式体现。触点和线圈的指令格式及功能如表 3.1 所示。

表 3.1　触点和线圈的指令格式及功能

类型	梯形图	参数	数据类型	存储区域	说明
常开触点	bit —| |—	bit	BOOL	I、Q、M、L、D、T、C	bit 指明被检查的信号状态的位
常闭触点	bit —|/|—	bit	BOOL	I、Q、M、L、D、T、C	
线圈	bit —( )	bit	BOOL	I、Q、M、L、D、T、C	bit 指明逻辑计算结果所存储的地址位

表中“bit”表示位，位逻辑运算的结果简称为 RLO(Result of Logic Operation)。触点代表 CPU 对存储器某个位的读操作，常开触点和存储器的位状态相同，常闭触点和存储器的位状态相反。

线圈代表 CPU 对存储器某个 bit 的写操作，若线圈指令的左边 RLO 为“1”，表示 CPU 将该线圈所对应的存储器位置“1”，线圈得电；若 RLO 为“0”，表示 CPU 将该线圈所对应的存储器位置“0”，线圈断电。线圈指令一定要放置在程序段的最右边使用。

触点线圈指令可以按照数字逻辑关系进行组合，利用触点的串联实现“与”功能，利用触点的并联实现“或”功能。

三、任务解决方案

对于图 3.23(a)所示的三相异步电机自锁运行控制电路，通过图 3.24 所示的 PLC 控制外部接线图和梯形图程序就可以解决了。

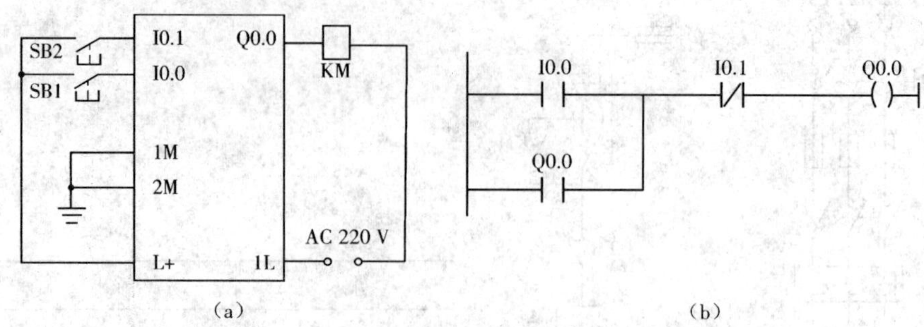

图 3.24　三相异步电机自锁运行的 PLC 控制外部接线图和梯形图程序

(a)PLC 控制外部接线图　(b)PLC 梯形图程序

分析：运行时按下启动按钮 SB1，I0.0 常开触点接通，如果这时未按停止按钮 SB2，I0.1 常闭触点接通，Q0.0 线圈得电，其常开触点同时接通。即使松开启动按钮，能流（假设概念，用于程序分析）仍然能够通过 Q0.0 常开触点和 I0.1 常闭触点流到 Q0.0 线圈，Q0.0 常开触点在这里就起到“自保持”的功能。按下停止按钮 SB2，I0.1 常闭触点断开，Q0.0 线圈断电，其常开触点同时断开，即使松开停止按钮，I0.1 常闭触点恢复接通状态，Q0.0 线圈仍然断电。

四、其他解决方案

还可以使用置位与复位指令来实现电机的自锁运行，指令格式如表 3.2 所示。

表 3.2　置位与复位指令格式

类型	梯形图	参数	数据类型	存储区域	功能
线圈置位	bit —(S)	bit	BOOL	I、Q、M、L、D	指定的位地址 bit 被置位（变为 1）
线圈复位	bit —(R)	bit	BOOL	I、Q、M、L、D	指定的位地址 bit 被复位（变为 0）

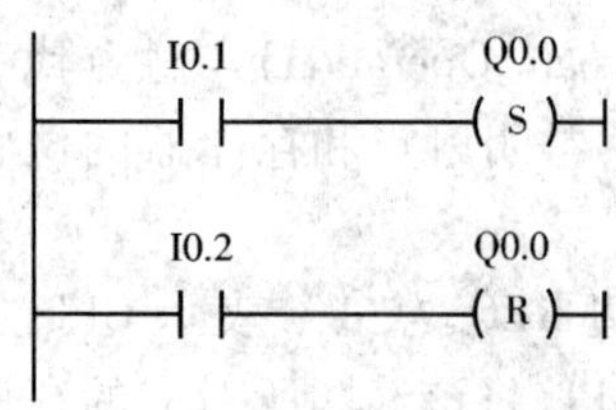

图 3.25　使用置位与复位指令的梯形图程序

使用置位、复位指令的梯形图程序如图 3.25 所示。当启动按钮 I0.1 按下时，Q0.0 被置位为“1”（N 为 1），电机开始运行；当按下停止按钮 I0.2 时，Q0.0 被复位为“0”，电机停止运行。使用置位与复位指令进行控制不需要考虑如何实现自锁，电机会一直保持运行状态直到按下停止按钮。

五、扩展指令

在实际生产中，会出现当启动按钮按下电机开始运行，如果启动按钮出现故障不能弹起，按下停止按钮电机能够停止转动，一旦松开停止按钮，电机又马上开始运行的情况，这是生产中的安全隐患，如何解决这个问题呢？这需要用到表 3.3 中的边沿检测指令（跳变指令）。

表 3.3　跳变指令

类型	梯形图	参数	数据类型	存储区域	功能
正跳变指令	bit —(P)—	bit	BOOL	I、Q、M、L、D	bit 是边沿存储位，用于存储输入端上一个扫描周期的状态，以便比较是否有正跳变发生
负跳变指令	bit —(N)—	bit	BOOL	I、Q、M、L、D	bit 是边沿存储位，用于存储输入端上一个扫描周期的状态，以便比较是否有负跳变发生

使用了边沿检测指令的电机自锁运行程序如图 3.26 所示。程序中 M0.0 用于保存 I0.0 上一个扫描周期的状态，当 I0.0 没有接通时，M0.0 为低电平状态，按下启动按钮后 I0.0 接通，M0.0 检测出正跳变的发生，使 Q0.0 线圈接通一个扫描周期，按下停止按钮 I0.1 后，如果启动按钮出现故障不能弹起，即使松开停止按钮，由于 M0.0 为高电平，检测不到正跳变的发生，没有脉冲输出，所以电机停止转动。

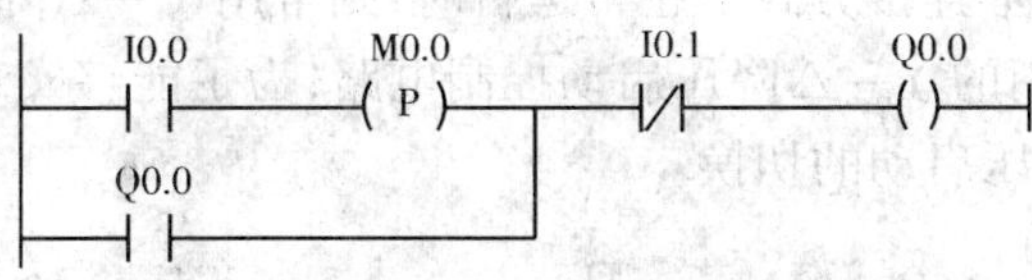

图 3.26　改进的梯形图程序

例 1　设计一个 3 个按钮控制 1 个灯的电路，要求 3 个按钮位于不同位置，按任意一个按钮灯亮，再按任意一个按钮灯灭。

3 个按钮分别为 I0.1、I0.2、I0.3，控制灯的输出为 Q0.0，程序如图 3.27 所示。

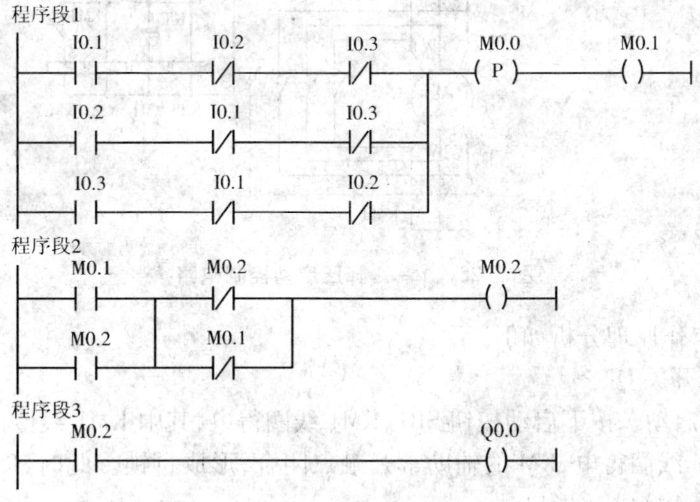

图 3.27　多点灯控程序

程序分析：按下任意一个按钮，正跳变触点导致程序段 1 中 M0.1 线圈通电一个扫描周期，程序段 2 中 M0.1 常开触点闭合，M0.2 常闭触点闭合， M0.2 线圈通电，最终程序段 3 中

Q0.0 线圈通电灯亮。之后的扫描周期中，只要没有按下任何按钮，通过 M0.2 常开触点和 M0.1 常闭触点使 M0.2 线圈通电，灯保持常亮。如果再次按下任意一个按钮，程序段 1 中 M0.1 线圈通电一个扫描周期，程序段 2 中 M0.1 常闭触点断开，M0.2 线圈断电，Q0.0 线圈断电灯灭。

任务四　电机 Y－△启动

一、任务提出

对于容量较大的笼型电机，采用直接启动会引起电网电压严重波动。在轻载启动的场合，可以采用降低定子绕组电压的方法启动，以减少启动电流。启动后，待电机转速接近额定值时，再换接额定电压。降压启动可采用定子电路串联电阻、电抗或利用自耦变压器降压的方法。如果电机要求在△形连接方式下正常运行时，则常用 Y－△降压启动方法。

如图 3.28 所示为常用的 Y－△降压启动控制电路，为了能够实现自动转换，通常利用时间继电器来控制 Y－△降压启动的切换。

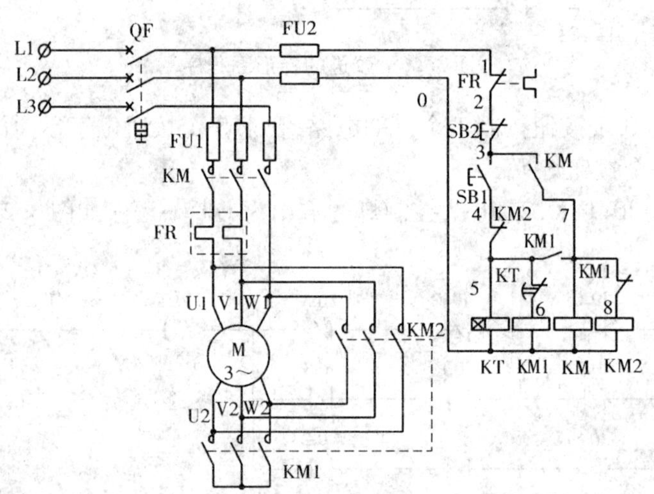

图 3.28　Y－△降压启动控制电路

控制电路的工作原理分析如下。

(1)合上电源开关 QF。

(2)Y 形降压启动。按下启动按钮 SB1，KM1 线圈得电，其中 KM1 线圈的常闭触点断开，常开触点闭合，KM 线圈得电，KM 的辅助常开触点闭合，形成自锁。此时，KM 主触头和 KM1 主触头闭合，电机 M 接成 Y 形启动。

(3)△形全压运行。时间继电器 KT 线圈为通电延时线圈，图中使用的触点为通电延时断开触点。延时一段时间后，KT 触点断开，KM1 线圈失电，KM1 线圈的辅助常开、常闭触点恢复原始状态，此时 KM2 线圈得电。KM2 主触头闭合，电机开始△形全压运行。同时 KM2

线圈的辅助常闭触点断开，KT 线圈失电。

(4)停机。按下停止按钮 SB2，KM 线圈和 KM2 线圈失电，触点释放，电机停止。

通过分析知道，Y－△启动转换是通过时间继电器来控制，那么如果将上面的继电接触器控制电路改成 PLC 控制，时间继电器的功能如何实现呢？在本任务中将解决这个问题。

二、相关新知识

Y－△启动转换中使用的时间继电器功能，可以用 PLC 的定时器来实现。S7－300 PLC 的 CPU 有五种定时器可供使用，其中有 10 个定时器指令。

(一)定时器指令

在 S7－300 PLC 中有以下定时器指令可用。

(1)S_PULSE，脉冲定时器。

(2)S_PEXT，扩展脉冲定时器。

(3)S_ODT，接通延时定时器。

(4)S_ODTS，保持型接通延时定时器。

(5)S_OFFDT，断开延时定时器。

(6)—(SP)，脉冲定时器线圈。

(7)—(SE)，扩展脉冲定时器线圈。

(8)—(SD)，接通延时定时器线圈。

(9)—(SS)，保持型接通延时定时器线圈。

(10)—(SF)，断开延时定时器线圈。

(二)定时器指令概述

定时器相当于继电器电路中的时间继电器。在 S7－300 PLC CPU 的存储器中留出了定时器存储区域，用于存储定时器的定时时间值。每个定时器有一个 16 位的定时器字和一个二进制的位，定时器的字用来存放当时的定时时间值，定时器触点的状态由它的位的状态来决定，用定时器地址(T 和定时器号)来存取定时器的时间值和定时器位，带位操作数的指令存取定时器位，带字操作数的指令存取定时器的时间值。在 S7－300 PLC 中，最多允许使用 256 个定时器。

定时时间由时基和定时值两部分组成，定时器的第 0 位到第 11 位存放二进制格式的定时值，定时值由 3 位 BCD 码(0～999)表示，第 12、13 位存放二进制格式的时基，如图3.29所示，定时时间等于时基与定时值的乘积。

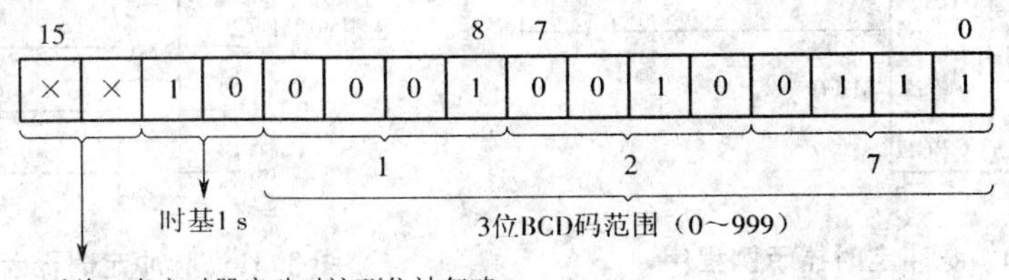

图 3.29　定时器字

时基与定时范围如表3.4所示,时基反映了定时器的分辨率,时基越小分辨率越高,可定时的时间越短;时基越大分辨率越低,可定时的时间越长。

表3.4 时基与定时范围

时 基	时基的二进制代码	分辨率	定时范围
10 ms	0 0	0.01 s	10MS 至 9S_990MS
100 ms	0 1	0.1 s	100MS 至 1M_39S_900MS
1 s	1 0	1 s	1S 至 16M_39S
10 s	1 1	10 s	10S 至 2H_46M_30S

可以按下列形式将时间预置值装入累加器的低位字:

L W#16#xyz

其中,W为时基,取值为0,1,2或3,分别表示时基为10 ms,100 ms,1 s或10 s;xyz为定时值,取值范围为1~999。

也可直接使用S5中的时间表示法装入定时数值:

L S5T#aH_bbM_ccS_dddMS

其中,a为小时,bb为分钟,cc为秒,ddd为毫秒。时基是自动选择的,原则是能满足定时范围要求的最小时基。

下面分别说明五种定时器指令和五种定时器线圈指令的区别。

1. S_PULSE(脉冲定时器)

在如图3.30所示定时器的指令框中,S为脉冲定时器的设置输入端,TV为预置值输入端,R为复位输入端,Q为定时器位输出端,BI输出十六进制格式的当前值,BCD输出当前时间值的BCD码。

其工作特点是:输入I0.1为1,定时器开始计时,定时位T1为1;计时时间到,定时器停止工作,定时位为0。如在定时时间未到时,输入变为0,则定时器停止工作,定时器位变为0,时序图如图3.31所示。

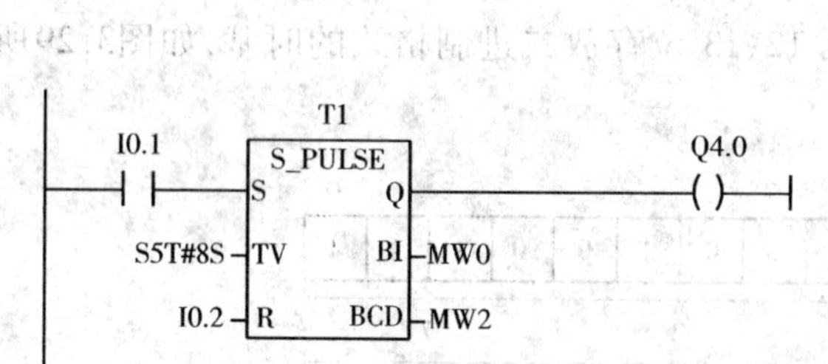

图3.30 脉冲定时器示例程序

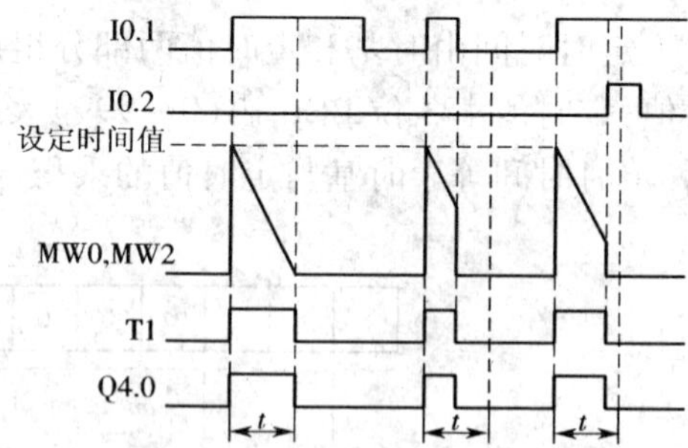

图3.31 脉冲定时器示例程序时序图

2. S_PEXT(扩展脉冲定时器)

扩展脉冲定时器示例程序如图3.32所示,定时器各输入输出端的意义与脉冲定时器相同。

其工作特点是：输入 I0.1 从 0 变为 1 时，定时器开始工作计时，定时器位为 1；定时时间到，定时器位为 0。在定时过程中，输入信号断开不影响定时器的计时（定时器继续计时），时序图如图 3.33 所示。

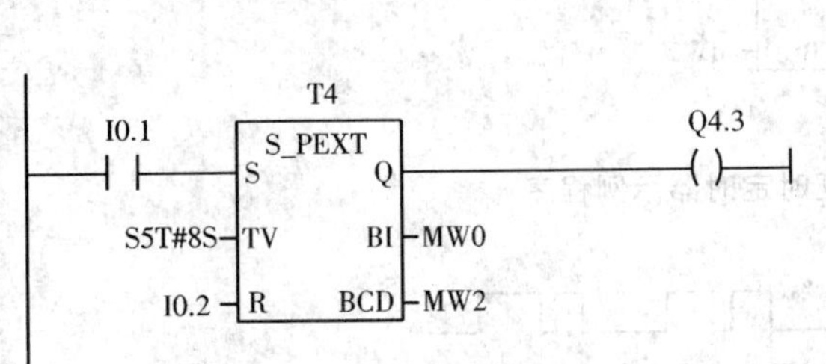

图 3.32　扩展脉冲定时器示例程序

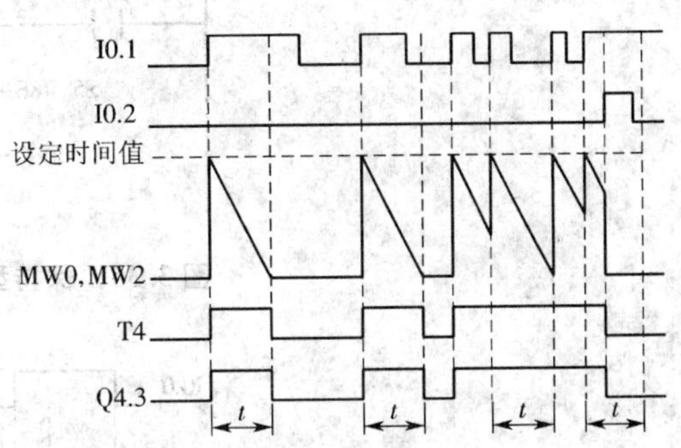

图 3.33　扩展脉冲定时器示例程序时序图

3. S_ODT（接通延时定时器）

接通延时定时器是使用得最多的定时器，示例程序如图 3.34 所示，定时器各输入端和输出端的意义与脉冲定时器相同。

其工作特点是：输入信号为 1，定时器开始计时（定时器位为 0）；计时时间到，定时器位为 1。计时时间到后，若输入信号断开，则定时器位变为 0。如在计时时间未到时，输入信号变为 0，则定时器停止计时，时序图如图 3.35 所示。

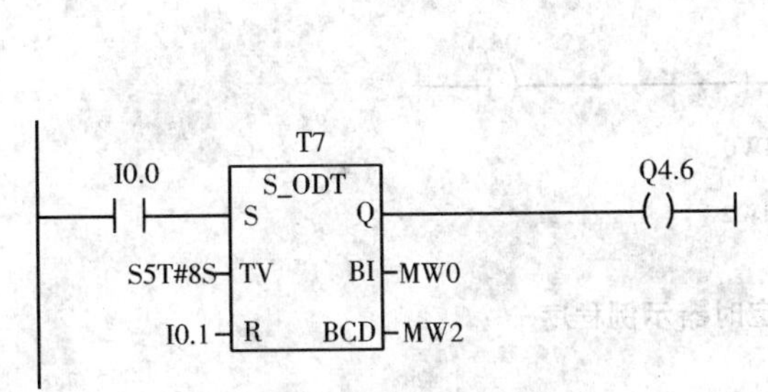

图 3.34　接通延时定时器示例程序

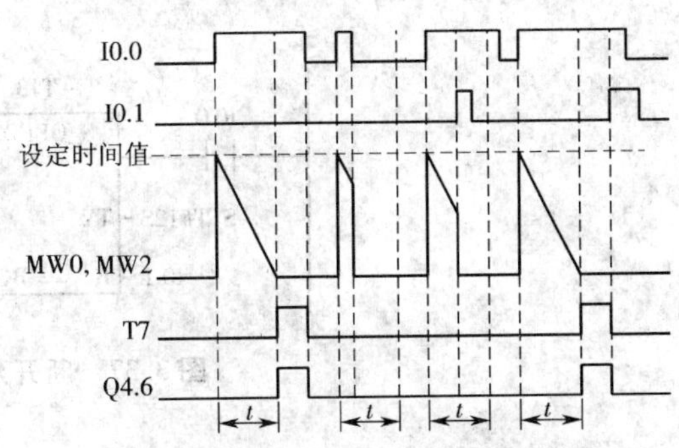

图 3.35　接通延时定时器示例程序时序图

4. S_ODTS（保持型接通延时定时器）

定时器各输入端和输出端的意义与脉冲定时器相同，示例程序如图 3.36 所示。

其工作特点是：输入信号为 1，定时器开始工作并计时，计时时间到，定时器位为 1。输入信号只起一个触发定时器工作的作用，在计时过程中输入信号断开不影响定时器计时和定时器位。定时器位只有使用复位指令才能变为 0 并触发下一个定时器定时工作，时序图如图 3.36所示。

5. S_OFFDT（断开延时定时器）

定时器各输入输出端的意义与脉冲定时器相同，示例程序如图 3.37 所示。

其工作特点是：输入信号由 0 变为 1 时，定时器位为 1（但定时器不开始计时）；当输入信号由 1 变为 0 时，定时器才开始计时，计时时间到，定时器位变为 0。在计时过程中，输入信号由 0 变为 1 将复位定时器，当由 1 变为 0 时重新开始计时，时序图如图 3.38 所示。

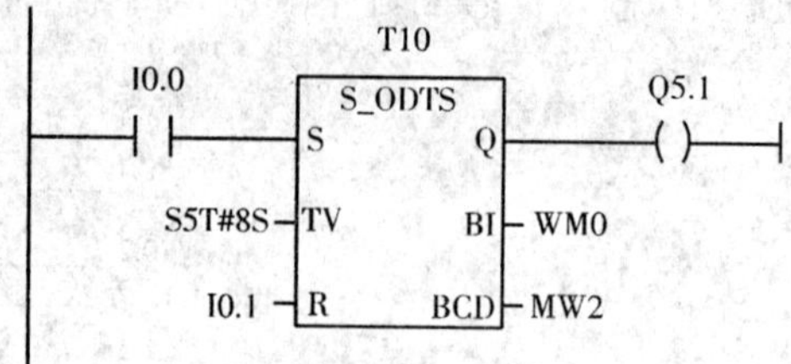

图 3.35　保持型接通延时定时器示例程序

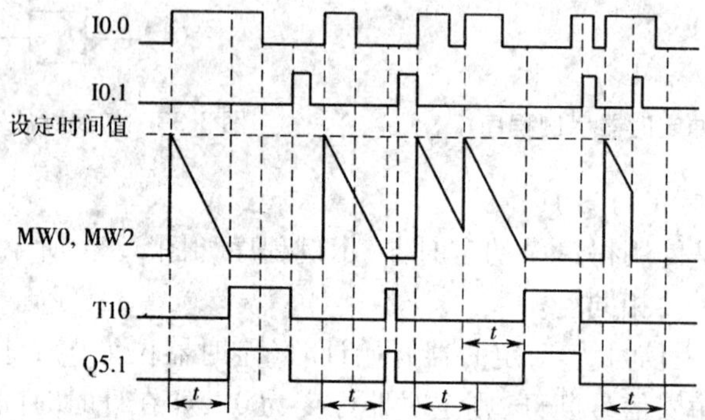

图 3.36　保持型接通延时定时器示例程序时序图

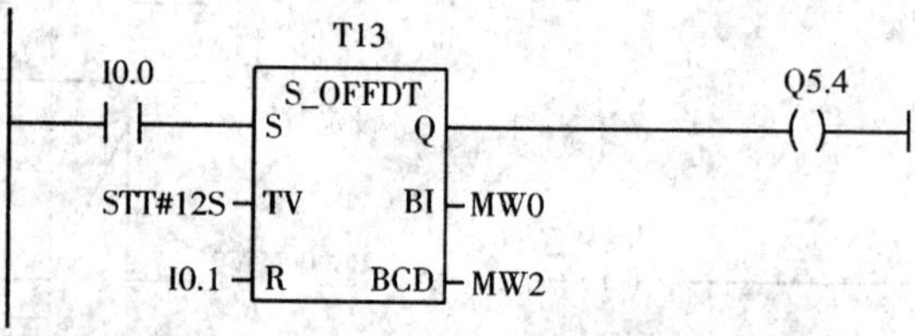

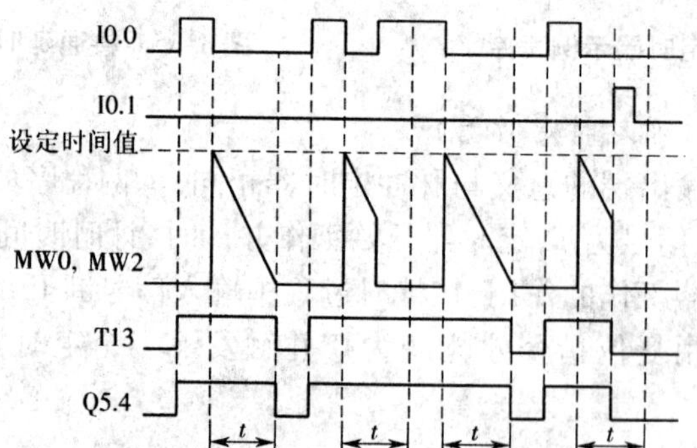

图 3.37　断开延时定时器示例程序

图 3.38　断开延时定时器示例程序时序图

6. 脉冲定时器线圈

脉冲定时器线圈的上方是定时器号,数据类型是 TIMER,比如 T0、T1 等;下方是定时时间设定值,数据类型是 S5TIME,格式是 S5T#3S,具体参考图 3.39。

图 3.39 的工作特点是:输入端 I0.0 的信号由 0 变为 1 时,定时器 T5 启动。只要输入端 I0.0 的信号状态为 1,定时器输出小于等于 2 s 脉冲(取决于输入信号的速度)。如果在设定时间结束前,输入端 I0.0 的信号状态由 1 变为 0,则定时器停止。对于输出端 Q4.0,只要定时器运行,则变成 1,定时停止,就清为 0。当 I0.1 接通时,由 0 变为 1,则定时器 T5 复位,定时器停止,并将时间清零。

其工作原理与脉冲定时器相同。

7. 扩展脉冲定时器线圈

扩展脉冲定时器线圈的上方是定时器号,数据类型是 TIMER,比如 T0、T1 等;下方是定时时间设定值,数据类型是 S5TIME,格式是 S5T#3S,具体参考图 3.40。

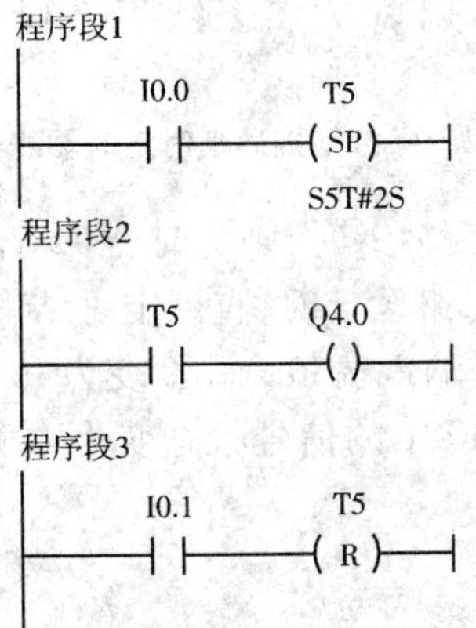

图 3.39 脉冲定时器线圈

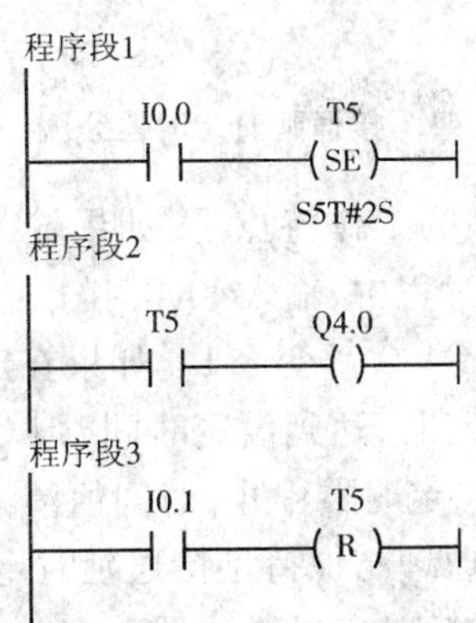

图 3.40 扩展脉冲定时器线圈

图 3.40 的工作特点是:输入端 I0.0 的信号由 0 变为 1 时,定时器 T5 启动。无论 I0.0 的信号如何变化,定时器一直运行,直到定时过程结束。如果在定时器达到指定时间前 I0.0 的信号状态从 0 变为 1,则定时器重新触发。只要定时器运行,则输出端 Q4.0 的信号状态就为 1。定时时间到,则该位清零。如果输入端 I0.1 的信号状态由 0 变为 1,则定时器 T5 复位,定时器停止,并将时间值清零。

其工作原理与扩展脉冲定时器相同。

8. 接通延时定时器线圈

接通延时定时器线圈的上方是定时器号,数据类型是 TIMER,比如 T0、T1 等;下方是定时时间设定值,数据类型是 S5TIME,格式是 S5T#3S,具体参考图 3.41。

图 3.41 的工作特点是:如果输入端 I0.0 的信号由 0 变为 1 时,则定时器 T5 开始定时。如果 I0.0 为 1 的信号状态一直保持到设定时间结束,则输出端 Q4.0 的信号状态为 1。如果输入端 I0.0 的信号状态由 1 变为 0,则定时器停止运行,输出端 Q4.0 信号状态变为 0。如果输入端 I0.1 的信号状态由 0 变为 1,则定时器 T5 复位,定时器停止,时间值清零。

其工作原理与接通延时定时器相同。

9. 保持型接通延时定时器线圈

保持型接通延时定时器线圈的上方是定时器号，数据类型是 TIMER，比如 T0、T1 等；下方是定时时间设定值，数据类型是 S5TIME，格式是 S5T#3S，具体参考图 3.42。

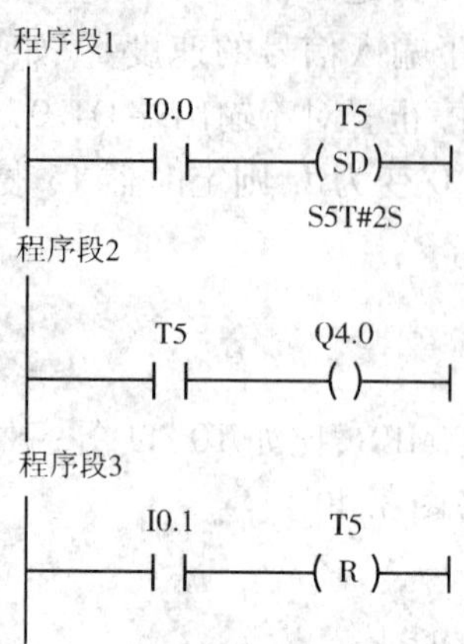

图 3.41 接通延时定时器线圈

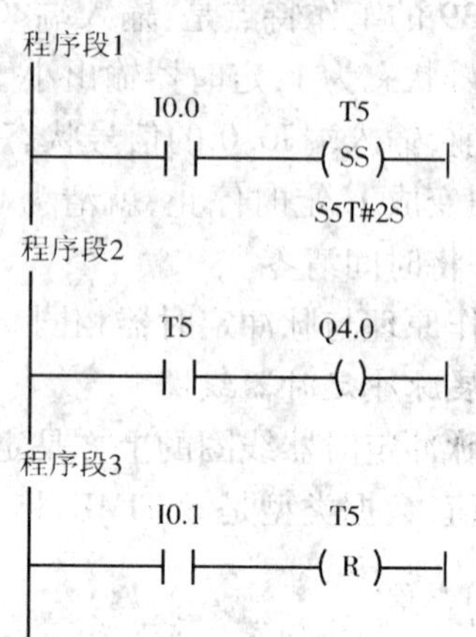

图 3.42 保持型接通延时定时器线圈

图 3.42 的工作特点是：如果输入端 I0.0 的信号由 0 变为 1 时，则定时器 T5 开始定时。如果在定时过程中，输入 I0.0 由 1 变为 0，定时器不会停止，继续定时，直到定时结束，此时定时器的位和 Q4.0 都变成 1。如果在定时器达到指定时间前输入端 I0.0 由 0 变为 1，则定时器会重新触发定时，达到设定时间，则 Q4.0 变成 1。输入端 I0.1 的信号状态变为 1，则定时器 T5 将被复位，定时器停止，时间值清零。

其工作原理与保持型接通延时定时器相同。

10. 断开延时定时器线圈

断开延时定时器线圈的上方是定时器号，数据类型是 TIMER，比如 T0、T1 等；下方是定时时间设定值，数据类型是 S5TIME，格式是 S5T#3S，具体参考图 3.43。

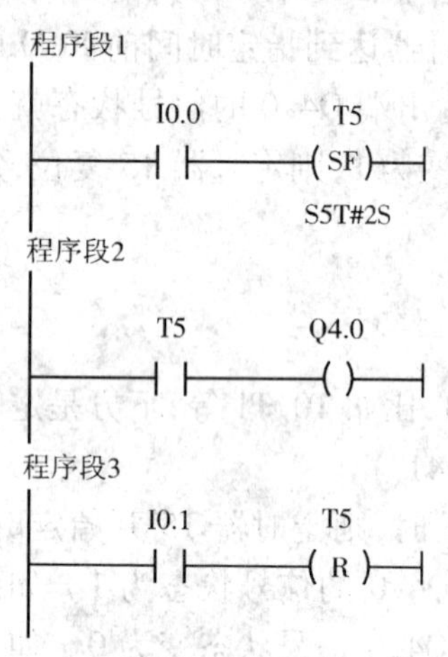

图 3.43 断开延时定时器线圈

图 3.43 的工作特点是：如果输入端 I0.0 的信号由 1 变为 0 时，则定时器 T5 开始定时。如果输入端 I0.0 为 1 或定时器正在定时，则输出端 Q4.0 的信号为 1。如果输入端 I0.1 的信号由 0 变为 1，定时器 T5 将被复位，定时器停止，时间值清零。

其工作原理与断开延时定时器相同。

三、任务解决方案

了解了每种定时器的工作原理之后，分析一下任务中提到的时间继电器的问题。在该控制系统中，时间继电器起到了 Y－△启动的延时，学习了定时器指令，同样可以实现定时控制的功能，采用软件定时器，更加灵活、简单、准确，且减小了故障率。

下面来分析一下，如何采用 PLC 控制实现 Y－△降压启动控制。

根据电路图，首先分析整个系统的输入输出点，如表 3.5 所示。

表 3.5 I/O 分配表

输入点		输出点	
名称	地址分配	名称	地址分配
启动	I0.0	主线圈	Q0.0
停止	I0.1	KM1 线圈	Q0.1
热继电器保护（常闭）	I0.2	KM2 线圈	Q0.2

硬件接线图可自行设计。

通过分析该电路的控制过程，编写程序如图 3.44 所示。

OB1:Y-△降压启动PLC控制程序

程序段1：Y形启动运行

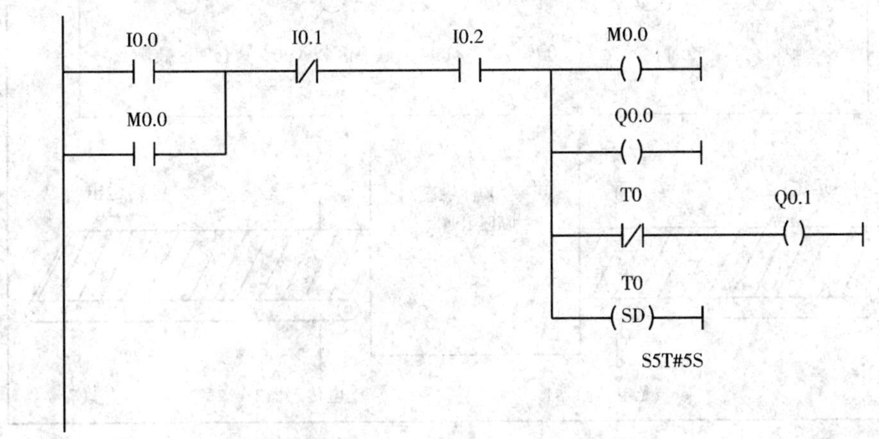

程序段2：△形启动运行

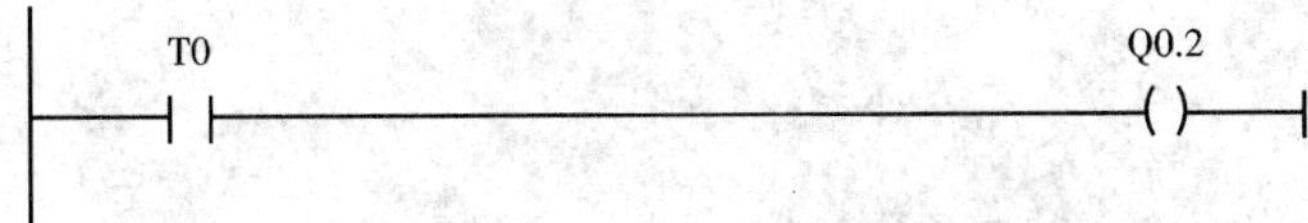

图 3.44 Y－△降压启动 PLC 控制程序

因热继电器的保护触点输入到 PLC 的是常闭点，所以程序中用的是常开触点。这里采用了定时器 T0，定时 5 s。开始启动 5 s 内，Q0.0 和 Q0.1 输出为 1，则 KM 线圈和 KM1 线圈得电，按 Y 形启动运行；5 s 后，KM 线圈和 KM2 线圈得电，按△形启动运行。

定时器种类多，可以根据实际需要和控制特点来选用。比如接通延时定时器一般用在延时控制的一些场合；而断开延时定时器用于设备停机后的延时等。不同的定时器可以实现同一个控制系统，但有的比较方便，有的可能稍微复杂一些，只要多练习、多琢磨，就可以熟能生巧、应用自如。

任务五　仓库存储控制

一、任务提出

图 3.45 给出包括两台传送带的仓库存储控制系统,在两台传送带之间有一个仓库区。具体控制要求:传送带 1 将包裹运送至临时仓库区,传送带 1 靠近仓库区一端安装的光电传感器、确定已有多少包裹运送至仓库区;传送带 2 将临时库区中的包裹运送至装货场,在这里货物由卡车运送至顾客,传送带 2 靠近仓库区一端安装的光电传感器 2 确定已有多少包裹从仓库区运送至装货场;显示盘上 5 个指示灯显示临时仓库区的占用程度。

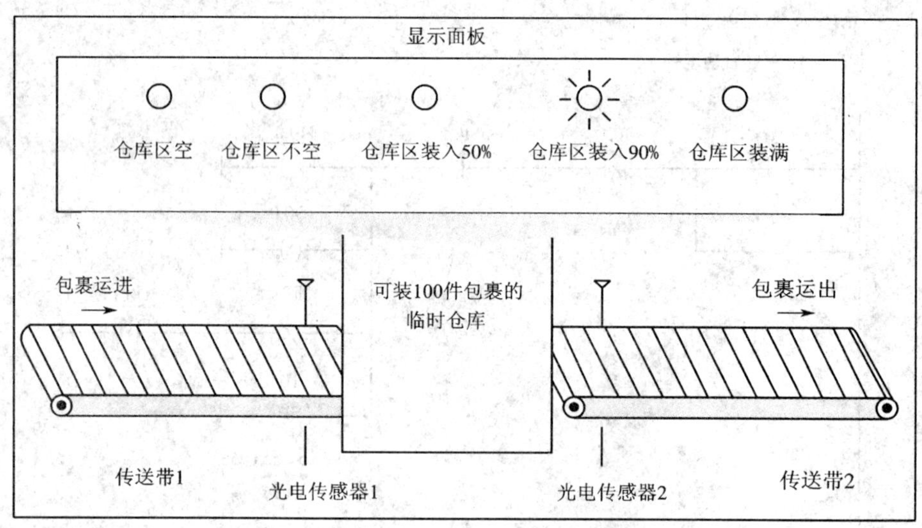

图 3.45　仓库存储控制示意图

二、相关新知识

(一)计数器指令

S7 - 300 PLC 为计数器保留了一片计数器存储区,S7 - 300 PLC 有三种计数器:加计数器(S_CU)、减计数器 (S_CD)、加减计数器(S_CUD)。每个计数器有一个 16 位的字和一个二进制位,计数器的字用来存放它的当前计数值,计数器触点的状态由它的位的状态来决定。只有计数器指令能访问计数器存储区,用计数器地址(计数器和计数器号)来存取当前计数值和计数器位。

计数器字的第 0 ~ 11 位表示计数值的 BCD 码,计数范围是 0 ~ 999,如图 3.46 所示,计数值为 127。

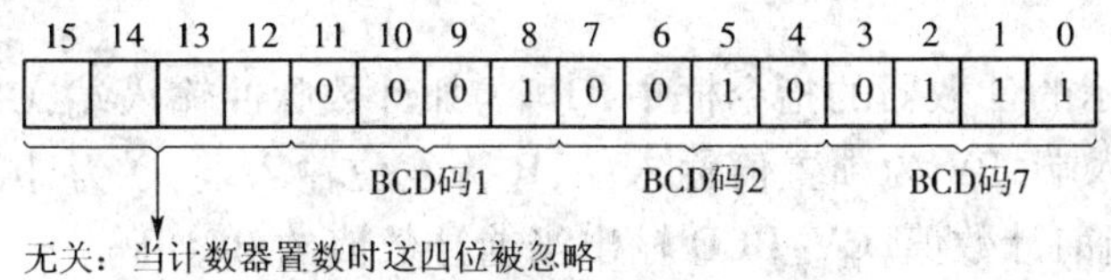

图 3.46　计数器字

1. 加计数器

在如图 3.47 所示的计数器的指令框中,CU 为计数脉冲输入端,S 为计数设置输入端,PV 为预置值输入端,R 为复位输入端,Q 为计数器位输出端,CV 输出十六进制格式的当前计数值,CV_BCD 输出当前计数值的 BCD 码。

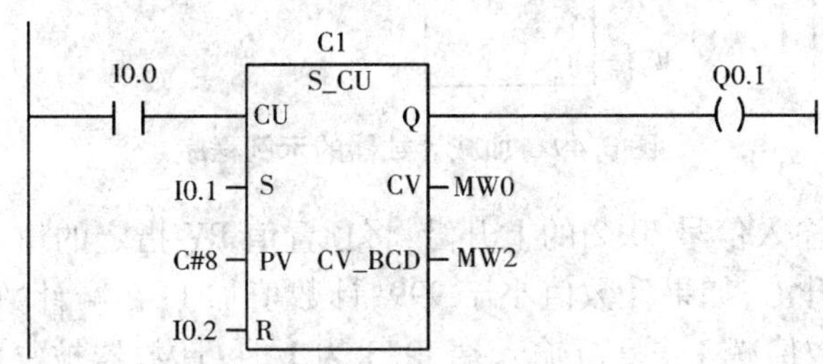

图 3.47　加计数器的示例程序

其工作特点是:在输入信号 I0.1 的上升沿,将预置值 PV 指定的值 8 送入计数器字。在计数脉冲 I0.0 的上升沿,如果计数值小于 999,计数值加 1。复位输入端 I0.2 为 1 时,计数器被复位,计数值被清 0。只要计数器 C1 的计数值不为 0,输出 Q0.1 就为 1。

2. 减计数器

在如图 3.48 所示的计数器的指令框中,CD 为计数脉冲输入端,S 为计数设置输入端,PV 为预置值输入端,R 为复位输入端,Q 为计数器位输出端,CV 输出十六进制格式的当前计数值,CV_BCD 输出当前计数值的 BCD 码。

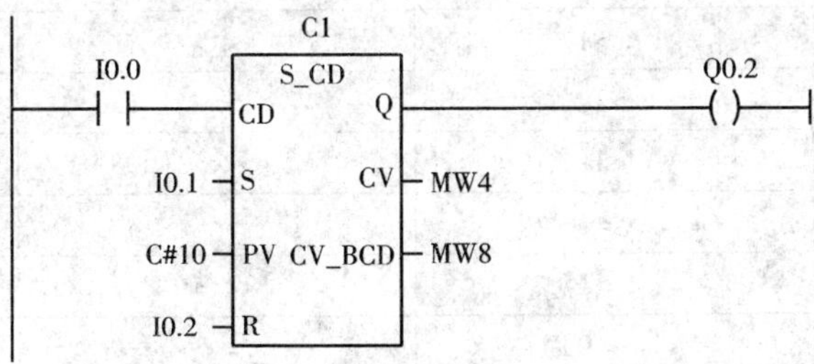

图 3.48　减计数器的示例程序

其工作特点是:在输入信号 I0.1 的上升沿,将预置值 PV 指定的值 10 送入计数器字。在计数脉冲 I0.0 的上升沿,如果计数值大于 0,计数值减 1。复位输入端 I0.2 为 1 时,计数器被复位,计数值被清 0。只要计数器 C1 的计数值不为 0,输出 Q0.1 就为 1。

3. 加减计数器

在如图 3.49 所示的计数器的指令框中,CU 为加计数脉冲输入端,CD 为减计数脉冲输入端,S 为计数设置输入端,PV 为预置值输入端,R 为复位输入端,Q 为计数器位输出端,CV 输出十六进制格式的当前计数值,CV_BCD 输出当前计数值的 BCD 码。

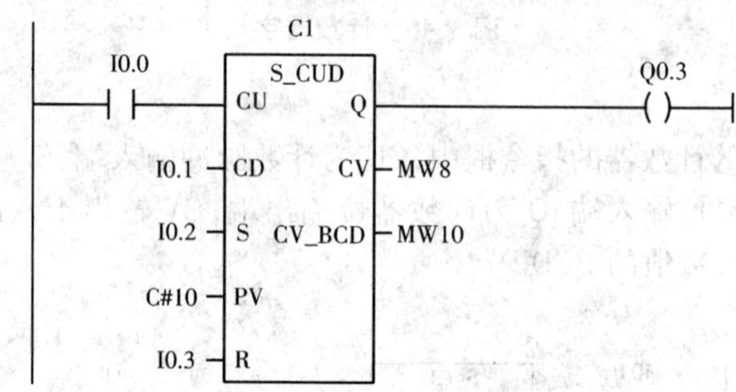

图 3.49 加减计数器的示例程序

其工作特点是:在输入信号 I0.2 的上升沿,将预置值 PV 指定的值 10 送入计数器字。在加计数脉冲 I0.0 的上升沿,如果计数值小于 999,计数值加 1;在减计数脉冲 I0.1 的上升沿,如果计数值大于 0,计数值减 1。复位输入端 I0.3 为 1 时,计数器被复位,计数值被清 0。只要计数器 C1 的计数值不为 0,输出 Q0.1 就为 1。

(二)比较指令

比较指令用于比较累加器 1 和累加器 2 中数据的大小,被比较的两个数的数据类型必须相同,可以是整数、双整数或浮点数,存储区可以是 I、Q、M、D、L,如果比较的条件满足,则输出为 1,否则为 0,比较指令如表 3.6 所示。

表 3.6 比较指令

LAD 方块	STL 指令	方块上部的符号	比较类型
CMP ==I IN1 IN2	= =I	= =	IN1 等于 IN2
	< >I	< >	IN1 不等于 IN2
	>I	>	IN1 大于 IN2
	<I	<	IN1 小于 IN2
	> =I	> =	IN1 大于等于 IN2
	< =I	< =	IN1 小于等于 IN2
CMP >D IN1 IN2	= =D	= =	IN1 等于 IN2
	< >D	< >	IN1 不等于 IN2
	>D	>	IN1 大于 IN2
	<D	<	IN1 小于 IN2
	> =D	> =	IN1 大于等于 IN2
	< =D	< =	IN1 小于等于 IN2

续表

LAD 方块	STL 指令	方块上部的符号	比较类型
CMP >=R IN1 IN2	= =R	= =	IN1 等于 IN2
	< >R	< >	IN1 不等于 IN2
	>R	>	IN1 大于 IN2
	<R	<	IN1 小于 IN2
	> =R	> =	IN1 大于等于 IN2
	< =R	< =	IN1 小于等于 IN2

注:LAD 方块中每一种数据类型,只提供了一种方块做示例。

三、任务解决方案

根据控制要求,可以使用计数器和比较指令结合完成控制任务,I/O 分配如表 3.7 所示,程序如图 3.50 所示。

表 3.7　I/O 分配表

输入点		输出点	
名称	地址分配	名称	地址分配
启动	I0.0	仓库区空	Q0.0
停止	I0.1	仓库区不空	Q0.1
光电传感器 1	I0.2	仓库区装入 50%	Q0.2
光电传感器 2	I0.3	仓库区装入 90%	Q0.3
		仓库区装满	Q0.4
		传送带 1	Q0.5
		传送带 2	Q0.6

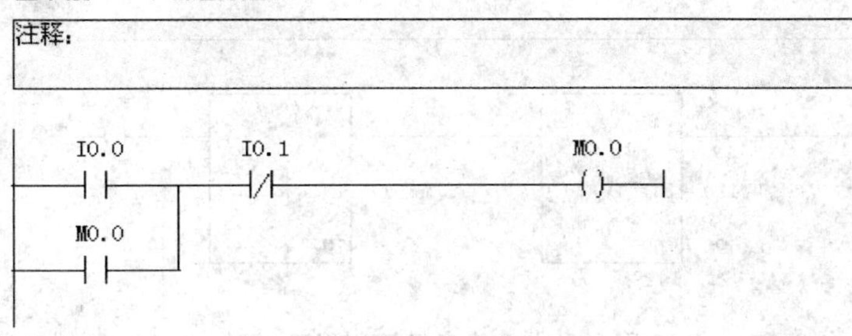

图 3.50　仓库存储控制程序

程序段 2：仓库不空指示灯及传送带2控制

MW100保存计数器C1当前值的BCD码，仓库不空则启动传送带2

C1
S_CUD
M0.0
I0.2
CU
Q
Q0.1
I0.3
CD
CV
MW120
Q0.6
...
S
CV_BCD
MW100
...
PV
...
R

程序段 3：仓库空指示灯控制

注释：

Q0.1
Q0.0

程序段 4：仓库装入50%指示灯控制

仓库装入50%，不足90%，则仓库装入50%指示灯亮。

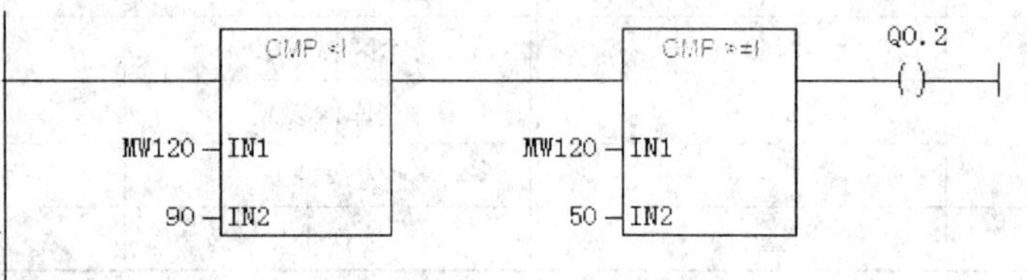

程序段 5：仓库装入90%指示灯控制

仓库装入90%，未满，则仓库装入90%指示灯亮。

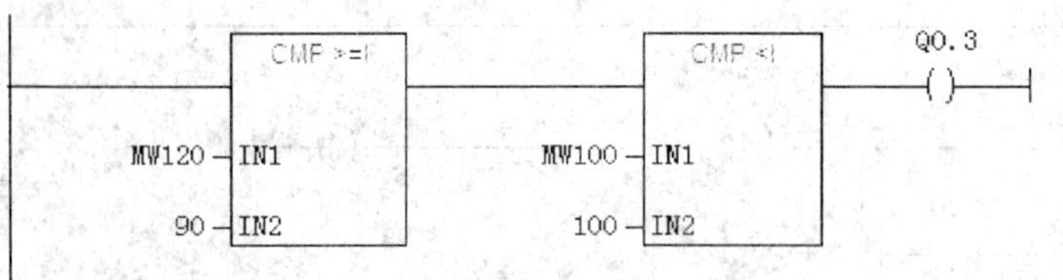

图 3.50　仓库存储控制程序(续)

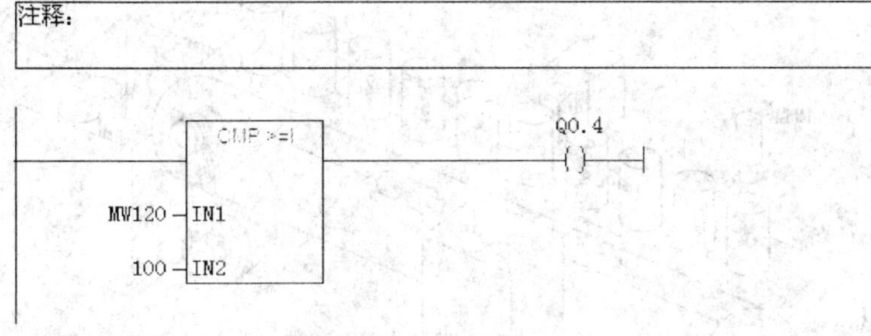

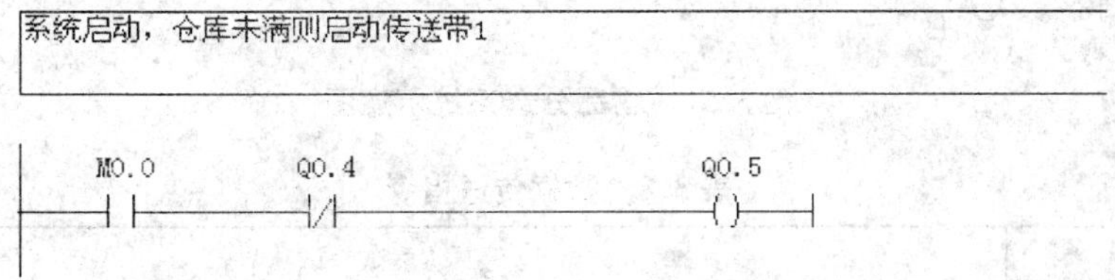

图 3.50　仓库存储控制程序(续)

任务六　物品分选系统设计

一、任务提出

图 3.51 为物品分选系统示意图,具体控制要求:传送带的主动轮由一台交流电机 M 拖动,该电机的通断由接触器 KM 控制,从动轮上装有脉冲发生器 LS,每传送一个物品,LS 发出一个脉冲,作为物品发送的检测信号,次品检测在传送带的 0 号位进行,由光电检测装置 PH1 检测,当次品在传送带上继续往前走,到 4 号位置时应使电磁铁 YV 通电,电磁铁向前推,次品落下,当光电开关 PH2 检测到次品落下时,给出信号,让电磁铁 YV 断电,电磁铁缩回,正品则到 9 号位置时装入箱中,光电开关 PH3 作为正品装箱计数检测用。

二、相关新知识

(一)数据传送指令

数据传送指令实现将输入数据 IN(常数或某存储器中的数据)传送到输出 OUT(存储器)中的功能,数据传送指令如表 3.8 所示,通过启用 EN 输入来激活,能够复制字节、字或双字数据对象,传送的过程中不改变数据的原值,但必须在宽度上匹配,寻址的存储区可以是 I、Q、M、D、L。用户自定义数据类型(如数组或结构)必须使用系统功能“BLKMOVE”(SFC 20)来复制。

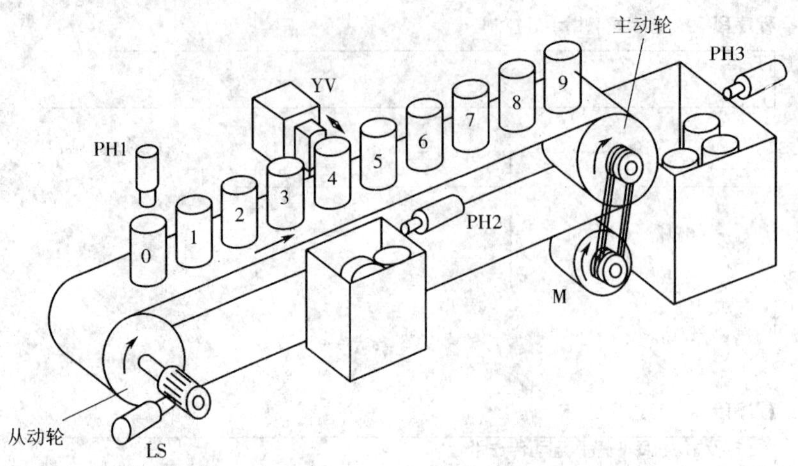

图 3.51　物品分选系统示意图

表 3.8　数据传送指令

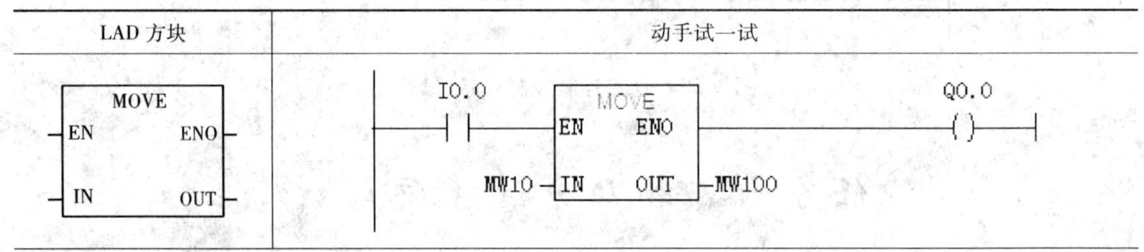

LAD 方块	动手试一试
MOVE EN　ENO IN　OUT	I0.0　MOVE　Q0.0 EN　ENO　( ) MW10 - IN　OUT - MW100
说明:I0.0 为 1,则执行数据传送指令,把 MW10 的内容复制到 MW100 中,如果执行了指令,则 Q0.0 为 1	

(二)移位指令

移位指令可将 IN 中的内容向左或向右逐位移动,数据移位指令如表 3.9 所示,移动次数由输入值 N 提供的数值确定。

移位指令有两种类型:基本移位指令可对无符号整数、有符号长整数、字或双字数据进行移位操作;循环移位指令可对双字数据进行循环移位和累加器 1 带 CC1 的循环移位操作。

表 3.9　移位指令

移位指令	LAD 方块	动手试一试
有符号整数右移	SHR_I EN　ENO IN　OUT N	I0.0　SHR_I　Q0.0 EN　ENO　( ) MW0 - IN　OUT - MW2 W#16#4 - N

续表

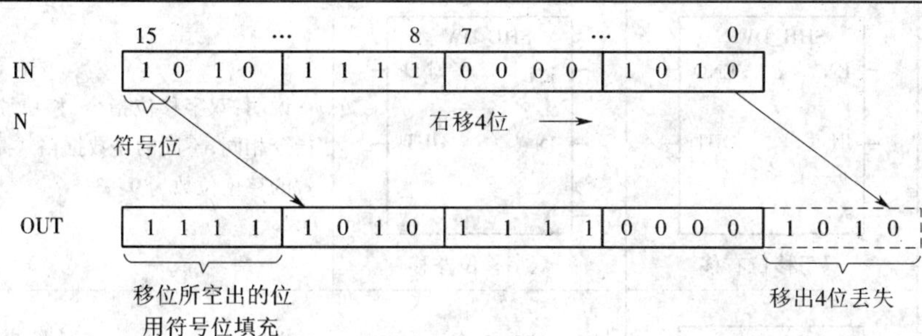

说明:I0.0 为 1,则执行移位指令,将 MW0 右移 4 位,写入 MW2,有效的移位位数为 0 ~ 15

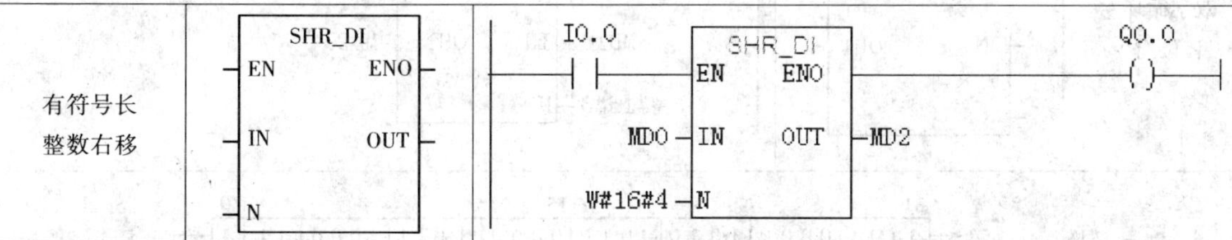

说明:与有符号整数右移不同,数据类型是 32 位的。I0.0 为 1,则执行移位指令,将 MD0 右移 4 位,写入 MD2,有效的移位位数为 0 ~ 31

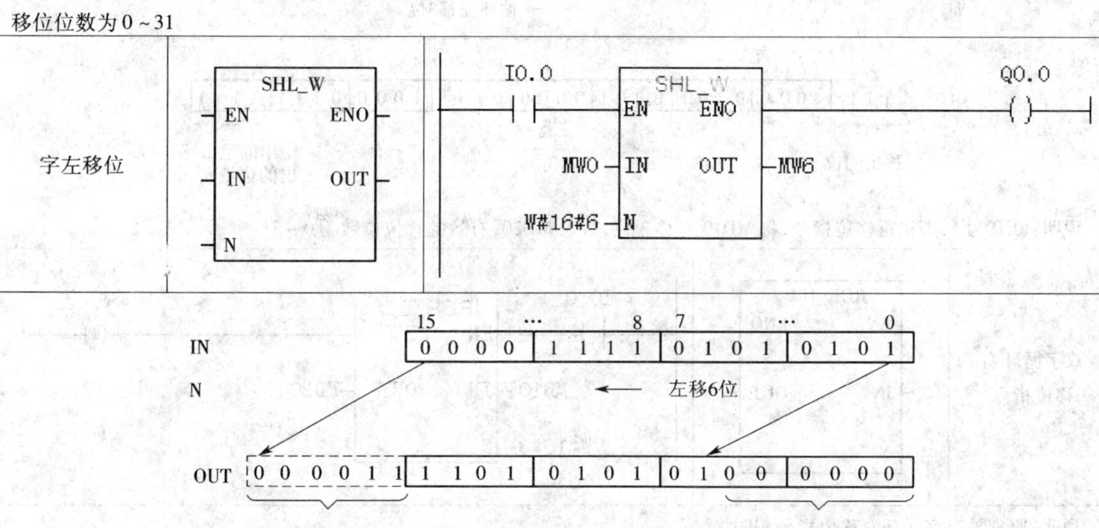

说明:I0.0 为 1,则执行移位指令,将 MW0 左移 6 位,写入 MW6,有效的移位位数为 0 ~ 15

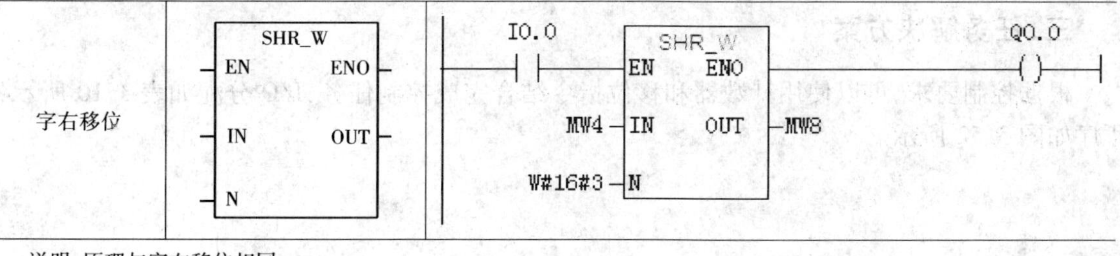

说明:原理与字左移位相同

续表

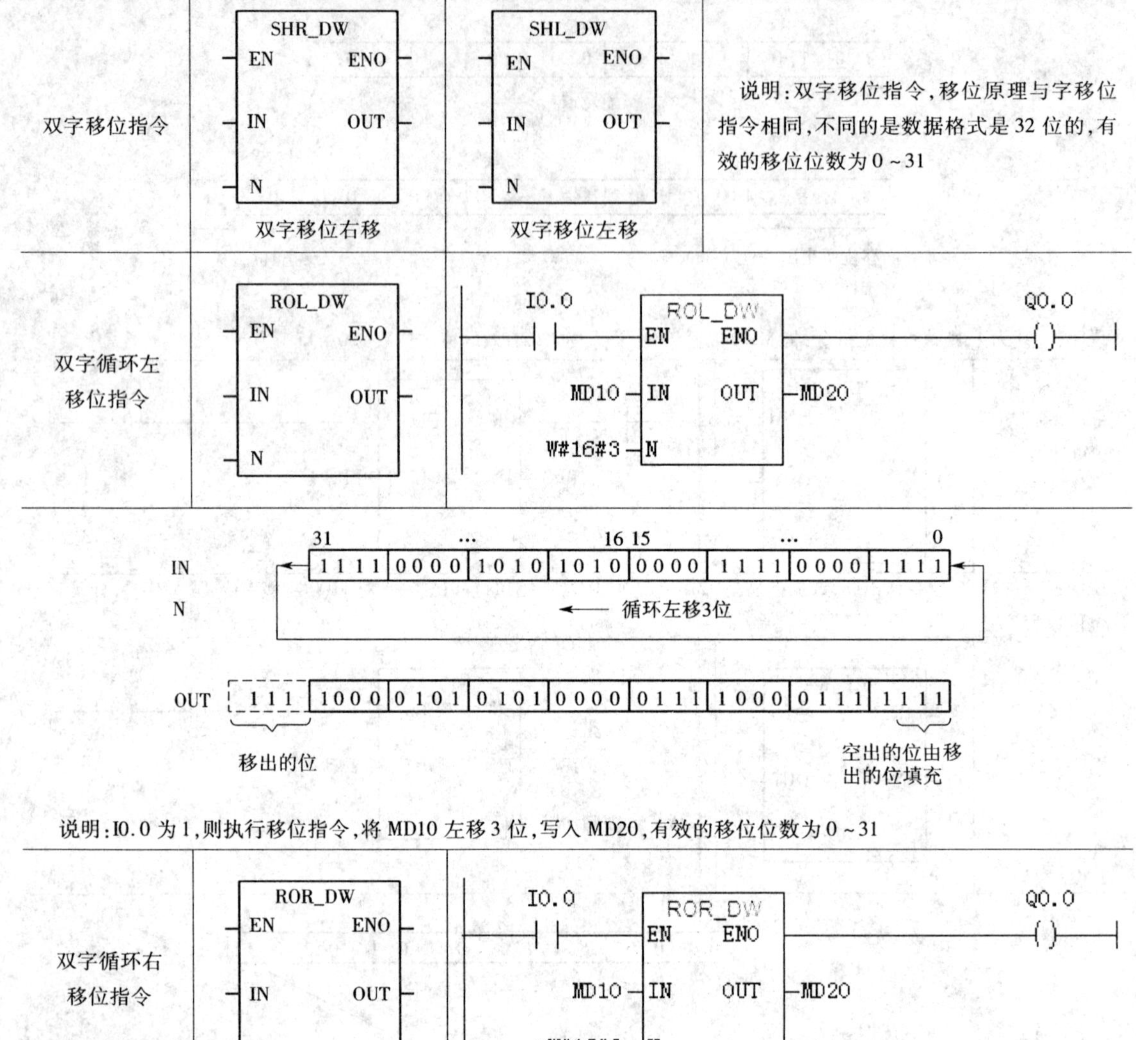

双字移位指令	SHR_DW EN ENO IN OUT N 双字移位右移	SHL_DW EN ENO IN OUT N 双字移位左移	说明:双字移位指令,移位原理与字移位指令相同,不同的是数据格式是32位的,有效的移位位数为0~31
双字循环左移位指令	ROL_DW EN ENO IN OUT N	I0.0 ROL_DW EN ENO Q0.0 MD10 IN OUT MD20 W#16#3 N	
IN 31 … 16 15 … 0 1111 0000 1010 1010 0000 1111 0000 1111 N 循环左移3位 OUT 111 1000 0101 0101 0000 0111 1000 0111 1111 移出的位 空出的位由移出的位填充			
说明:I0.0为1,则执行移位指令,将MD10左移3位,写入MD20,有效的移位位数为0~31			
双字循环右移位指令	ROR_DW EN ENO IN OUT N	I0.0 ROR_DW EN ENO Q0.0 MD10 IN OUT MD20 W#16#3 N	
说明:原理与双字循环左移位指令相同			

三、任务解决方案

根据控制要求,可以使用计数器和移位指令结合完成控制任务,I/O分配如表3.10所示,程序如图3.52所示。

表 3.10　I/O 分配表

输入点		输出点	
名称	地址分配	名称	地址分配
脉冲发生器 LS	I0.0	传送带电机控制 KM	Q0.0
次品检测 PH1	I0.1	次品推动电磁铁 YV	Q0.1
次品落下检测 PH2	I0.2	装箱满指示灯 HL	Q0.2
正品落下检测 PH3	I0.3		
次品标志复位 SB1	I0.4		
正品计数器复位 SB2	I0.5		
传送带启动 SB3	I0.6		
传送带停止 SB4	I0.7		

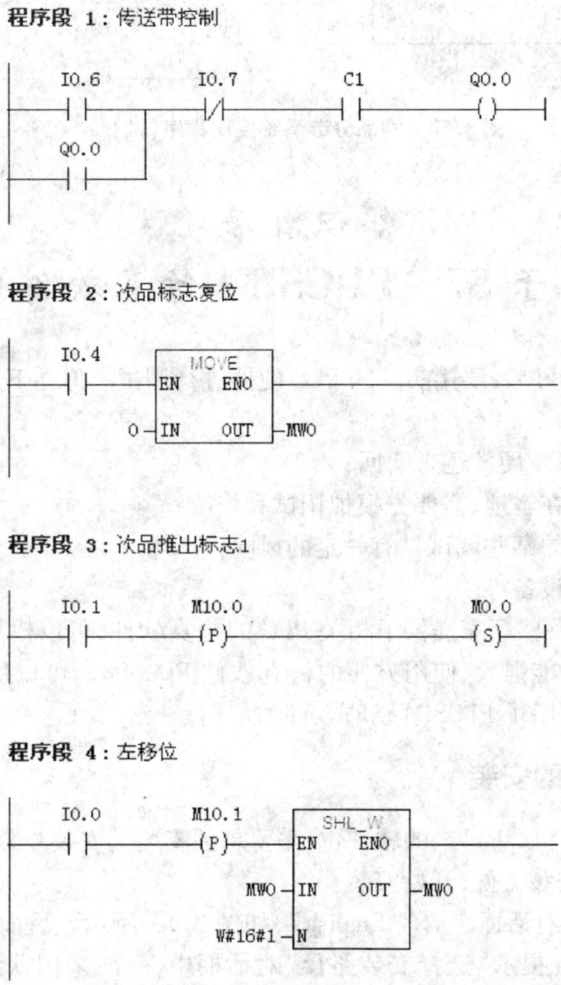

程序段 1：传送带控制

I0.6　I0.7　C1　Q0.0　Q0.0

程序段 2：次品标志复位

I0.4　MOVE　EN　ENO　0　IN　OUT　MW0

程序段 3：次品推出标志1

I0.1　M10.0　(P)　M0.0　(S)

程序段 4：左移位

I0.0　M10.1　(P)　SHL_W　EN　ENO　MW0　IN　OUT　MW0　W#16#1　N

图 3.52　物品分选系统控制程序

程序段 5：驱动电磁铁推出次品，同时复位次品标志

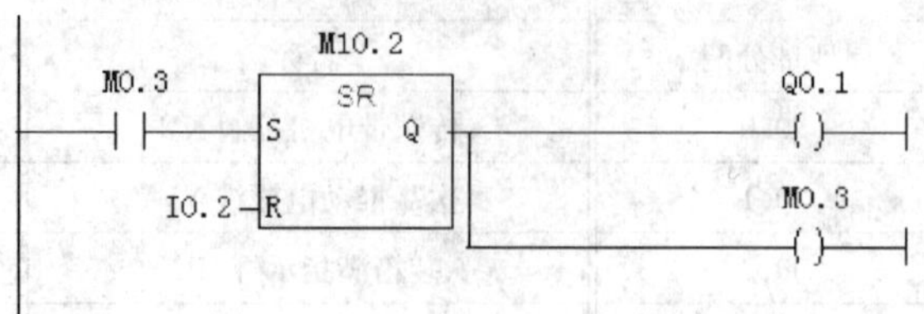

程序段 6：正品计数

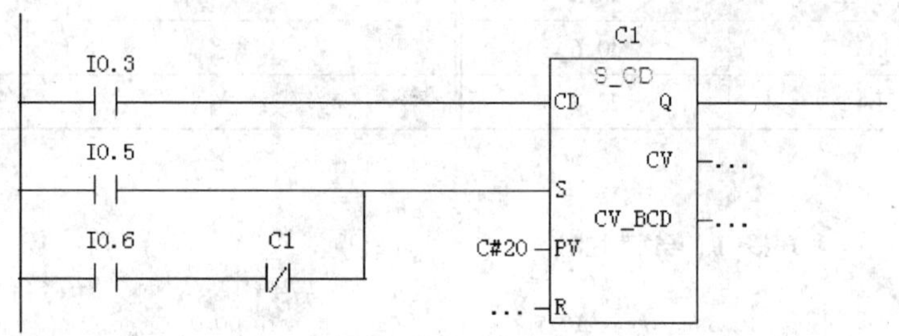

图 3.52 物品分选系统控制程序(续)

知识拓展
——西门子 S7 - PLCSIM 仿真软件的使用

PLC 的用户程序设计好后，要用实际的 PLC 硬件进行调试。但在下述情况下则需要对程序进行仿真调试：

(1)程序设计好了，PLC 硬件还未购回；

(2)现场控制设备不在本地，需要先模拟调试和修改；

(3)对实际系统进行的某些调试具有一定的风险；

(4)初学者没有硬件设备等。

为了解决上述问题，一些厂家提供了相关 PLC 的仿真软件，可以模拟硬件的实际工作过程。西门子公司提供了功能强大、使用方便的仿真软件 PLCSIM。可以用它来代替 PLC 硬件来调试程序。下面介绍西门子 PLCSIM 仿真软件的使用。

一、S7 - PLCSIM 的安装

S7 - PLCSIM 仿真软件属于可选的软件包，需要单独安装。安装步骤如下。

(1)双击 setup. exe 安装文件，开始安装。

(2)弹出“安装语言”对话框，选择“English”，如图 3. 53 所示。后面弹出的对话框，点击“下一步”或“是”即可。在提示“选择安装路径”对话框中，一般采用默认，安装到“Siemens”文件夹下即可。

(3)安装过程中，会要求安装授权，如图 3. 54 所示。

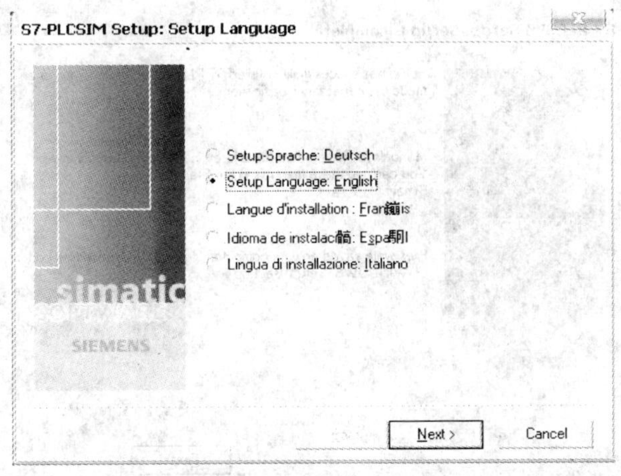

图 3.53　选择安装语言

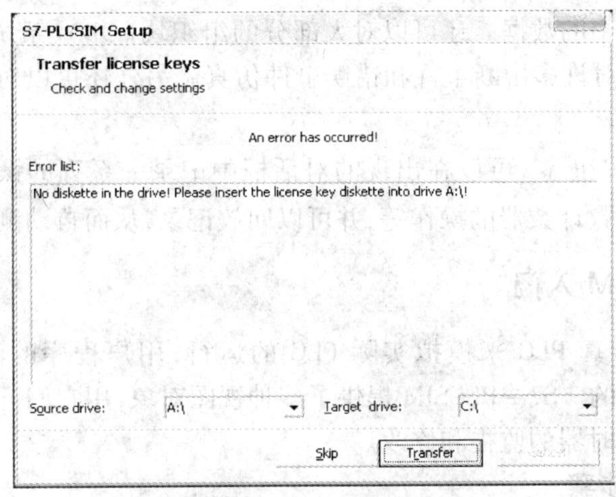

图 3.54　安装授权

(4)弹出如图 3.55 所示对话框,点击“Finish”,完成安装。

二、S7 - PLCSIM 的功能

S7 - PLCSIM 可以在计算机上对 S7 - 300 PLC 的用户程序进行仿真与调试,仿真时计算机不需要连接任何硬件。

S7 - PLCSIM 提供了用于监视和修改程序时使用的各种参数的简单接口,例如使 PLC 的输入变成 ON 或者 OFF。和实际 PLC 一样,可以使用程序状态监控和变量表进行监视和修改变量。

S7 - PLCSIM 可以模拟 PLC 的过程映像输入和输出,通过在仿真窗口中改变输入变量的状态,来控制程序的执行。通过观察有关输出变量的状态监视程序的结果,可以监视定时器和计数器,通过程序使定时器自动运行或手动对定时器复位。

S7 - PLCSIM 还可以模拟下列地址的读写操作:位存储器(M)、外设输入(PI)和外设输出

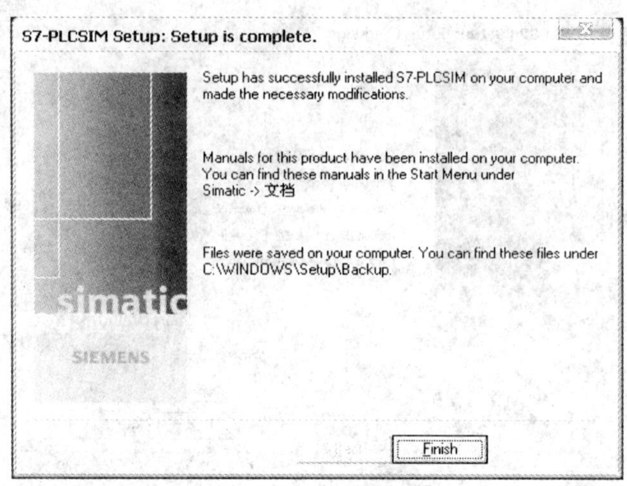

图 3.55　完成安装

(PQ)及存储在数据块中的数据。还可以对大部分的组织块(OB)、系统功能块(SFB)和系统功能(SFC)仿真,包括对许多中断事件和错误事件仿真。另外还可以对各种语言编写的程序仿真。

点击工具条上的按钮 ▸,可以在出现的对话框中记录一系列的操作事件,例如对输入/输出、位存储器、定时器、计数器的操作等,并可以回放记录,从而自动测试程序。

三、S7 - PLCSIM 入门

S7 - PLCSIM 用仿真 PLC 来模拟实际 PLC 的运行,用户程序的测试是通过视图对象(View Objects)来进行的。S7 - PLCSIM 提供了多种视图对象,用它们可以实现对仿真 PLC 的各种变量、计数器和定时器的监视和修改。

(一)调试程序的步骤

(1)在 STEP 7 中编写好程序。

(2)点击 SIMATIC Manager 工具条上的按钮,打开 S7 - PLCSIM 仿真器,如图 3.56 所示。窗口中有自动生成的 CPU 的视图对象,同时也建立了 STEP 7 与仿真 CPU 之间的连接。

在 CPU 视图对象中,有指示灯和模式开关。指示灯用来指示当前的工作状态,比如:"SF"亮,表示有硬件、软件错误;"DC"变绿,表示仿真器电源接通;"STOP"灯亮,表示 CPU 处于停止模式;"RUN"灯变绿并闪烁,说明程序正常运行;"DP"(分布式外设或远程 I/O)用于指示 PLC 与分布式外设或远程 I/O 之间通信状态。通过菜单"PLC"→"Power On"可接通 PLC 的电源,通过菜单"PLC"→"Power Off"可断开 PLC 的电源。

另外,通过模式开关可以切换仿真器的模式。在 RUN - P 模式和 RUN 模式下,CPU 均运行用户程序。在 RUN - P 模式下,可以下载和修改程序;在 RUN 模式下,不能下载和修改程序。

点击"MRES"按钮,可以复位仿真 PLC 的存储器,删除程序块和系统数据,CPU 将自动进入 STOP 模式。

图 3.56　S7 - PLCSIM 窗口

(3)在 SIMATIC Manager 中,打开要仿真的项目,选中"块"对象,点击工具栏中的下载按钮或者通过"PLC"→"下载",将所有的块下载到仿真器中。

(4)分别点击 S7 - PLCSIM 工具条中的，将生成输入端口、输出端口、位存储器、定时器和计数器等视图对象。其中输入端口包括 I、IB、IW、ID、PI、PIB、PID、PIW 的监视窗口;输出端口包括 Q、QB、QW、QD、PQ、PQB、PQD、PQW 的监视窗口;位存储器可以监视位、字节、字和双字。修改视图对象中的地址和数值后,需要按下"Enter"键确认。输入 I、输出 Q 和位存储器 M 一般采用字节的形式显示,可以用视图对象中的选择框来改变显示格式。

(5)用输入视图对象产生 PLC 的输入信号,来观察 PLC 的输出视图对象和内部元件的变化情况,从而检查和调试程序。

(二)软件设置

1. 设置扫描方式

S7 - PLCSIM 可以用以下两种方式执行仿真程序。

(1)单次扫描:执行读外设输入、执行程序和输出刷新。通过"Execute" →"Scan Mode" →"Single Scan",执行一次,则处于等待状态,便于观察每次扫描后的变量的变化。

(2)连续扫描:循环扫描 PLC 内部程序。

2. 符号地址

为了在仿真软件中使用符号地址,执行菜单命令"Tools"(工具)→"Options"(选项)→"Attach Symbols"(联系符号),在出现的"Open"对话框中打开当前的项目,找到并双击符号表。执行菜单命令"Tools" →"Options" →"Show Symbols",可以显示或隐藏符号地址。

四、仿真 PLC 和实际 PLC 的区别

(一)仿真 PLC 特有功能

(1)可以立即暂时停止执行用户程序,对程序状态没有影响。

(2)由 RUN 模式进入 STOP 模式不会改变输出的状态。

(3)修改视图对象中数据,会立即使对应的存储区的内容发生变化。实际 PLC 要等到扫描结束才会修改存储区。

(4)可选择单次或连续扫描。

(5)自动或手动运行定时器,可以手动复位。

(6)可手动触发 OB 中断。

(二)区别

(1)仿真不支持功能模块、通信和 PID 程序。

(2)仿真不支持写到诊断缓冲区的错误报文,例如不能对电池失电和 E^2PROM 故障仿真,但可以对大多数 I/O 错误和程序错误仿真。

(3)仿真工作模式的改变(RUN→STOP),不会使 I/O 进入“安全”状态。

(4)仿真 PLC 不具有对 I/O 的自动组态,因此在用 S7 - PLCSIM 仿真 S7 - 300 PLC 程序时,如果想定义 CPU 支持的模块,则必须先下载硬件组态。

思考与练习

1. S7 - 300 PLC CPU 的存储器可分几个区域,各有什么特点?

2. 系统存储区按照功能分为哪几个不同的区域?

3. 存储单元的地址由哪几部分组成?

4. 设计满足图 3 - 57 所示时序图的梯形图程序。

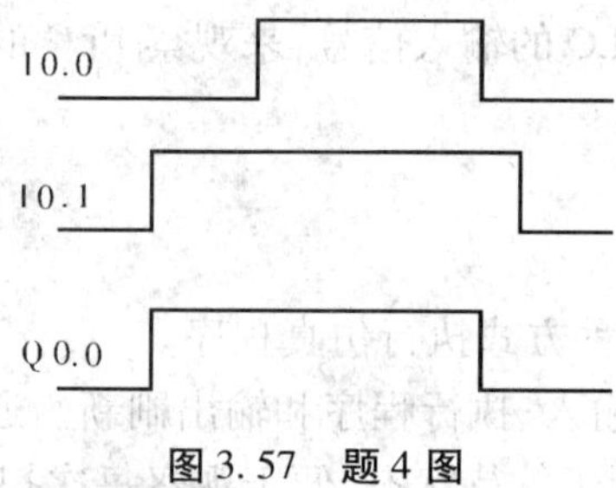

图 3. 57 题 4 图

5. 按如下控制要求编写程序:

(1)启动时,电机 M1 先启动,才能启动电机 M2,停止时,电机 M1、M2 同时停止;

(2)启动时,电机 M1、M2 同时启动,停止时,只有电机 M2 停止,电机 M1 才能停止。

6. 设计一个汽车车库自动门控制系统,功能要求为:当汽车到达车库门前时,超声波开关接收到车的信号,开门上升;当上升到顶点碰到上限开关时,门停止上升;当汽车驶入车库后,光电开关发出信号,门电机反转,门下降,当碰到下限开关后,电机停止。

7. 如图 3.58 所示,按钮 I0. 0 按下后,Q0. 0 变为 1 状态并自保持,I0. 1 输入 3 个脉冲后(用 C1 计数),T37 开始定时,5 s 后,Q0. 0 变为 0 状态,同时 C1 被复位,在 PLC 刚开始执行用户程序时,C1 也被复位,设计出梯形图程序。

8. 设计周期为 5 s、占空比为 20% 的方波输出信号程序。

9. 设计一个 3 台电机的顺序控制系统,功能要求如下。

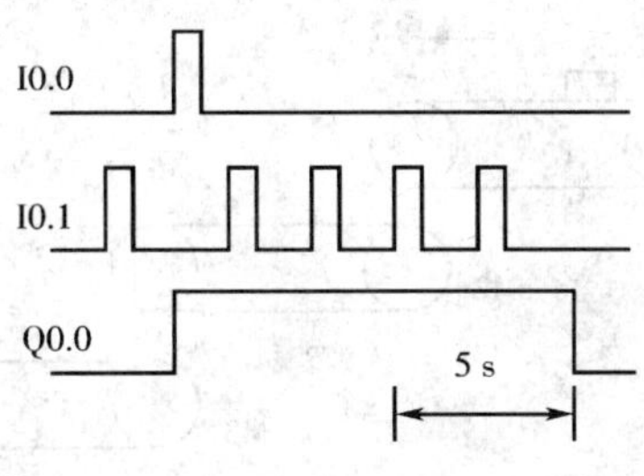

图 3.58　题 7 图

(1)启动操作:按下启动按钮 SB1,电机 M1 启动,6 s 后电机 M2 自动启动,再经过 8 s 后电机 M3 自动启动。

(2)停止操作:按下停止按钮 SB2,电机 M3 立即停车,5 s 后电机 M2 自动停车,又经过 4 s 后电机 M1 自动停车。

10. 设计一个智力竞赛抢答控制装置,功能要求如下。

(1)当主持人按下开始按钮 SB1 后,开始抢答,在 10 s 内,3 位选手中最先按下抢答按钮的选手抢答有效。

(2)每个抢答台安装有 1 个抢答按钮,1 个指示灯,1 个蜂鸣器。抢答有效时,指示灯点亮 3 s,蜂鸣器响 2 s。

(3)抢答开始 10 s 后,抢答无效。只有主持人再次按下开始按钮 SB1,才可以重新抢答。

11. 设计一个报警控制装置,功能要求如下。

(1)当发生异常情况时,报警灯 HL 闪烁,亮 0.5 s,灭 0.5 s,蜂鸣器一直响。

(2)值班人员发现报警后,按下报警解除按钮 SB1,报警灯 HL 由闪烁变为常亮,蜂鸣器停止响。

(3)按下报警解除按钮 SB2,报警灯熄灭。

(4)按下测试按钮 SB3 时,报警灯点亮、蜂鸣器响。

12. 设计一个装料小车控制程序,功能要求为:某装料小车可以从任意位置启动左行,到达左端压下行程开关 LS1,小车开始装料,10 s 后装料结束,自动开始右行,到达右端压下行程开关 LS2,小车开始卸料,8 s 后小车卸料完毕,自动左行去装料,如此自行往复循环,直到按下停止按钮,小车停止运行。

13. 有一台三皮带运输机传输系统,分别用电机 M1、M2、M3 带动,如图 3.59 所示。设计一个控制程序,控制要求为:按下启动按钮,先启动最末一台电机 M3,经 5 s 后再依次启动其他电机;正常运行时,M3、M2、M1 均工作;按下停止按钮时,先停止最前一台电机 M1,延时 6 s 后,依次停止其他电机。

14. 有两台绕线式电机,为限制绕线式电机的启动电流,在每台电机的转子回路串接三段启动电阻,两台电机分别操作。

(1)电机 M1 采用时间控制原则设计一个绕线式电机启动控制程序,功能要求为:如按下启动按钮后,间隔 5 s,依次切除转子电阻。

(2)电机 M2 采用电流控制原则设计一个绕线式电机启动控制程序,且 3 只过流继电器线圈的吸合值相同,释放值不同。

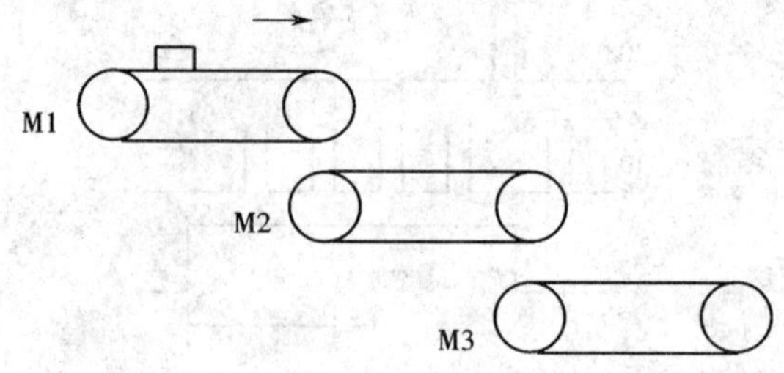

图 3.59　题 13 图

15. 分析图 3.60 所示电路图原理，列出输入输出点，画出 PLC 硬件电气原理图，编写程序实现反接制动。

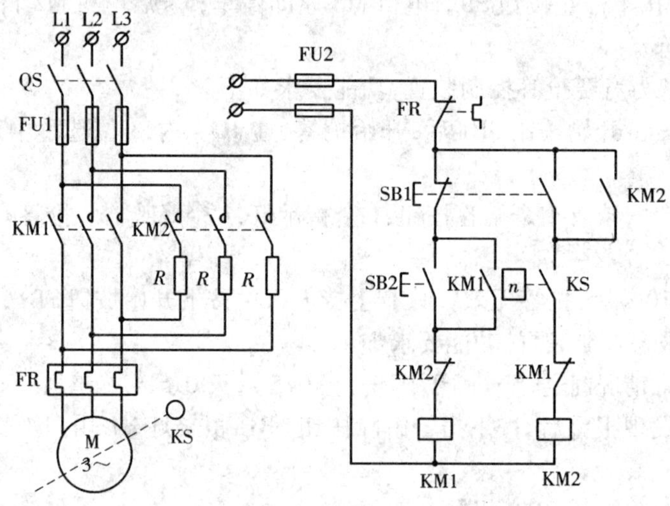

图 3.60　题 15 图

16. 设计一个产品分拣控制系统，系统时序如图 3.61 所示，利用光电传感器检测产品，系统启动后系统运行指示灯点亮，开始进行产品计数，达到要求的数量后，系统运行指示灯熄灭，系统完成指示灯点亮，5 s 后系统完成指示灯熄灭。

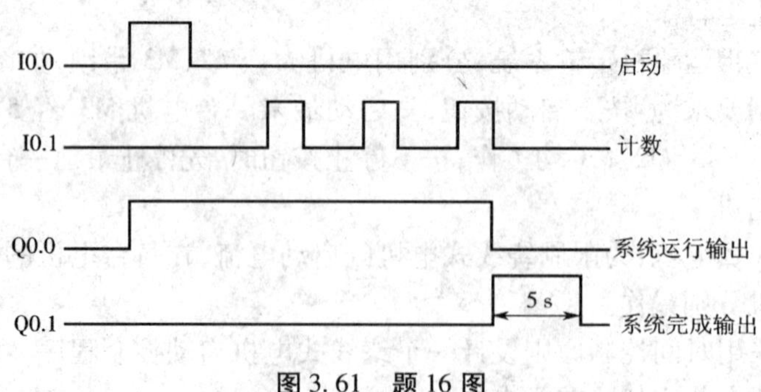

图 3.61　题 16 图

模块四　顺序控制设计法

学习目标：

学习了本模块之后，你将会

☞ 了解顺序控制设计法，掌握顺序功能图画法；

☞ 掌握根据顺序功能图进行梯形图程序设计的方法，使用启保停电路设计方法；

☞ 能够为解决中等难度的问题打下良好的基础。

在模块三中使用的程序设计方法可以称为经验设计法，这种设计方法的特点是没有固定的方法和步骤可以遵循，具有较大的随意性。对于相同的控制系统和要求，不同的设计人员所设计的程序会有很大差别。尤其对于复杂控制系统，需要考虑的因素很多，分析时容易遗漏某些部分，修改时可能会修改一点就全盘皆动，花费很长时间可能也难以得到满意的结果。学习了模块三后，已经能够解决实际工程中的简单问题了，对于一些比较复杂的项目，使用经验设计法也能够编写出控制程序，但在编程过程中需要注意某些逻辑关系。有没有其他方式可以解决这种问题呢？在此模块中，将介绍一种更方便的编程方法——顺序控制设计法。

学习顺序控制设计法首先要学会画出系统的顺序功能图，下面先来认识一下顺序功能图。

任务一　学会画出系统的顺序功能图

一、任务提出

图 4.1 是某剪板机的示意图，开始时压钳和剪刀在上限位置，限位开关 I0.0 和 I0.1 为 ON，按下启动按钮 I1.0，工作过程是：首先板料右行（Q0.0 为 ON）至限位开关 I0.3 动作，然后压钳下行（Q0.1 为 ON 并保持），压紧板料后，压力继电器 I0.4 为 ON，压钳保持压紧，剪刀开始下行（Q0.2 为 ON），剪断板料后，I0.2 变为 ON，压钳和剪刀同时上行（Q0.3 和 Q0.4 为 ON，Q0.1 和 Q0.2 为 OFF），它们分别碰到限位开关 I0.0 和 I0.1 后，分别停止上行，都停止后，又开始下一周期的工作，剪完 10 块后停止并停在初始状态。

如何画出剪板机的顺序功能图呢？先从简单的控制要求来入手，学习顺序功能图的画法。

二、相关新知识

要画出系统的顺序功能图,必须要了解什么是顺序控制。顺序控制是在各个输入信号的作用下,按照生产工艺过程的顺序,各执行机构自动有秩序地进行控制操作。顺序功能图就是以图形方式将生产过程表现出来。以图 4.2 中波形图给出的锅炉鼓风机和引风机的控制要求为例,其工作过程是:按下启动按钮 I0.0 后,引风机开始工作, 5 s 后鼓风机开始工作,按下停止按钮 I0.1 后,鼓风机停止工作,5 s 后引风机再停止工作。

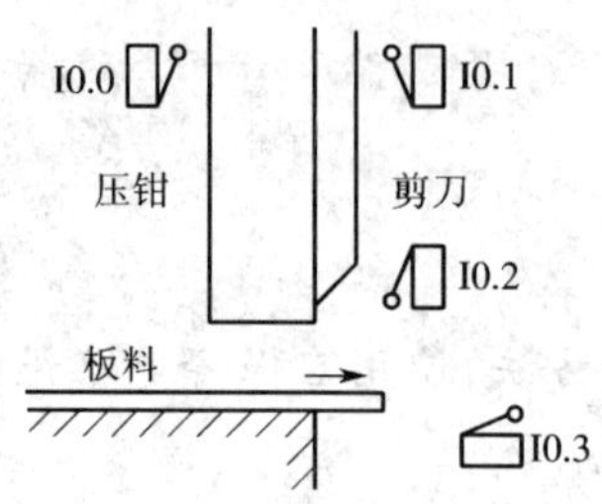

图 4.1　剪板机示意图

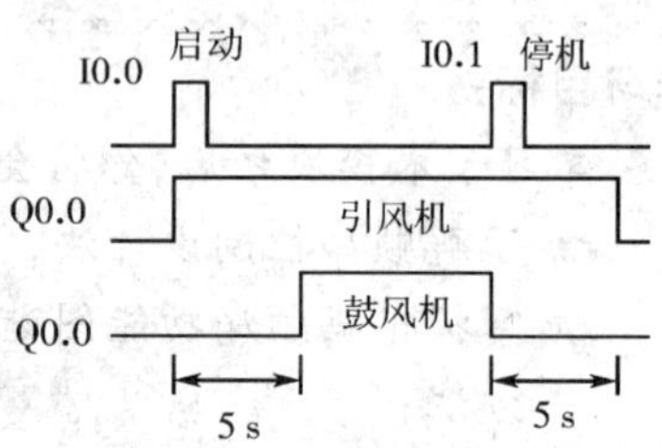

图 4.2　控制要求的波形图

(一)顺序功能图的组成元件

顺序功能图主要用来描述系统的功能,将系统的一个工作周期根据输出量的不同划分为各个顺序相连的阶段,这些阶段称为步,使用位存储器 M 来代表各步,图 4.3 中用矩形方框表示步,方框中可以用数字表示该步的编号,也可以用代表该步的编程元件的地址作为步的编号。在任何一步内,各输出量 ON/OFF 状态不变,但是相邻两步输出量总的状态是不同的。任何系统都有等待启动命令的相对静止的状态,与系统初始状态相对应的步称为初始步,用双线方框表示。根据输出量的状态,图 4.2 中的一个工作周期可以划分为包括初始步在内的四步,分别用 M0.0 ~ M0.3 来代表。当系统处于某一步所在的阶段时,该步称为“活动步”,其前一步称为“前级步”,其后一步称为“后续步”,其他各步称为“不活动步”。

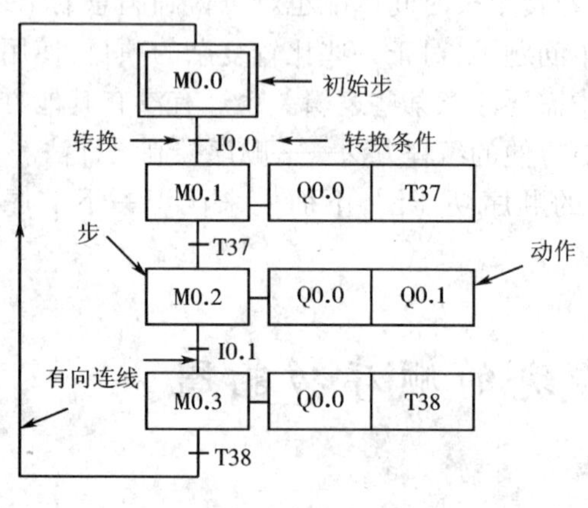

图 4.3　顺序功能图

系统处于某一步需要完成一定的“动作”,用矩形方框与步相连。某一步可以有几个动作,也可以没有动作,这些动作之间无顺序关系。可以使用修饰词对动作进行修饰,常用的动作修饰词可查有关手册。

顺序功能图中,代表各步的方框按照它们成为活动步的先后次序顺序排列,并用有向连线将它们连接起来,步与步之间活动状态的进展按照有向连线规定的路线和方向进行。有向连线在从上到下或从左到右的方向上的箭头可以省略,其他方向则必须注明。为了易于理解,可以省略箭头的方向也能加上箭头。

步与步之间的有向连线上与之垂直的短横线称为转换,其作用是将相邻的两步分开。旁边与转换对应的称为转换条件，转换条件是系统由当前步进入下一步的信号，分为三种类型：一是外部的输入条件，例如按钮、指令开关、限位开关的接通或断开等；二是 PLC 内部产生的信号，例如定时器、计数器等触点的接通；三是若干个信号的与、或、非的逻辑组合。顺序功能图中，只有当某一步的前级步是活动步时，该步才有可能变成活动步。如果使用没有断电保持功能的编程元件代表各步，进入 RUN 工作方式时，它们均处于 OFF 状态，必须用初始化脉冲 SM0.1 作为转换条件，将各步预置为活动步，否则因为顺序功能图中没有活动步，系统将无法工作。

(二)顺序功能图的基本结构

顺序功能图的基本结构包括单序列、选择序列和并行序列，如图 4.4 所示。

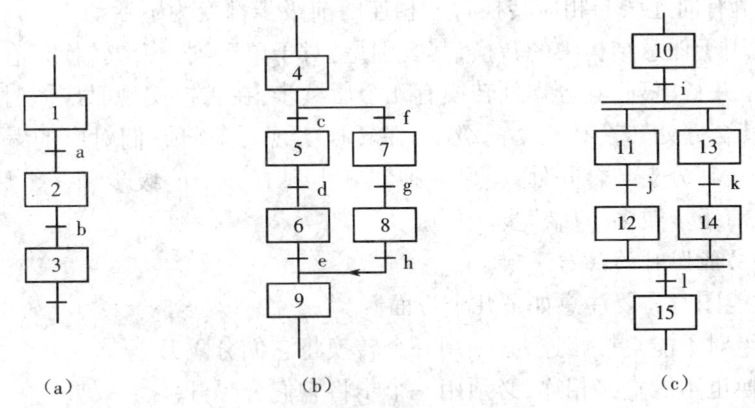

图 4.4　顺序功能图的基本结构

(a)单序列　(b)选择序列　(c)并行序列

单序列由一系列相继激活的步组成，每一步后仅有一个转换，每一个转换后也只有一个步，如图 4.4(a)所示。

当系统的某一步活动后，满足不同的转换条件能够激活不同的步，这种序列称为选择序列。选择序列的开始称为分支，其转换符号只能标在水平连线下方。图 4.4(b)所示选择序列中，如果步 4 是活动步，满足转换条件 c 时，步 5 变为活动步；满足转换条件 f 时，步 7 变为活动步。选择序列的结束称为合并，其转换符号只能标在水平连线上方。在图 4.4(b)中，如果步 6 是活动步且满足转换条件 e，则步 9 变为活动步；如果步 8 是活动步且满足转换条件 h，则步 9 也变为活动步。

当系统的某一步活动后，满足转换条件能够同时激活几步，这种序列称为并行序列。并行序列的开始称为分支，为强调转换的同步实现，水平连线用双线表示，水平双线上方只允许有一个转换符号。图 4.4(c)所示并行序列中，当步 10 是活动步，满足转换条件 i 时，转换的实现将导致步 11 和步 13 同时变为活动步。并行序列的结束称为合并，在表示同步的水平双线下方只允许有一个转换符号。在图 4.4(c)中当步 12 和步 14 同时都为活动步且满足转换条件 l 时，步 15 才能变为活动步。

(三)顺序功能图中转换实现的基本规则

1. 转换实现的条件

顺序功能图中，转换的实现完成了步的活动状态的进展。转换实现必须同时满足以下两个条件：

（1）该转换所有的前级步都是活动步；

（2）相应的转换条件得到满足。

这两个条件是缺一不可的。假设在剪板机中取消了第一个条件，在板料被压住的时候误操作按下了启动按钮，这时也会使步 M0.1 变为活动步，板料可能右行，因此造成设备的误动作。

2. 转换实现完成的操作

转换实现时应完成以下两个操作：

（1）使所有由有向连线与相应转换符号相连的后续步都变为活动步；

（2）使所有由有向连线与相应转换符号相连的前级步都变为不活动步。

以上规则适用于任意结构中的转换，其区别是：对于单序列，一个转换仅有一个前级步和一个后续步；对于并行序列，其分支处转换有几个后续步，在转换实现时应同时将它们对应的编程元件置位，其合并处转换有几个前级步，在转换实现时应将它们对应的编程元件全部复位；对于选择序列，其分支与合并处，一个转换实际上只有一个前级步和一个后续步，但是一个步可能有多个前级步或多个后续步。

3. 绘制顺序功能图时的注意事项

绘制顺序功能图时需要注意如下几个方面。

（1）两个步绝对不能直接相连，必须用一个转换将它们分隔开。

（2）两个转换也不能直接相连，必须用一个步将它们分隔开。

（3）初始步必不可少，一方面因为该步与其相邻步相比，从总体上说输出变量的状态各不相同；另一方面，如果没有该步，无法表示初始状态，系统也无法返回等待启动的停止状态。

（4）顺序功能图是由步和有向连线组成的闭环，即在完成一次工艺过程的全部操作之后，应从最后一步返回初始步，系统停留在初始状态，在连续循环工作方式时，应从最后一步返回下一工作周期开始运行的第一步。

三、任务解决方案

对应剪板机的顺序功能图如图 4.5 所示。图中既有选择序列，又有并行序列。步 M0.0 是初始步，加计数器 C0 用来控制剪板料的次数，每次工作循环后 C0 的当前值加 1。没有剪完 10 块板料时，C0 的当前值小于设定值 10，其常闭触点闭合，满足转换条件 $\overline{\text{C0}}$，将返回步 M0.1 处开始下一次循环。剪完 10 块板料后，C0 的当前值等于设定值 10，其常开触点闭合，满足转换条件 C0 已剪完 10 块，将返回到初始步 M0.0，等待下一次启动命令。

步 M0.5、M0.7 是等待步，用来同时结束并行序列，只要步 M0.5、M0.7 都是活动步，满足转换条件 $\overline{\text{C0}}$，步 M0.1 将变为活动步；满足转换条件 C0 已剪完 10 块，步 M0.0 将变为活动步。

四、应用实例

冲床的运动示意图如图 4.6 所示。初始状态时机械手在最左边，I0.4 为 ON；冲头在最上面，I0.3 为 ON；机械手松开（Q0.0 为 OFF）。按下启动按钮 I0.0，Q0.0 变为 ON，工件被夹紧

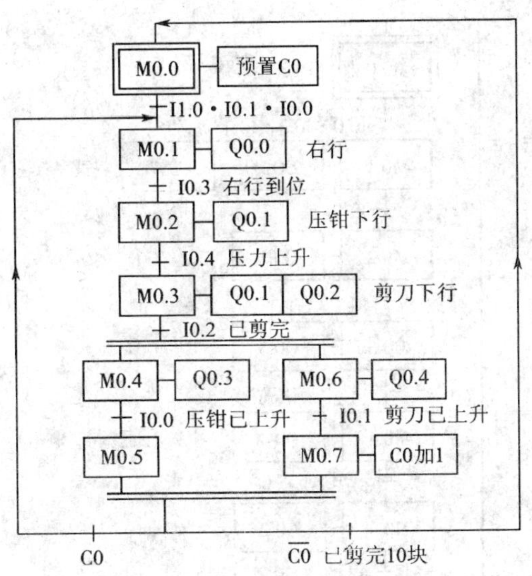

图 4.5　**剪板机顺序功能图**

并保持,2 s 后 Q0.1 变为 ON,机械手右行,直到碰到右限位开关 I0.1,以后将顺序完成以下动作:冲头下行,冲头上行,机械手左行,机械手松开(Q0.0 被复位),延时 2 s 后,系统返回初始状态。各限位开关和定时器提供的信号是相应步之间的转换条件。画出控制系统的顺序功能图。

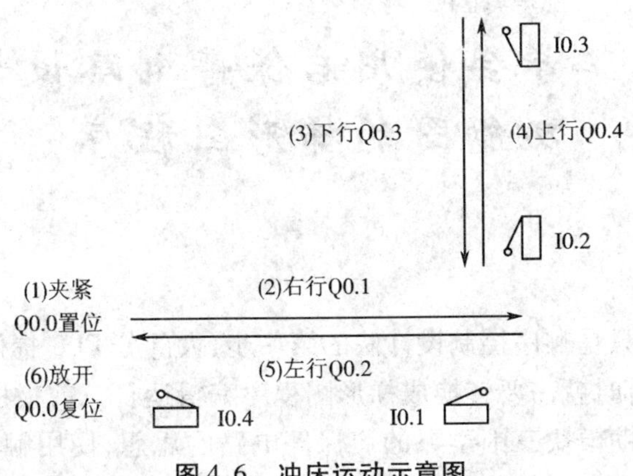

图 4.6　**冲床运动示意图**

根据控制要求,系统的顺序功能图如图 4.7 所示。

冲床运动控制系统顺序功能图是由一系列相继活动的步组成的单序列。

五、试一试

控制要求如下:初始状态时某冲压机的冲压头停在上面,限位开关 I0.2 为 ON,按下启动按钮 I0.0,输出位 Q0.0 控制的电磁阀线圈通电并保持,冲压头下行。压到工件后压力升高,压力继电器动作,使输入位 I0.1 变为 ON,用 T37 保压延时 5 s 后,Q0.0 变为 OFF,Q0.1 变为 ON,上行电磁阀线圈通电,冲压头上行。返回到初始位置时碰到限位开关 I0.2,系统回到初

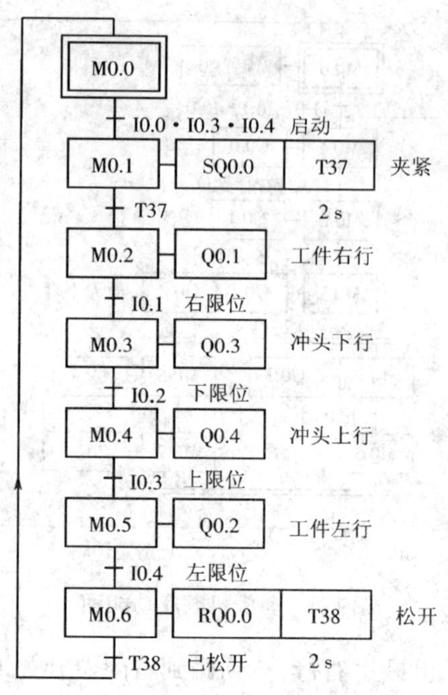

图 4.7 冲床运动控制的顺序功能图

始状态,Q0.1 变为 OFF,冲压头停止上行。画出系统的顺序功能图。

任务二 学会使用启保停电路设计顺序功能图的梯形图程序

一、任务提出

学会画顺序功能图只是顺序控制设计法的第一步,大部分 PLC 提供的编程软件不提供顺序功能图的编程方式,有时就需要转换成梯形图程序编辑运行。剪板机的顺序功能图如何转变为梯形图程序呢?借助模块三中学习的启保停电路的思想,使用触点和线圈有关的指令,进行梯形图程序的编制。

二、相关新知识

使用启保停电路设计梯形图程序的关键是找出其启动条件和停止条件。以图 4.8 为例,根据转换实现的基本规则,转换实现的条件是它的前级步为活动步,并且满足相应的转换条件,如果步 M0.1 要变为活动步,条件是它的前级步 M0.0 为活动步,且转换满足转换条件 I0.0。在启保停电路中,将代表前级步的 M0.0 的常开触点和代表转换条件的 I0.0 的常开触点串联,作为控制 M0.1 的启动电路。当步 M0.1 为活动步且满足转换条件 T37 时,步 M0.2 变为活动步,这时步 M0.1 应变为不活动步,因此可以将 M0.2 为 1 作为使步 M0.1 变为不活动步的停止条件,同时在程序中将 M0.0 的常开触点与启动电路并联作为保持条件。所有的步都可以用这种方法进行编程,再以初始步 M0.0 为例,其前级步是 M0.3,转换条件是 T38 的常开触点,所以启动电路是 M0.3 和 T38 的常开触点并联,在 PLC 第一次执行程序时,应使用 SM0.1 的常开触点将 M0.0 变为活动步,所以启动电路要并联 SM0.1 的常开触点,再并联 M0.0 的常开触点作为保持条件,上述电路再串联 M0.1 的常闭触点作为停止条件。

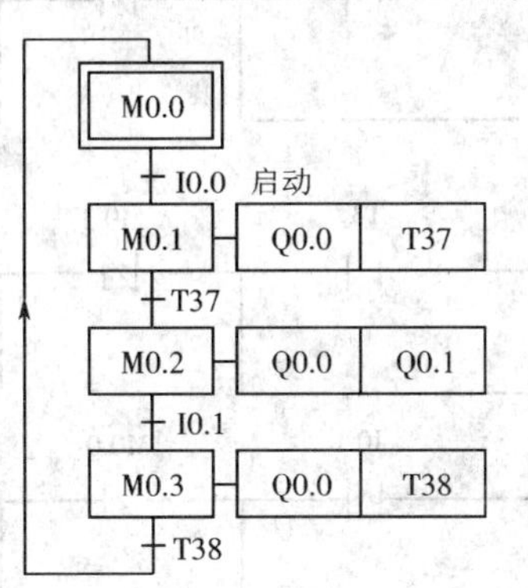

图 4.8　顺序功能图

对于步的动作中的输出量的处理分两种情况。

(1)某一输出量仅在某一步中为 ON 时,可以将它的线圈与对应步的存储器位的线圈并联。

(2)某一输出量在几步中都为 ON 时,则将代表各有关步的存储器位的常开触点并联后一起驱动该输出的线圈。如果某些输出在连续的几步中均为 ON,可以用置位与复位指令进行控制。

三、任务解决方案

根据上述编程规则,图 4.8 的梯形图程序如图 4.9 所示。

从梯形图程序可以看出整个程序要想运行必须保证步 M0.0 在 PLC 上电或者由 STOP 模式切换到 RUN 模式时是活动的,如何保证 M0.0 活动,这个问题需要在组织块 OB100 中解决。

组织块 OB(Organization Block)是 CPU 操作系统与用户程序的接口,只有操作系统能够调用组织块。操作系统根据不同的启动时间调用不同的组织块。根据启动条件不同,组织块可以执行启动、循环执行、定期执行和事件驱动执行的功能。

程序组织块的 CPU 上电或由 STOP 模式切换到 RUN 模式时,CPU 首先执行且只执行一次启动组织块,然后开始循环执行主程序组织块 OB1。

S7 系列 PLC 的启动组织块有 OB100、OB101 和 OB102 三种,PLC 采取哪种启动方式与 CPU 的型号以及启动模式有关。一般 S7 - 300 都采用暖启动方式,即启动时执行组织块 OB100。OB100 是完全再启动类型,启动时过程映像区和不保持的标志存储器、定时器及计数器清零,保持的标志存储器、定时器和计数器以及数据块的当前值保持原状态,执行 OB100 后,再执行循环程序 OB1。

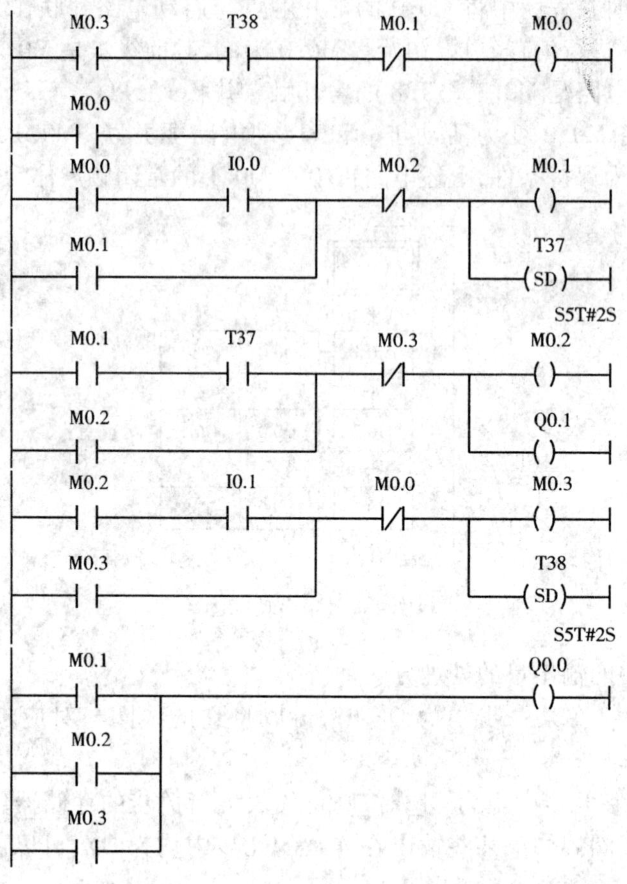

图 4.9　梯形图程序

对于图 4.8 的梯形图程序需在 OB100 中加入如图 4.10 所示的程序，可以使 M0.0 在程序运行时变成活动步(以后要转换的程序均要编写 OB100)。

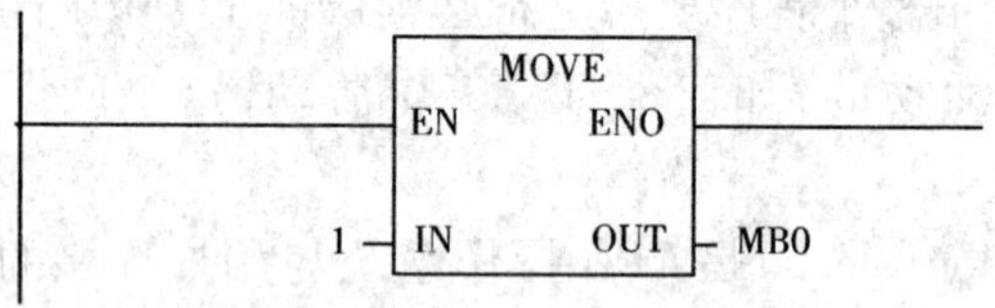

图 4.10　OB100 的程序

四、应用实例

编写图 4.11 所示顺序功能图的梯形图程序。梯形图程序如图 4.12 所示。

图 4.11 中在步 M0.0 后有一个选择序列的分支，当 M0.0 为活动步时，满足 I0.0 的转换条件时步 M0.1 变为活动步，满足 I0.2 的转换条件时步 M0.2 变为活动步，无论其哪个后续步变为活动步，M0.0 都应变为不活动步，所以应将 M0.1 和 M0.2 的常闭触点与 M0.0 的线圈串联作为其停止条件。

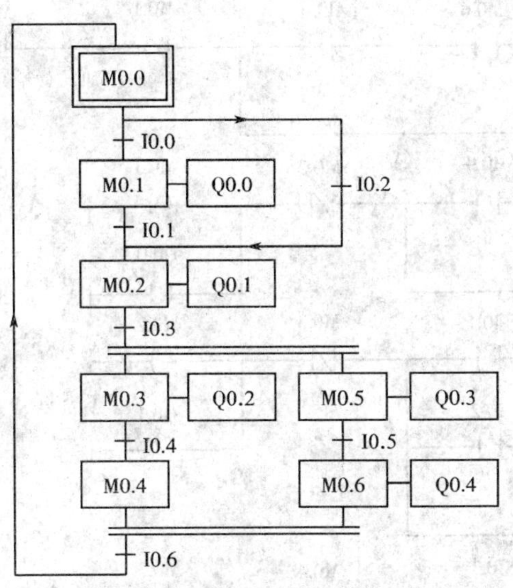

图 4.11　顺序功能图

在步 M0.2 之前是选择序列的合并,当步 M0.1 为活动步并且满足 I0.1 的转换条件或者步 M0.0 为活动步且满足 I0.2 的转换条件时,步 M0.2 都能变为活动步,所以步 M0.2 的启动条件为 M0.1 · I0.1 + M0.0 · I0.2 并联构成。

五、试一试

请根据图 4.5 剪板机的顺序功能图设计出梯形图程序,需要注意的是对顺序功能图中选择序列、并行序列的分支、合并处的处理。

对于选择序列的分支,如果某一步后有一个由 N 条分支组成的选择序列,该步可能转换到不同的 N 步去,则将这 N 个后续步对应的存储器位的常闭触点与该步的线圈串联,作为结束该步的条件。例如步 M0.5,其后的任何一步变为活动步该步都应变为不活动步,所以该步的停止条件应该是将 M0.0 与 M0.1 的常闭触点进行串联。

对于选择序列的合并,如果某一步之前有 N 个转换,即有 N 条分支进入该步,则控制代表该步的存储器位的启保停电路的启动条件由 N 条支路并联而成,各支路由某一前级步对应的存储器位的常开触点与相应转换条件对应的触点或电路串联形成。例如步 M0.1 之前是一个选择序列的合并,当步 M0.5 和步 M0.7 为活动步且满足 C0 常闭触点的条件或步 M0.0 为活动步且满足 I1.0 · I0.1 · I0.0 转换条件时,步 M0.1 都应变为活动步,所以对于步 M0.1 其启动条件是 M0.0 与 I1.0、I0.1、I0.0 常开触点串联或者 M0.5、M0.7 与 C0 常闭触点串联。

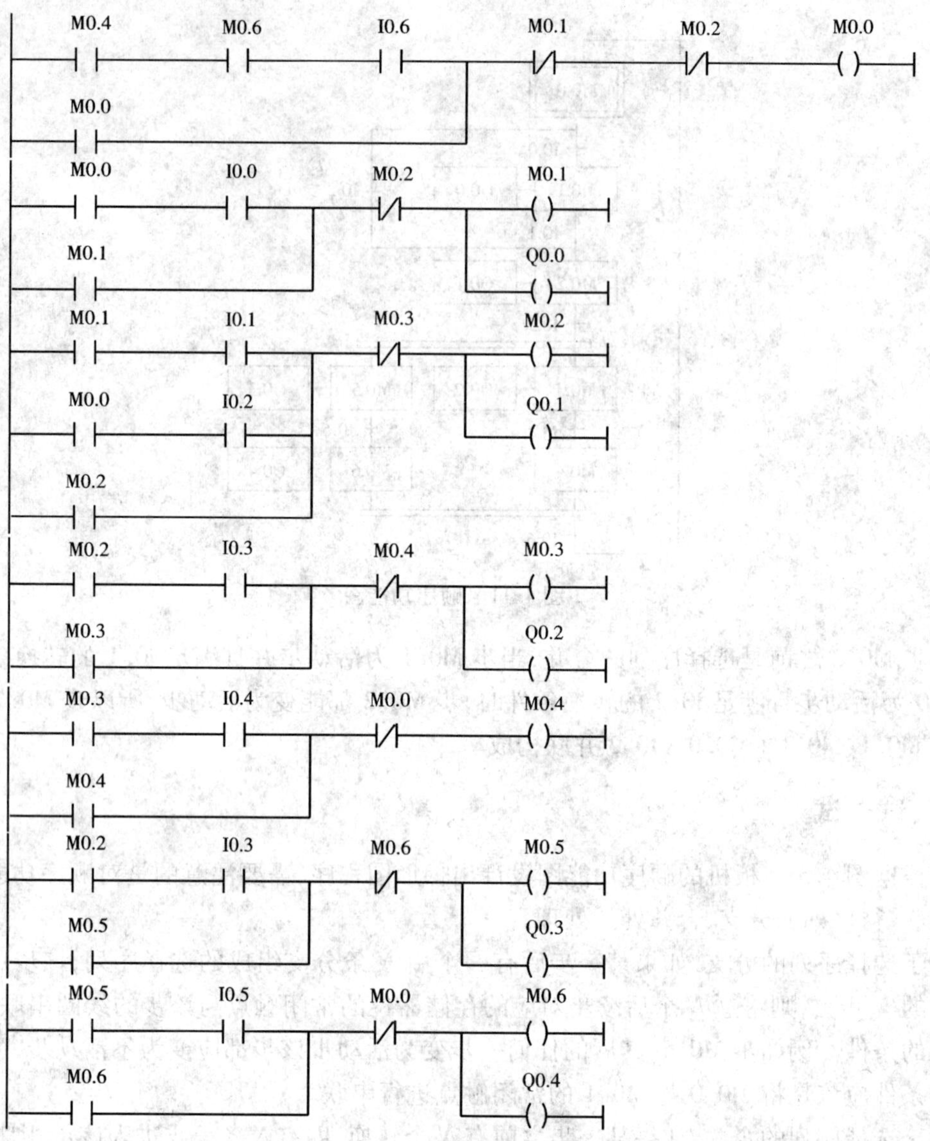

M0.4
M0.6
I0.6
M0.1
M0.2
M0.0
M0.0
M0.0
I0.0
M0.2
M0.1
M0.1
Q0.0
M0.1
I0.1
M0.3
M0.2
M0.0
I0.2
Q0.1
M0.2
M0.2
I0.3
M0.4
M0.3
M0.3
Q0.2
M0.3
I0.4
M0.0
M0.4
M0.4
M0.2
I0.3
M0.6
M0.5
M0.5
Q0.3
M0.5
I0.5
M0.0
M0.6
M0.6
Q0.4

图 4.12　梯形图程序

思考与练习

1. 画出图 4.13 所示波形对应的顺序功能图。

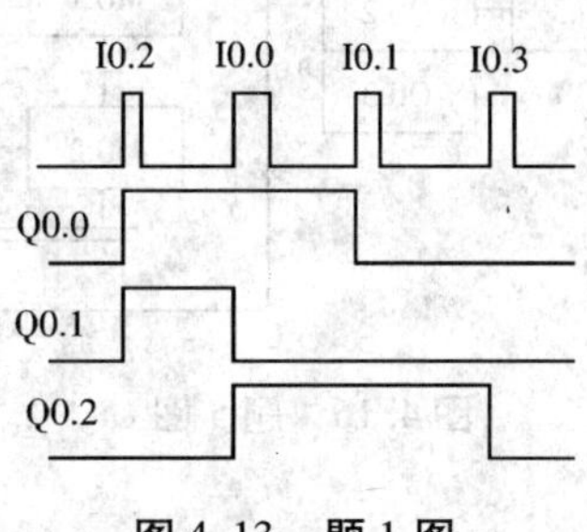

图 4.13　题 1 图

2. 画出实现红黄绿三种颜色信号灯循环显示（要求循环间隔时间为 0.5 s）的顺序功能图。

3. 小车在初始状态时停在中间，限位开关 I0.0 为 ON，按下启动按钮 I0.3，小车按图 4.14 所示的顺序运动，最后返回并停在初始位置。画出控制系统的顺序功能图。

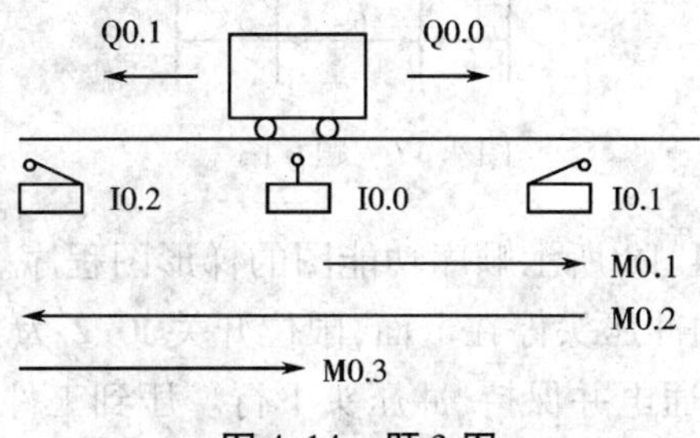

图 4.14　题 3 图

4. 某组合机床动力头进给运动示意图如图 4.15 所示，设动力头在初始状态时停在左边，限位开关 I0.1 为 ON。按下启动按钮 I0.0 后，Q0.0 和 Q0.2 为 1，动力头向右快速进给（简称快进），碰到限位开关 I0.2 后变为工作进给（简称工进），Q0.0 为 1，碰到限位开关 I0.3 后，暂停 5 s；5 s 后 Q0.2 和 Q0.1 为 1，工作台快速退回（简称快退），返回初始位置后停止运动。画出控制系统的顺序功能图，并设计梯形图程序。

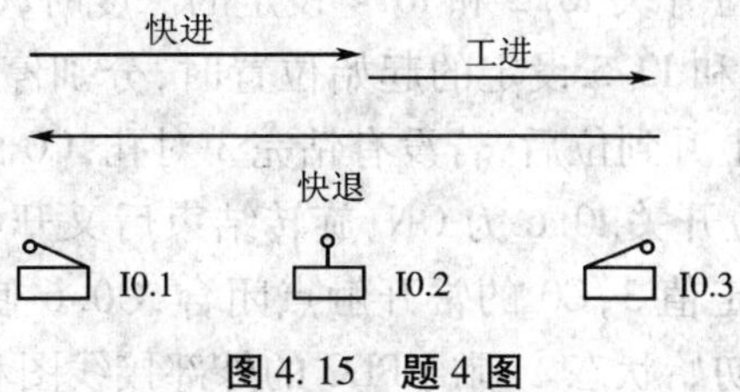

图 4.15　题 4 图

5. 设计图 4.16 所示顺序功能图的梯形图程序。

6. 试画出图 4.17 所示信号灯控制系统的顺序功能图，并设计梯形图程序，I0.0 为启动信号。

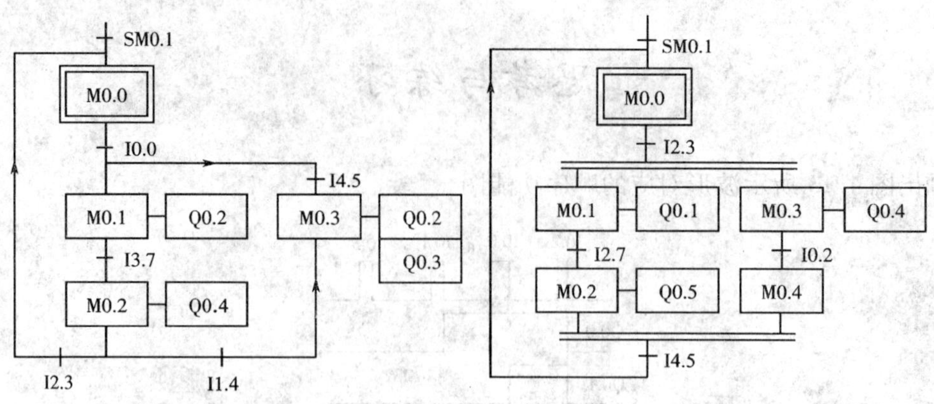

图 4.16　题 5 图

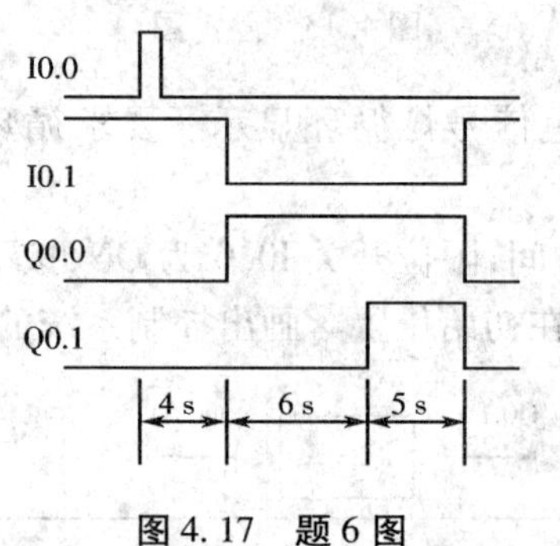

图 4.17　题 6 图

7. 使用 SCR 指令设计图 4.18 所示顺序功能图的梯形图程序。

8. 初始状态时某冲压机的冲压头停在上面,限位开关 I0.2 为 ON,按下启动按钮 I0.0,输出位 Q0.0 控制的电磁阀线圈通电并保持,冲压头下行。压到工件后压力升高,压力继电器动作,使输入位 I0.1 变为 ON,用 T37 延时 5 s 后,Q0.0 变为 OFF,Q0.1 为 ON,上行电磁阀线圈通电,冲压头上行。返回初始位置时碰到限位开关 I0.2,系统回到初始状态,Q0.1 变为 OFF,冲压头停止上行。画出控制系统的顺序功能图。

9. 某专用钻床用来加工圆盘状零件上均匀分布的 6 个孔(见图 4.19)。开始自动运行时两个转头在最上面的位置,限位开关 I0.3 和 I0.5 为 ON。操作人员放好工件后,按下启动按钮 I0.0,Q0.0 变为 ON,工件被夹紧,夹紧后压力继电器 I0.1 为 ON,Q0.1 和 Q0.3 使两只钻头同时开始工作,分别钻到由限位开关 I0.2 和 I0.4 设定的深度时,Q0.2 和 Q0.4 使两只钻头分别上行,升到由限位开关 I0.3 和 I0.5 设定的起始位置时,分别停止上行,设定值为 3 的计数器 C0 的当前值加 1。两个都上升到位后,若没有钻完 3 对孔,C0 的常闭触点闭合,Q0.5 使工件旋转 120°。旋转到位时限位开关 I0.6 为 ON,旋转结束后又开始钻第 2 对孔。3 对孔都钻完后,计数器的当前值等于设定值 3,C0 的常开触点闭合,Q0.6 使工件松开,松开到位时,限位开关 I0.7 为 ON,系统返回初始状态。画出 PLC 的外部接线图和控制系统的顺序功能图。

10. 液体混合装置如图 4.20 所示,上限位、下限位和中限位液位传感器被液体淹没时为 1 状态,阀门 A、阀门 B 和阀门 C 为电磁阀,线圈通电时阀门打开,线圈断电时阀门关闭。开始

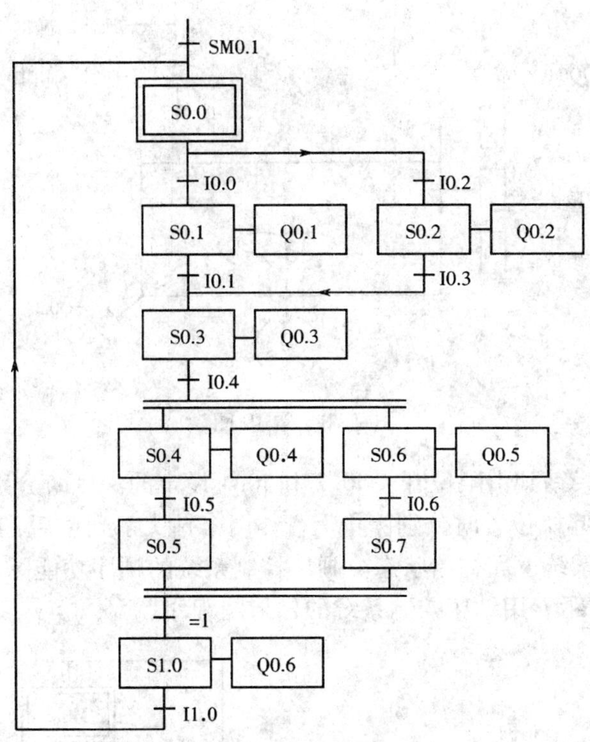

图 4.18　题 7 图

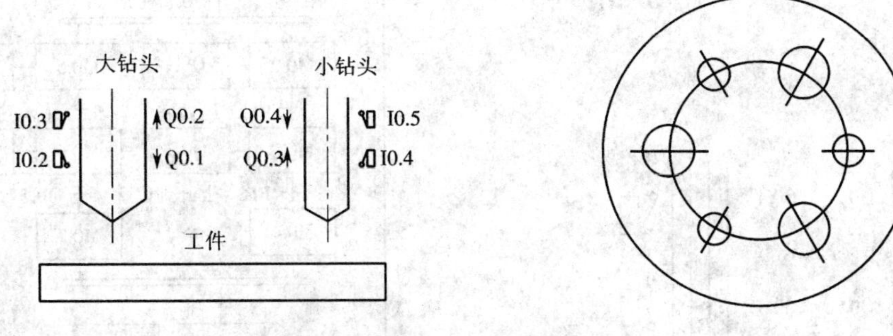

图 4.19　题 9 图

时容器是空的，各阀门均关闭，各传感器均为 0 状态。按下启动按钮后，打开阀门 A，液体 A 流入容器，中限位开关变为 ON 时，关闭阀门 A，打开阀门 B，液体 B 流入容器。液面升到上限位开关时，关闭阀门 B，电机 M 开始运行，搅拌液体。30 s 后停止搅拌，打开阀门 C，放出混合液体，当液面下降至下限位开关之后再过 5 s 容器放空，关闭阀门 C，打开阀门 A，又开始下一个周期的操作。按下停止按钮，当前工作周期的操作结束后才停止操作，返回并停留在初始状态。画出控制系统的顺序功能图。

11. 编写图 4.20 所示液体混合系统的梯形图程序。

12. 某专用钻床如图 4.21 所示，使用两只钻头同时钻两个孔，开始自动运行之前两个钻头在最上面，上限位开关 I0.3 和 I0.5 为 ON。放好工件后，按下启动按钮 I0.0，工件被夹紧后

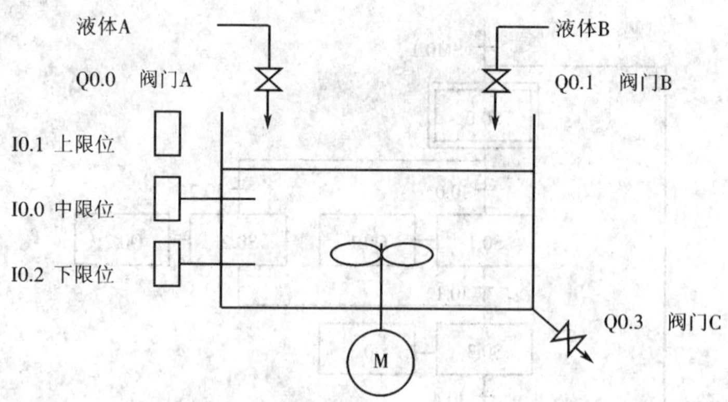

图 4.20 题 10 图

两只钻头同时开始工作,钻到由限位开关 I0.2 和 I0.4 设定的深度时分别上行,回到由限位开关 I0.3 和 I0.5 设定的起始位置时分别停止上行。两个钻头都到位后,工件被松开,松开到位后,一个工作周期结束系统返回初始状态。画出控制系统的顺序功能图。

13. 编写图 4.22 所示专用钻床控制系统的梯形图程序。

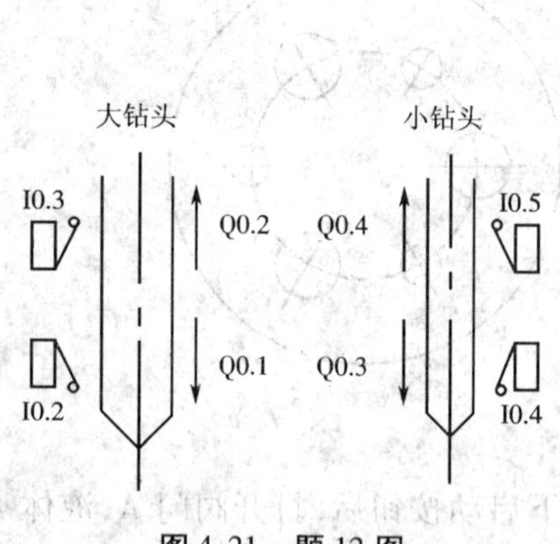

图 4.21 题 12 图

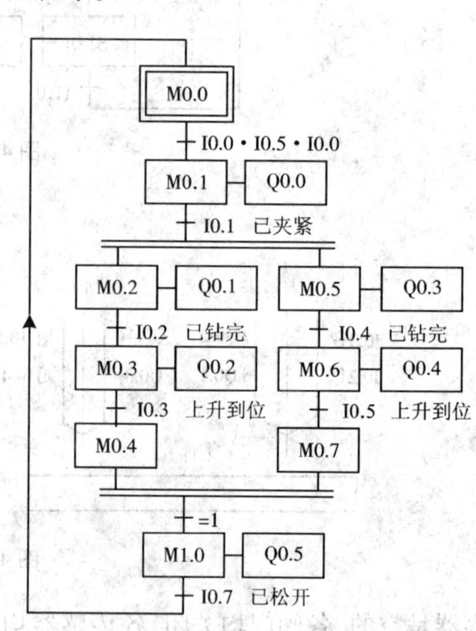

图 4.22 题 13 图

模块五　S7 - 300 PLC 的程序结构

学习目标：

学习了本模块之后，你将会

☞ 了解 S7 - 300 PLC 的程序结构；

☞ 掌握 S7 - 300 PLC 的组织块、功能、功能块、系统功能和系统功能块的各自功能及特点；

☞ 掌握功能、功能块的生成与调用方法；

☞ 掌握数据块的生成和使用方法；

☞ 学会根据控制要求，使用结构化编程进行系统设计。

一个自动化过程包括许多单个的任务，完全结构化（模块化）的程序结构是 PLC 程序设计和编程最有效的结构形式，它可用于复杂程度高、程序规模大的控制应用程序设计。结构化程序可以重复使用某些功能块，只需要在使用功能块时为其提供不同的环境变量（实参），就能完成对不同设备的控制。

任务一　三台风机控制

一、任务提出

设计一个控制系统，系统有 3 台风机，每一台风机用一个启停按钮进行控制，假定 I0.1 控制第一台风机，风机的控制程序如图 5.1 所示。

根据控制要求，在本例中 3 台风机的控制过程是一样的，在使用结构化编程进行系统设计时，将一致的控制过程使用功能来实现。

二、相关新知识

S7 系列 PLC 中的程序有两种：操作系统和用户程序。操作系统是固化在 CPU 中的程序，它提供 PLC 系统运行和调度的机制，用来实现与特定的控制任务无关的功能，处理 PLC 的启动、刷新输入/输出映像寄存器、管理存储器、调用用户程序、处理中断及通信等。用户程序是为了完成特定的控制任务，由用户自己编写的程序。用户程序包含处理特定控制任务所需要的所有功能。

程序段 1：标题：

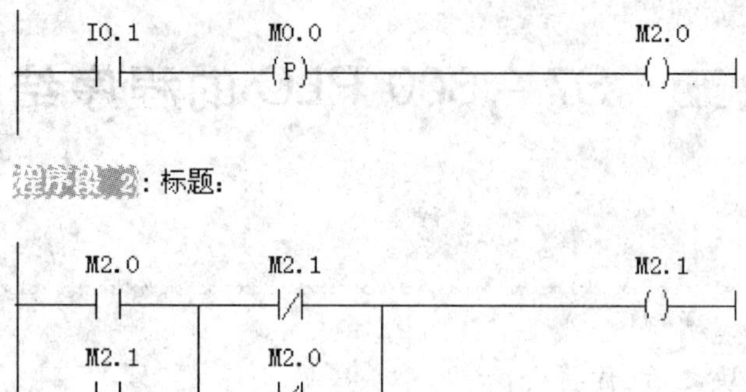

程序段 3：标题：

M2.1 Q0.0

图 5.1　单按钮控制风机启停

(一)STEP 7 的块

在 STEP 7 中，用户的程序和数据写在不同的块中，使单个程序部件标准化，CPU 按照执行的条件来决定是否执行相应的程序块或者访问对应的数据块。

在 S7 - 300 PLC 的编程软件 STEP 7 里，用程序块的形式管理用户编写的程序及程序运行所需的数据，组成结构化的用户程序，程序组织明确、结构清晰、易于修改。

程序块共有组织块(OB)、功能(FC)、功能块(FB)、系统功能(SFC)和系统功能块(SFB)五种，其中系统功能和系统功能块是在 CPU 操作系统中预先定义好的功能和功能块，这些块不占用用户程序空间。为支持结构化程序设计，STEP 7 用户程序通常由组织块、功能和功能块三种类型的逻辑块和数据块(DB)组成。

1. 组织块(OB)

OB 是直接被操作系统调用的用户程序块，不同的 CPU 类型支持的 OB 是不同的，用户只能编写目标 CPU 支持的 OB。在 OB 块中编写程序的最大容量：S7 - 300 PLC 是 16 KB，S7 - 400 PLC 是 64 KB。

1)启动组织块

(1)OB100 为完全再启动类型(暖启动)。启动时，过程映像区和不保持的标志存储器、定时器及计数器被清零，保持的标志存储器、定时器和计数器以及数据块的当前值保持原状态，执行 OB100，然后开始执行循环程序 OB1。一般 S7 - 300 PLC 都采用此种启动方式。

(2)OB101 为再启动类型(热启动)。启动时，所有数据(无论是保持型和非保持型)都将保持原状态，并且将 OB101 中的程序执行一次。然后程序从断点处开始执行。剩余循环执行完以后，开始执行循环程序。一般只有 S7 - 400 PLC 具有热启动功能。

(3) OB102 为冷启动方式。CPU 318－2 和 CPU 417－4 具有冷启动方式,冷启动时,所有过程映像区和标志存储器、定时器和计数器(无论是保持型还是非保持型)都将被清零,而且数据块的当前值被装载存储器的原始值覆盖。然后将 OB102 中的程序执行一次后执行循环程序。

2)循环执行的程序组织块

OB1 是循环执行的组织块,是 STEP 7 程序的主干,一般用户主程序写在 OB1 中。PLC 在运行时将反复循环执行 OB1 中的程序,其优先级为最低,当有优先级较高的事件发生时,CPU 将中断当前的任务,去执行优先级较高的组织块,执行完成以后,CPU 将回到断点处继续执行 OB1 中的程序,并反复循环下去,直到停机或者是下一个中断发生。

2. 功能(FC)

FC 有两个作用:一是作为子程序用;二是作为函数用,函数中通常带形参。函数中程序的最大容量:S7－300 PLC 是 16 KB,S7－400 PLC 是 64 KB。FC 的形参通常也称为接口区,参数类型分为输入参数、输出参数、输入/输出参数和临时数据区。

FC 是用户自己编写的程序块,用户可以将具有相同控制过程的程序编写在 FC 中,然后在主程序 OB1 或其他程序块中(包括组织块和功能、功能块)调用 FC。FC 相当于子程序的功能,可以定义自己的参数。

3. 功能块(FB)

功能块(FB)的相关介绍见任务二。

4. 数据块(DB)

数据块(DB)的相关介绍见任务二。

5. 系统功能(SFC)和系统功能块(SFB)

SFC 和 SFB 集成在 CPU 中,相当于系统提供的可供用户程序调用的 FC 或 FB,实现与 CPU 系统相关的一些功能,如读写 CPU 时钟等,调用 SFB 需要背景数据块。

(二)块的生成与调用

1. 生成块

在 SIMATIC 管理器中用菜单“插入”→“S7 块”,如图 5.2 所示,或者用右键点击管理器中右边的块工作区,在弹出的菜单中选择命令“插入新对象”,生成新的块,出现如图 5.3 所示属性对话框,有系统自动输入的时间标记和存放块的路径,也可以输入块名、系列名、版本号和块的作者等信息,点击“确定”,块即生成,如图 5.4 所示。

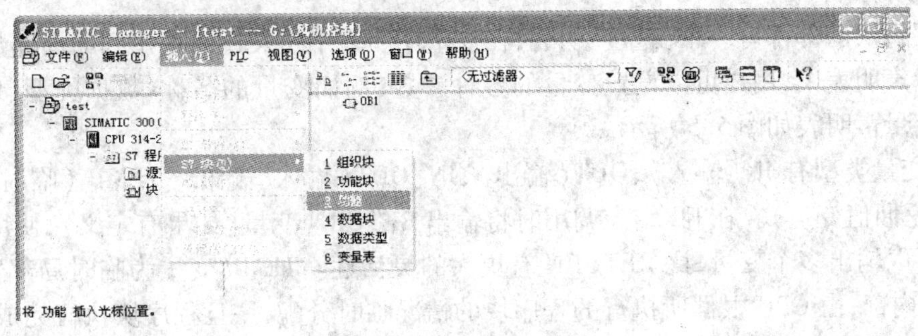

图 5.2　插入新块

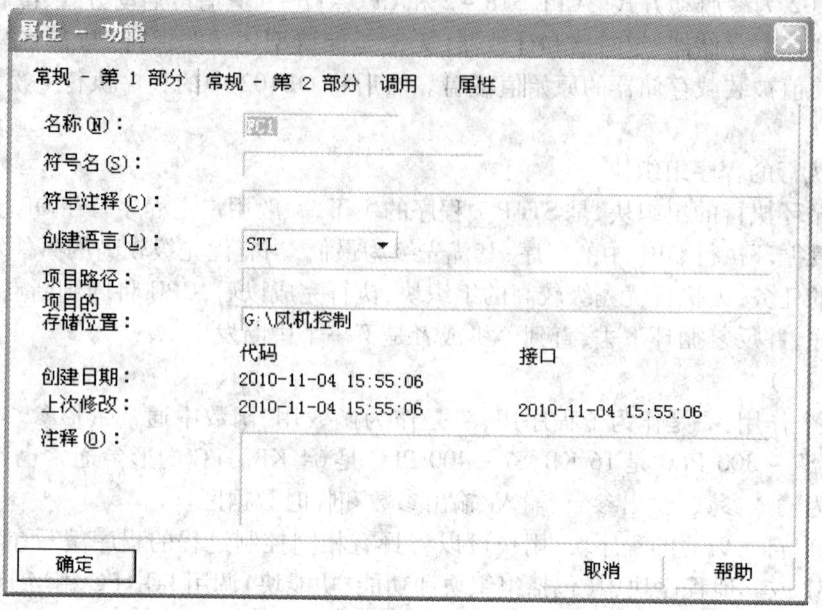

属性 - 功能
常规 - 第 1 部分
常规 - 第 2 部分
调用
属性
名称(N):
FC1
符号名(S):
符号注释(C):
创建语言(L):
STL
项目路径:
项目的
存储位置:
G:\风机控制
代码
接口
创建日期:
2010-11-04 15:55:06
上次修改:
2010-11-04 15:55:06
2010-11-04 15:55:06
注释(O):
确定
取消
帮助

图 5.3　块属性

SIMATIC Manager - [test -- G:\风机控制]
文件(F)
编辑(E)
插入(I)
PLC
视图(V)
选项(O)
窗口(W)
帮助(H)
<无过滤器>
test
SIMATIC 300(1)
CPU 314-2DP
S7 程序(1)
源文件
块
系统数据
OB1
FC1
按下 F1，获得帮助。
PLCSIM(MPI)

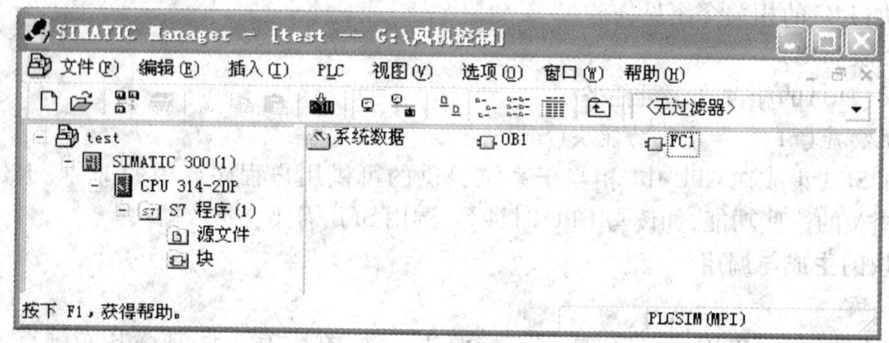

图 5.4　生成新块

双击工作区中的某一个块,将进入程序编辑器,块由变量声明表和程序指令组成。

1)变量声明表

每个逻辑块前部都有一个变量声明表,在变量声明表中定义逻辑块用到的局部数据。

在变量声明表中,用户可以设置变量的各种参数,例如变量的名称、数据类型、地址和编译,FC 的变量声明表如图 5.5 所示。

FC 的变量类型有 IN(输入)、OUT(输出)、IN_OUT(输入/输出)、TEMP(临时变量)和 RETURN(返回值变量)。在 FC 结束调用时将输出 RETURN 变量(如果有定义),使用 OUT 类型的变量可以输出多个变量,比 RETURN 有更大的灵活性。TEMP 变量为临时局部数据存储区,在 CPU 内部,由 CPU 根据所执行的程序块的情况临时分配,一旦程序块执行完成,该区域将被收回,在下一个扫描周期,执行到该程序块时再重新分配 TEMP 存储区。FC 局部数据声明类型如表 5.1 所示。

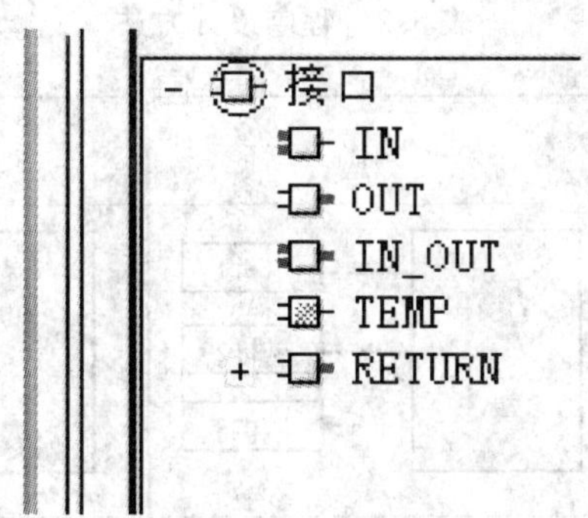

图 5.5 FC 的变量声明表

表 5.1 FC 局部数据声明类型

变量名	类 型	说 明
输入参数	IN	由调用逻辑块的块提供数据,输入给逻辑块
输出参数	OUT	向调用逻辑块的块返回参数,从逻辑块输出的数据
I/O 参数	IN_OUT	参数的值由调用块的块提供,运算然后返回
返回值变量	RETURN	在 FC 结束调用时输出
临时变量	TEMP	存储在 L 堆栈中,块执行结束变量的值被丢掉

2)程序指令

在程序指令部分,用户编写能被 PLC 执行的指令代码,可以用梯形图、语句表和功能块图来生成程序指令。

2. 调用块

OB1 块是主程序循环块,在任何情况下,它都是需要的,绝对不能改名或删除,它由操作系统循环调用,可以访问其他的 S7 程序块,它包括自身程序和对其他块的调用。所以,当编辑好一个块以后,如 FC1,为了让新块集成在 CPU 的循环程序中,必须在 OB1 中调用,即在 OB1 中 CALL FC1。子程序(新块 FC1)执行的条件有:已经下载到 PLC 中,必须在 OB1 调用,PLC 处于运行状态。下载到实际的 PLC 时,可以选择所有块或其中的一个或几个,再下载到 PLC 中。

当调用功能块时,需要参数传递。参数传递的方式使得功能块具有通用性,它可被其他的块调用,以完成多个类似的控制任务。

为保证功能块对同一类设备控制的通用性,应使用这类设备的抽象地址参数,这些抽象参数称为形式参数,简称形参。功能块在运行时用该设备的相应实际存储区地址参数(简称实参)替代形参,从而实现功能块的通用性。

形参需在功能块的变量声明表中定义,实参在调用功能块时给出。在功能块的不同调用处,可为形参提供不同的实参,但实参的数据类型必须与形参一致。

(三)STEP 7 的程序结构

STEP 7 为设计程序提供三种方法,如表 5.2 所示。

表 5.2 程序设计方法

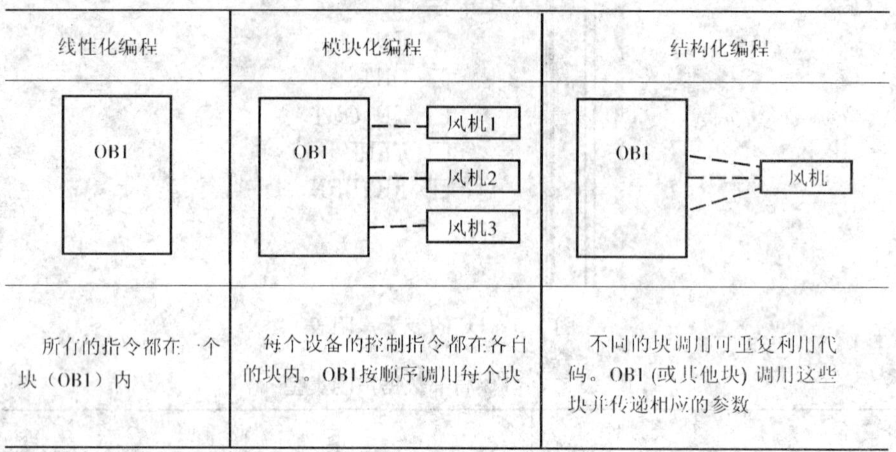

线性化编程	模块化编程	结构化编程
OB1	OB1 风机1 风机2 风机3	OB1 风机
所有的指令都在一个块（OB1）内	每个设备的控制指令都在各自的块内。OB1按顺序调用每个块	不同的块调用可重复利用代码。OB1（或其他块）调用这些块并传递相应的参数

基于这些方法，可以选择最适合于应用程序设计的方法。一个比较简单的程序，可以不用各种子程序块（如 FC、FB），而是直接把整个程序写在一个块上（通常是 OB1 主块上），CPU 逐条地处理指令，称这种方法叫线性化编程；而对稍微有点复杂的程序，可以把它分成几个块，每块包含处理一部分任务的程序，在每一个块中可以进一步分解成几个段，并为相同类型的段生成段模块，组织块 OB1 包含按顺序调用其他块的指令，把这种方法叫模块化编程；另外，对可重复使用的功能装入单个块中，OB1（或其他块）调用这些块并传递相关参数，这种方法叫结构化编程。程序块（用户块）包括程序代码和用户数据，在结构化程序中，一些块循环调用处理，一些块需要时才调用。

三、任务解决方案

（一）I/O 分配

I/O 分配如表 5.3 所示。

表 5.3 I/O 分配

输入信号	地址	输出信号	地址
SB1，系统启动按钮	I0.0	第一台风机控制接触器	Q0.0
SB2，第一台风机启动按钮	I0.1	第二台风机控制接触器	Q0.1
SB3，第二台风机启动按钮	I0.2	第三台风机控制接触器	Q0.2
SB4，第三台风机启动按钮	I0.3		

（二）生成风机控制的 FC

插入新的功能 FC1，在进行编程之前，首先进行变量声明，该块需要 1 个输入，用于启动/停止风机；1 个输出，用于控制风机；2 个输入/输出，用作控制风机但同时也在“风机控制块”的程序中被编辑并修改；3 个临时变量，变量声明如图 5.6 所示。

FC1 中的程序与图中的程序是一样的，不同的是使用参数代替了程序中的地址，梯形图

内容：　'环境\接口\OUT'
接口
IN
start_stop
OUT
out_coil
IN_OUT
odd
even
TEMP
temp1
RETURN
名称
数据类型
注释
out_coil
Bool
输出线圈

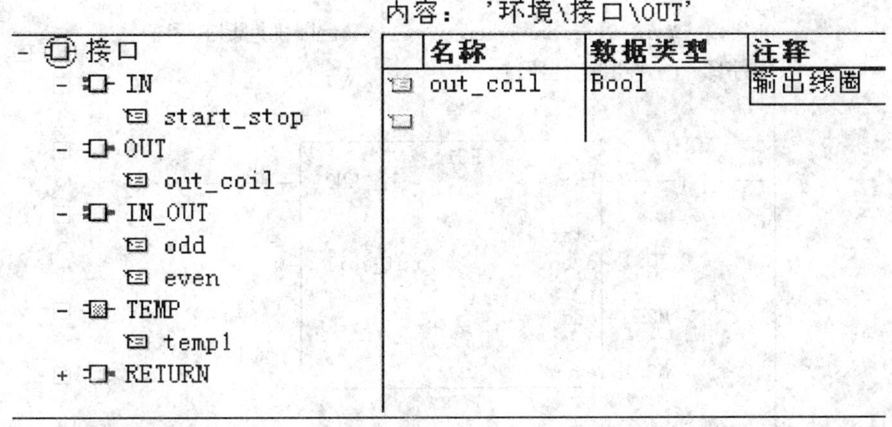

图 5.6　功能 FC1 的变量声明

程序如图 5.7 所示。

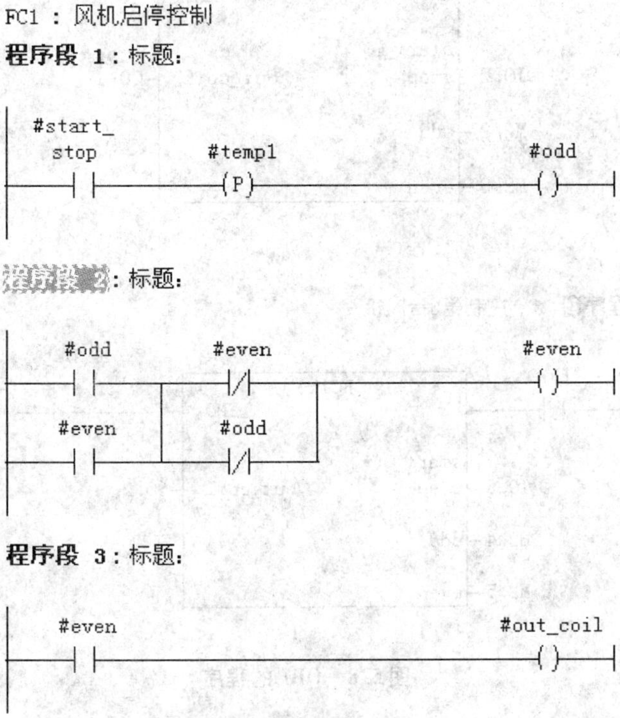

FC1 : 风机启停控制
程序段 1：标题：
#start_
stop
#temp1
P
#odd
程序段 2：标题：
#odd
#even
#even
#even
#odd
程序段 3：标题：
#even
#out_coil

图 5.7　梯形图程序

OB1 中调用功能 FC，调用时使用实参代替形参，如图 5.8 所示。

OB1 : "Main Program Sweep (Cycle)"3台风机控制主程序

程序段 1：控制第1台风机

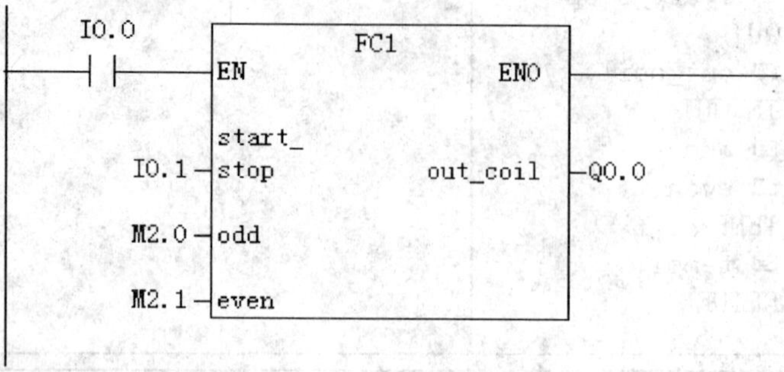

I0.0
FC1
EN ENO
start_
I0.1 stop out_coil Q0.0
M2.0 odd
M2.1 even

程序段 2：控制第2台风机

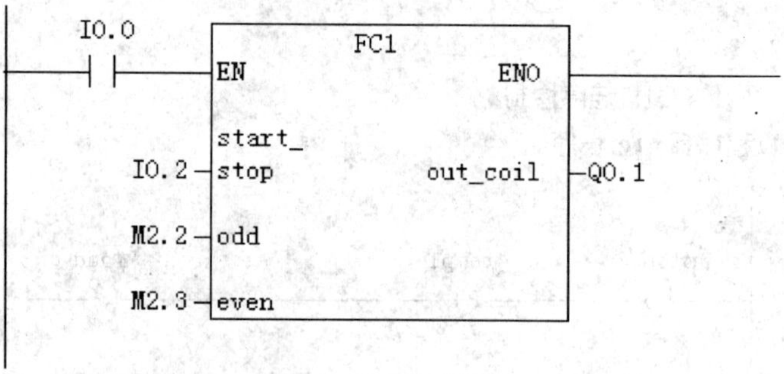

I0.0
FC1
EN ENO
start_
I0.2 stop out_coil Q0.1
M2.2 odd
M2.3 even

程序段 3：控制第3台风机

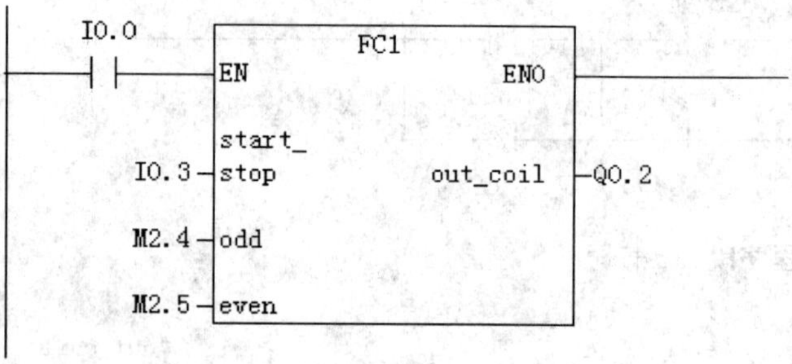

I0.0
FC1
EN ENO
start_
I0.3 stop out_coil Q0.2
M2.4 odd
M2.5 even

图 5.8 OB1 的程序

知识拓展
——用于中断的组织块

一、定期的程序执行组织块

OB10 ～OB17 为日期中断组织块,S7－300 PLC 只支持 OB10。通过日期中断组织块可以在指定的日期时间执行一次程序,或者从某个特定的日期时间开始,间隔指定的时间(如一天、一个星期、一个月等)执行一次程序。

OB30、OB31～OB38 为循环中断组织块。通过循环中断组织块可以每隔一段预定的时间执行一次程序。循环中断组织块的间隔时间较短,最长为 1 min,最短为 1 ms。在使用循环中断组织块时,应该保证设定的循环间隔时间大于执行该程序块的时间,否则 CPU 将出错。

动手试一试:使用周期性中断完成每秒自动加 1 计数。

二、事件驱动的程序执行组织块

(一)延时中断组织块

OB20～OB27:延时中断,当某一事件发生后,延时中断组织块(OB20)将延时指定的时间后执行。OB20～ OB27 只能通过调用系统功能 SFC32 而激活,同时可以设置延时时间。

(二)硬件中断组织块

OB40～OB47:硬件中断。一旦硬件中断事件发生,硬件中断组织块 OB40～OB47 将被调用。硬件中断可以由不同的模块触发,对于可分配参数的信号模块 DI、DO、AI、AO 等,可使用硬件组态工具来定义触发硬件中断的信号;对于 CP 模块和 FM 模块,利用相应的组态软件可以定义中断的特性。

(三)异步错误中断组织块

OB80～OB87:异步错误中断。异步错误是 PLC 的功能性错误。它们与程序执行时不同步地出现,不能跟踪到程序中的某个具体位置。在运行模式下检测到一个故障后,如果已经编写了相关的组织块,则调用并执行该组织块中的程序。如果发生故障时,相应的故障组织块不存在,则 CPU 将进入 STOP 模式。

(四)同步错误组织块

OB121、OB122:同步错误中断。如果在某特定的语句执行时出现错误,CPU 可以跟踪到程序中某一具体的位置。由同步错误所触发的错误处理组织块,将作为程序的一部分来执行,与错误出现时正在执行的块具有相同的优先级。

编程错误,例如在程序中调用一个不存在的块,将调用 OB121。

访问错误,例如程序中访问了一个有故障或不存在的模块,将调用 OB122。

任务二 工业搅拌过程控制

一、任务提出

工业搅拌过程示意图如图 5.9 所示，将这个工业搅拌过程构造分为 4 个功能区域：配料 A 区域、配料 B 区域、混合罐区域和排料区域。

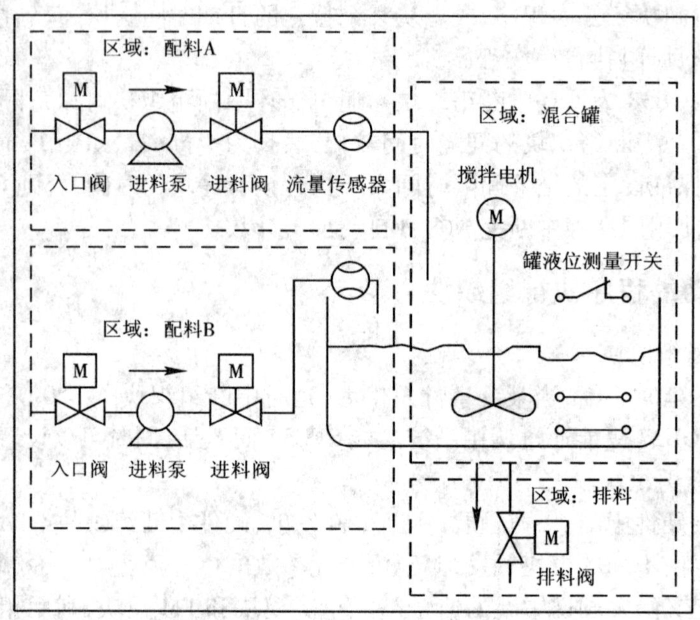

图 5.9 工业搅拌过程示意

配料 A 和配料 B 区域的控制要求如下。

(1) 每种配料的管道都配有一个入口阀、一个进料阀以及进料泵，进料管有流量传感器。

(2) 当罐的液面传感器指示罐满时，进料泵不允许启动。

(3) 当排料阀打开时，进料泵不允许启动。

(4) 在启动进料泵后 1 s 内必须打开入口阀和进料阀。

(5) 在进料泵停止后(来自流量传感器的信号)入口阀必须立即被关闭以防止配料从泵中泄漏。

(6) 进料泵的启动与一个时间监控功能相结合，在泵启动后的 7 s 内，流量传感器会有流量信号。

(7) 当进料泵运行时，如果流量传感器没有流量信号，进料泵必须尽可能快地断开。

(8) 对进料泵启动的次数进行计数(维护间隔)。

混合罐区域的控制要求如下。

(1) 当罐的液面传感器指示“液面低于最低限”或排料阀打开时，搅拌电机的启动必须被锁定。

(2)搅拌电机在达到额定速度时要发出一个响应信号。如果在电机启动后10 s内还未接收到该信号,则电机必须被断开。

(3)对搅拌电机的启动次数进行计数(维护间隔)。

(4)在混合罐中必须安装3个液位测量开关:罐装满、液面最低限、罐非空。有液位到达,相应开关闭合,否则为常开触点。

排料区域的控制要求如下。

(1)罐内产品的排出由一个阀门控制,但是最迟在“罐空”信号产生时,该阀必须被关闭。

(2)当搅拌电机在工作或罐空时,不能打开排料阀。

根据上述的控制要求,完成工业搅拌过程的PLC控制系统设计。

各个功能区域所使用的设备如表5.4所示。

表5.4 各个功能区域使用设备表

功能区域	使用的设备
配料A	配料A的进料泵,配料A的入口阀,配料A的进料阀,配料A的流量传感器
配料B	配料B的进料泵,配料B的入口阀,配料B的进料阀,配料B的流量传感器
混合罐	搅拌电机,罐液位测量开关
排料	排料阀

二、相关新知识

(一)功能块(FB)

功能块FB在程序的体系结构中位于组织块之下。它包含程序的一部分,这部分程序在OB1中可以多次调用。FB与FC相比,FB每次调用都必须分配一个背景数据块,功能块的所有形参和静态数据都存储在一个单独的、被指定给该功能块的数据块(DB)中,该数据块被称为背景数据块,用来存储接口数据区(TEMP类型除外)和运算的中间数据。当调用FB时,该背景数据块会自动打开,实际参数的值被存储在背景数据块中;当块退出时,背景数据块中的数据仍然保持。FB中程序的最大容量:S7－300 PLC是16 KB,S7－400 PLC是64 KB。FB的接口区比FC多了一个静态数据区(STAT),用来存储中间变量。程序调用FB时,形参不像FC那样必须赋值,可以通过背景数据块直接赋值。

FB和FC一样,都是用户自己编写的程序块,块插入方式与FC操作相同。FB块也是由变量声明表和程序指令组成。FB的变量声明表如图5.10所示。

FB和FC相同的变量类型有IN(输入)、OUT(输出)、IN_OUT(输入/输出)和TEMP(临时变量)。FB没有返回值变量(RETURN),而有静态(STAT)变量类型,静态变量类型存储在FB的背景数据块中,当FB调用完以后,静态变量的数据仍然有效。FB局部数据声明类型如表5.5所示。

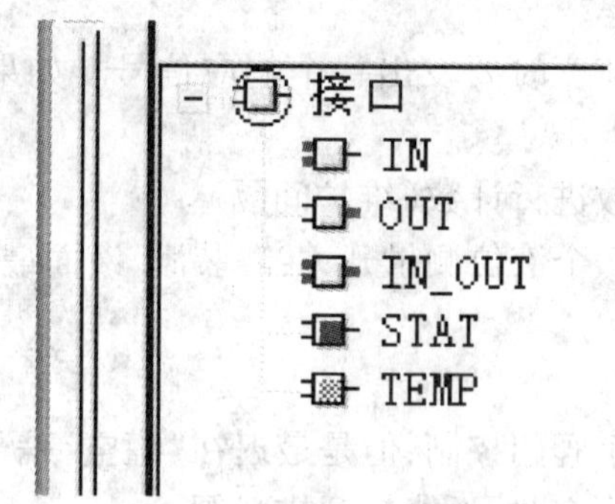

图 5.10　FB 的变量声明表

表 5.5　FB 局部数据声明类型

变量名	类型	说明
输入参数	IN	由调用逻辑块的块提供数据,输入给逻辑块
输出参数	OUT	向调用逻辑块的块返回参数,从逻辑块输出的数据
I/O 参数	IN_OUT	参数的值由调用块的块提供,运算然后返回
静态变量	STAT	存储在背景数据块中,块调用后,其内容被保留
临时变量	TEMP	存储在 L 堆栈中,块执行结束变量的值被丢掉

调用功能块时,应指定对应的背景数据块。

(二)数据块(DB)

DB 用来存储用户数据及程序的中间变量,为全局变量。DB 的最大容量:S7 - 300 PLC 为 32 KB,S7 - 400 PLC 为 64 KB。数据块可分为共享数据块(共享 DB,Share DB)、背景数据块(背景 DB,Instance DB)和用户自定义数据(UDT)类型的数据块。

(1)共享数据块可作为所有程序使用的全局变量,在 CPU 允许的条件下,一个程序可创建任意多个 DB,每个 DB 的最大容量为 64 KB。默认条件下,共享数据块为掉电保持,在其属性菜单中选中“Non Retain”可以更改为掉电数据丢失。如果 CPU 中无足够的内部存储空间保存数据,可将指定的数据保存到共享数据块。存储在共享数据块中的数据可被其他任意一个块调用(全局变量),这一点和背景数据块不同,背景数据块只能被指定的功能块 FB 使用,保存在背景数据块中的数据只在这个 FB 中有效。

(2)背景数据块与 FB 和 SFB 关联,也是全局变量,是专门指定给某个 FB 或 SFB 使用的数据块。背景数据块和共享数据块相比,只保存与 FB 或 SFB 接口数据区(TEMP)相关的数据。背景数据块中的数据是自动生成的,它们是功能块的变量声明表中的数据(不包括临时变量,临时变量存储在局部数据堆栈中),背景数据块中有一种比较特殊的数据块,称为多重背景数据块。

点击 SIMATIC 管理器左边窗口中的“块”,右键单击右边的窗口,选择“插入新对象”→“数据块”,生成一个新的数据块,在出现的数据块属性对话框(见图 5.11)中,采用系统自动生成的名称,可以选择数据块的类型为“背景 DB”,如果有多个功能块,选择它是属于哪个功能块的背景 DB。

数据块的调用如图 5.12 所示。

基于 UDT 的数据块为全局变量，提供一个固定格式的数据结构，便于用户使用。

属性 - 数据块

常规 - 第 1 部分 | 常规 - 第 2 部分 | 调用 | 属性

名称和类型(N)：DB5　背景 DB　FB1

共享的 DB

背景 DB

符号名(S)：

符号注释(C)：

创建语言(L)：DB

项目路径：

项目的存储位置：G:\工业搅拌

代码　接口

创建日期：2010-12-15 12:40:07

上次修改：2010-12-15 12:40:07　2010-12-15 12:40:07

注释(O)：

确定　取消　帮助

图 5.11　数据块属性对话框

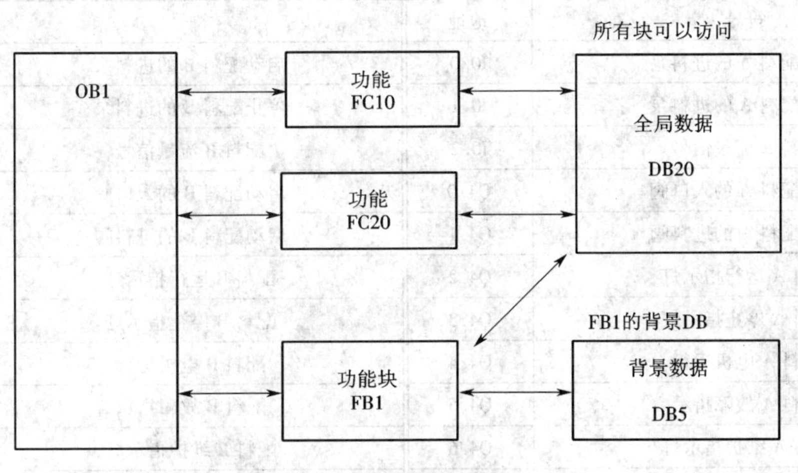

图 5.12　数据块的调用

三、任务解决方案

（一）定义逻辑块

通过程序块可以将用户程序分布到不同的块中，并建立块调用的分层结构来组织程序。本例中用户程序主要由组织块 OB1、功能块 FB1、功能 FC1 及 3 个数据块 DB1～DB3 组成。图 5.13 所示为结构化编程的块的分层调用结构。

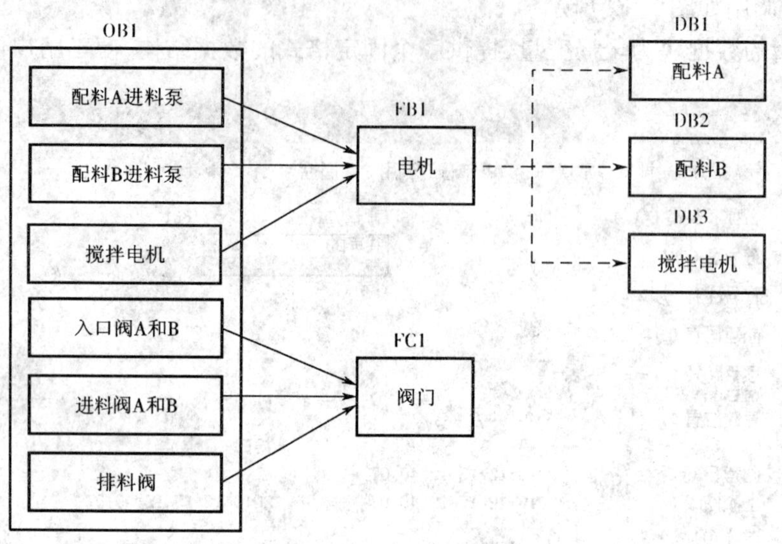

图 5.13　程序结构

(二)定义符号表

符号表如表 5.6 所示。

表 5.6　符号表

符号	地址	符号	地址
启动配料 A 的进料泵	I0.0	启动配料 B 的进料泵	I0.3
停止配料 A 的进料泵	I0.1	停止配料 B 的进料泵	I0.4
配料 A 流量信号	I0.2	配料 B 流量信号	I0.5
启动配料 A 的入口阀	Q4.0	启动配料 B 的入口阀	Q5.0
启动配料 A 的进料阀	Q4.1	启动配料 B 的进料阀	Q5.1
配料 A 运行指示灯	Q4.2	配料 B 运行指示灯	Q5.2
配料 A 停止指示灯	Q4.3	配料 B 停止指示灯	Q5.3
配料 A 电机运行	Q4.4	配料 B 电机运行	Q5.4
配料 A 故障指示	Q4.5	配料 B 故障指示	Q5.5
配料 A 维护指示灯	Q4.6	配料 B 维护指示灯	Q5.6
配料 A 入口阀打开指示	Q4.7	配料 B 入口阀打开指示	Q5.7
配料 A 入口阀关闭指示	Q8.5	配料 B 入口阀关闭指示	Q8.6
搅拌电机响应信号	I1.0	罐装满信号	I1.3
搅拌启动按钮	I1.1	混合罐最低限位	I1.4
搅拌停止	I1.2	混合罐空	I1.5
搅拌电机运行	Q8.0	罐装满指示灯	Q9.0
搅拌电机运行指示	Q8.1	混合罐低于最低限指示灯	Q9.1

续表

符号	地址	符号	地址
搅拌电机停止指示	Q8.2	混合罐空指示灯	Q9.2
搅拌电机故障指示	Q8.3	紧急停机开关	I1.6
搅拌电机维护指示	Q8.4	复位维护指示灯	I1.7
打开排料阀	I0.6	配料与搅拌电机控制的 FB	FB1
关闭排料阀	I0.7	控制阀门的 FC	FC1
排料阀启动	Q9.5	配料 A 数据的背景 DB	DB1
阀门打开指示灯	Q9.6	控制送料泵 B 的背景 DB	DB2
阀门关闭指示灯	Q9.7	控制搅拌电机的背景 DB	DB3
配料 A 定时器	T0	配料 B 定时器	T1
配料 A 延时定时器	T5	配料 B 延时定时器	T6
搅拌定时器	T2		

(三)生成电机控制的 FB

在工业搅拌过程的控制系统中使用了两个进料泵和一个搅拌电机。每个电机由它自己的功能块 FB1 控制,而这个 FB1 对 3 个设备都是一样的。电机的 FB 包括以下逻辑功能。

(1)启动和停止电机,按下启动,设备自动运行直至按下停机按钮。

(2)泵和搅拌电机的一系列互锁。

(3)设定定时器的响应时间,当设备接通时,启动定时器,如果在定时器的时间到达之前未接到来自设备的响应信号,则停机。

FB1 的变量声明如图 5.14 所示,FB1 的输入/输出图如图 5.15 所示。

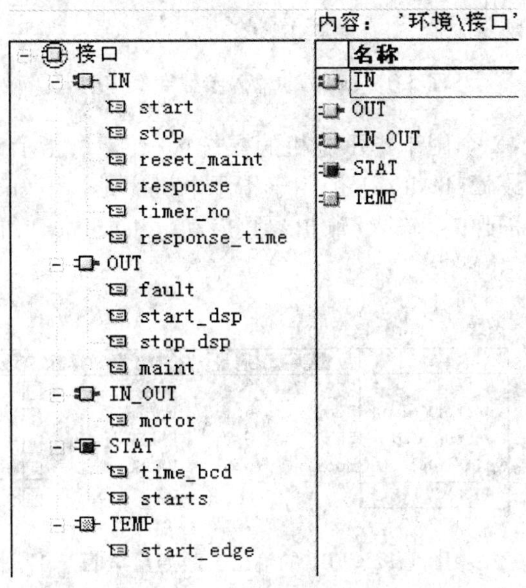

图 5.14　FB1 的变量声明

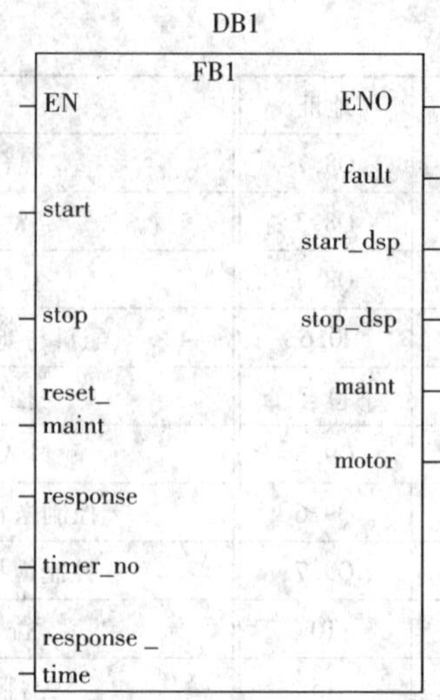

图 5.15　电机通用 FB1 的输入和输出示意图

该块需要 6 个输入:2 个用于启动或停止电机(start 和 stop),1 个用于复位维护指示灯(reset_maint),1 个用于运行期间必须接收的响应信号(response),1 个用于流量时间的定时器号(timer_no),1 个用于定时器的设定时间(response_time),FB1 输入参数变量声明如图 5.16 所示。

内容：　'环境\接口\IN'

- 接口
  - IN
    - start
    - stop
    - reset_maint
    - response
    - timer_no
    - response_time

名称	数据类型	地址	初始值	排	终	注释
start	Bool	0.0	FALSE	☐	☐	启动电机
stop	Bool	0.1	FALSE	☐	☐	停止电机
reset_maint	Bool	0.2	FALSE	☐	☐	复位维护显示
response	Bool	0.3	FALSE	☐	☐	运行反馈信号（流量）
timer_no	Timer	2.0		☐	☐	定时器号
response_time	S5Time	4.0	S5T#0MS	☐	☐	定时设定值

图 5.16　FB1 的输入参数变量声明

该块还需要 4 个输出:2 个用于指示电机的操作状态(运行指示 start_dsp 和停止指示 stop_dsp),1 个用于指示电机故障(fault),1 个用于指示电机应维护了(maint),FB1 输出参数变量声明如图 5.17 所示。还需要 1 个输入/输出参数启动电机(motor),它被用作控制电机但同时也在 FB1 的程序中被编辑并修改。

内容：　'环境\接口\OUT'

- 接口
  + IN
  - OUT
    - fault
    - start_dsp
    - stop_dsp
    - maint

名称	数据类型	地址	初始值	排除地址	终端地址	注释
fault	Bool	6.0	FALSE	☐	☐	故障指示
start_dsp	Bool	6.1	FALSE	☐	☐	运行指示
stop_dsp	Bool	6.2	FALSE	☐	☐	停止指示
maint	Bool	6.3	FALSE	☐	☐	维护指示
				☐	☐	

图 5.17　FB1 的输出参数变量声明

注:块的局部变量名必须以字母开始,只能由英文字母、数字和下划线组成,不能使用汉

字,在变量声明表中不需要指定存储器地址,根据各变量的数据类型,程序编辑器自动为所有局部变量指定存储器地址。

FB1 的程序如图 5.18 所示。

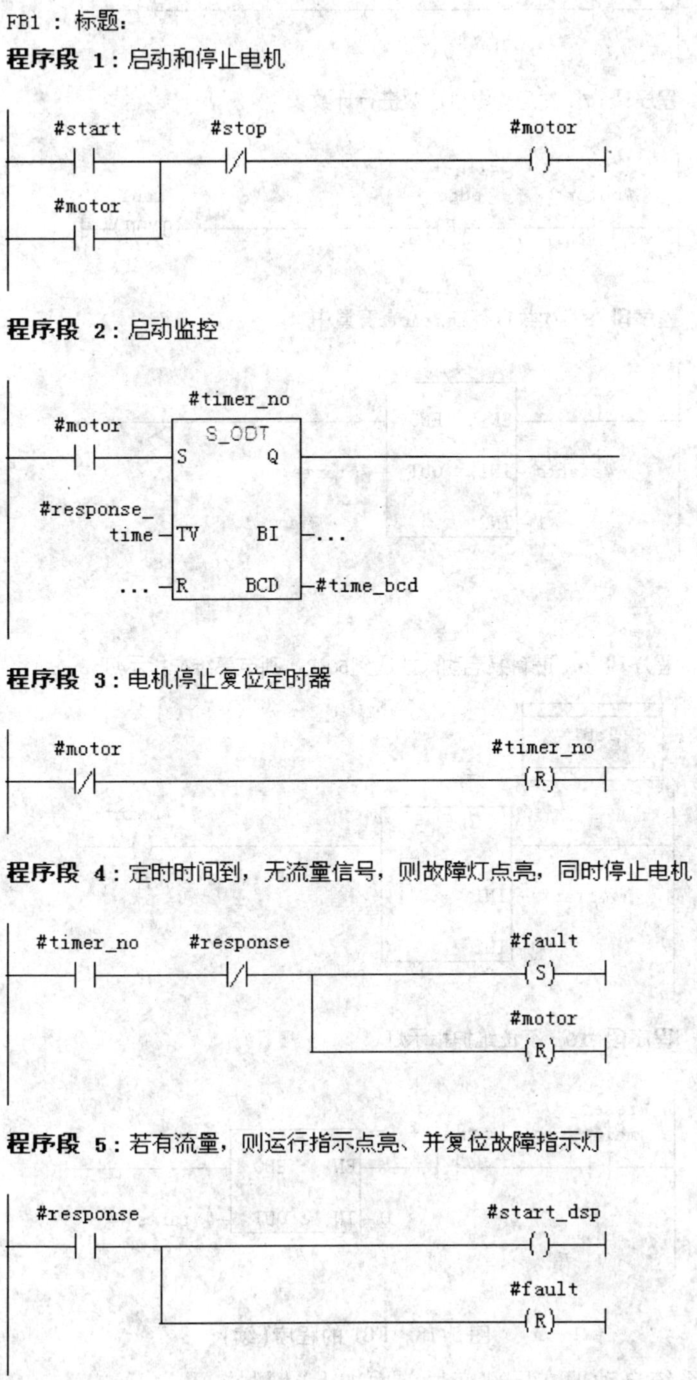

FB1 : 标题:

程序段 1：启动和停止电机

#start #stop #motor #motor

程序段 2：启动监控

#timer_no S_ODT #motor S Q #response_ time TV BI ... ... R BCD #time_bcd

程序段 3：电机停止复位定时器

#motor #timer_no R

程序段 4：定时时间到，无流量信号，则故障灯点亮，同时停止电机

#timer_no #response #fault S #motor R

程序段 5：若有流量，则运行指示点亮、并复位故障指示灯

#response #start_dsp #fault R

图 5.18 FB1 的程序

程序段 6：若无流量，则停止指示点亮

#response #stop_dsp
( )

程序段 7：对启动电机次数进行计数

#motor #start_edge lab1
(P) (JMPN)

程序段 8：次数保存在starts变量中

ADD_I
EN ENO
#starts IN1 OUT #starts
1 IN2

程序段 9：进料泵启动次数达到50次，则点亮维护指示灯

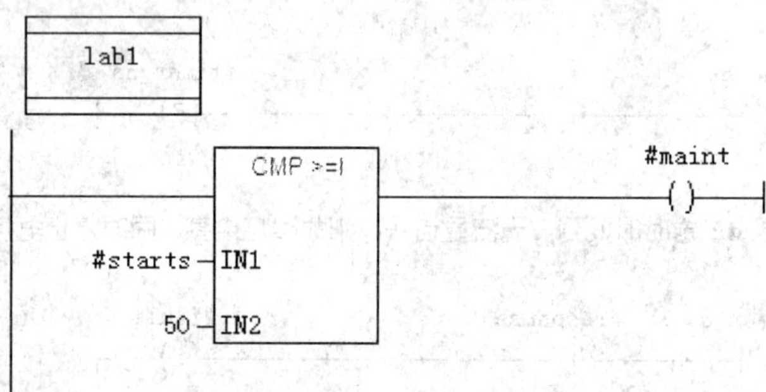

程序段 10：复位维护指示灯

#reset_maint #maint
MOVE
EN ENO
0 IN OUT #starts

图 5.18 FB1 的程序(续)

注:操作系统自动地在局部变量前面加上"#"号。

(四)生成 FB1 的 DB 块

分别生成配料 A 数据的背景数据块 DB1,如图 5.19 所示,控制送料泵 B 的背景数据块 DB2,控制搅拌电机的背景数据块 DB3。

DB1 --- 工业搅拌机\SIMATIC 300(1)\CPU 313C-2 DP

	地址	声明	名称	类型	初始值	实际值	备注
1	0.0	in	start	BOOL	FALSE	FALSE	启动电机
2	0.1	in	stop	BOOL	FALSE	FALSE	停止电机
3	0.2	in	reset_m...	BOOL	FALSE	FALSE	复位维护显示
4	0.3	in	response	BOOL	FALSE	FALSE	运行反馈信号(流量)
5	2.0	in	timer_no	TIMER	T 0	T 0	定时器号
6	4.0	in	respons...	S5TIME	S5T#0MS	S5T#0MS	定时设定值
7	6.0	out	fault	BOOL	FALSE	FALSE	故障指示
8	6.1	out	start_dsp	BOOL	FALSE	FALSE	运行指示
9	6.2	out	stop_dsp	BOOL	FALSE	FALSE	停止指示
10	6.3	out	maint	BOOL	FALSE	FALSE	维护指示
11	6.4	out	motor	BOOL	FALSE	FALSE	启动和停止电机
12	8.0	stat	time_bcd	WORD	W#16#0	W#16#0	定时剩余时间值BCD
13	10.0	stat	starts	INT	0	0	启动次数计数

图 5.19　背景数据块 DB1

(五)生成阀门控制的 FC

在工业搅拌过程的控制系统中使用了两个进料阀和一个排料阀,入口的进料阀以及排料阀的功能包含以下逻辑功能:

(1)打开和关闭阀门;

(2)阀门之间一系列互锁。

FC1 的变量声明如图 5.20 所示,FC1 的输入/输出如图 5.21 所示。

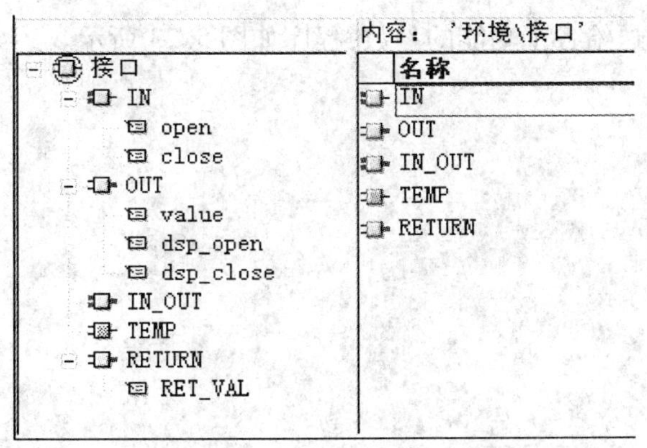

图 5.20　FC1 的变量声明

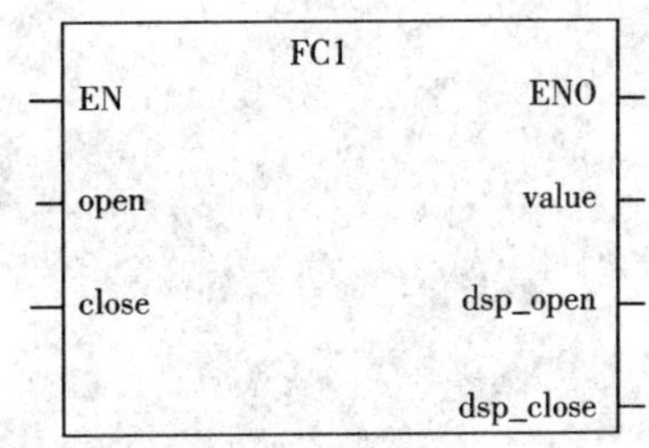

图 5.21　FC1 的输入和输出示意图

该块有 2 个用于启动或停止阀的输入(open 和 close),2 个指示阀状态的输出(打开指示 dsp_open 和关闭指示 dsp_close),1 个用于启动阀的输出(value)。

FC1 的程序如图 5.22 所示。

FC1 : 标题:

程序段 1：打开阀门

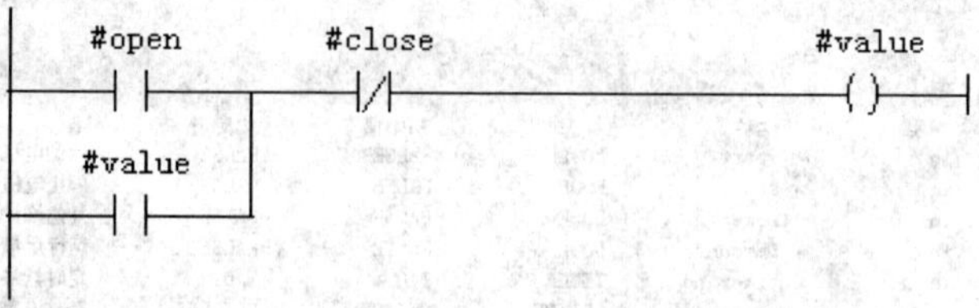

```
 |   #open          #close                              #value
 |---| |---+--------|/|---------------------------------( )---|
 |         |
 |   #value|
 |---| |---+
 |
```

程序段 2：阀门打开指示

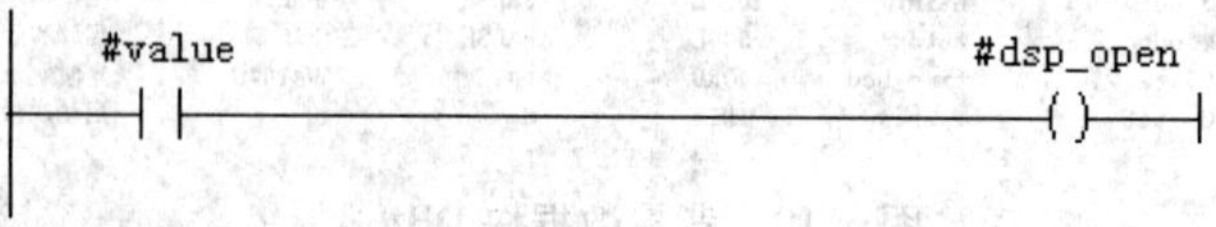

```
 |   #value                                          #dsp_open
 |---| |---------------------------------------------( )---|
 |
```

程序段 3：阀门关闭指示

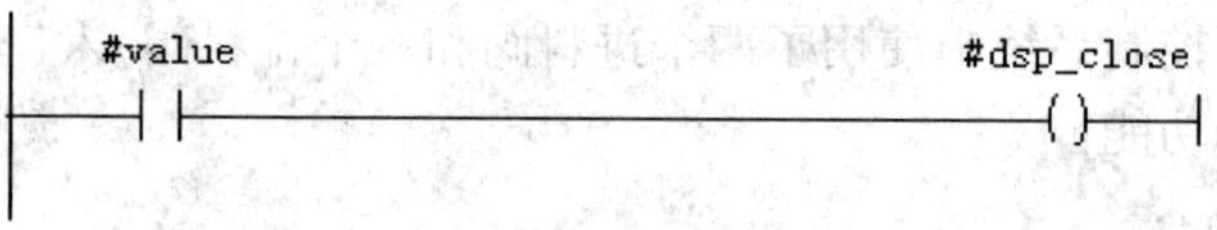

```
 |   #value                                          #dsp_close
 |---| |---------------------------------------------( )---|
 |
```

图 5.22 FC1 的程序

(六)生成 OB1

OB1 决定用户程序的结构,也包含要传送给各个功能的参数,程序如图 5.23 所示。

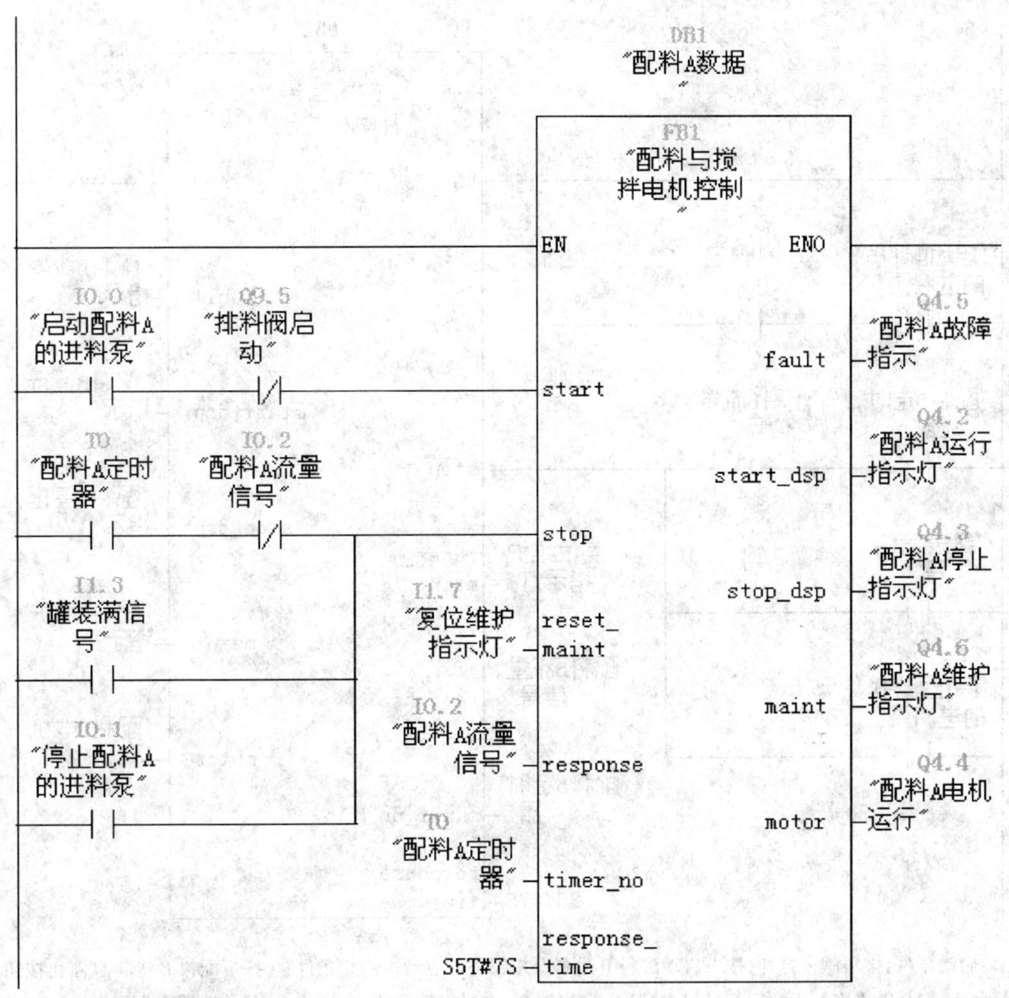

注释：启动条件：排料阀未打开，按下启动配料 A 进料泵按钮进行启动。停止条件：①按下配料 A 进料泵停止按钮；②罐装满信号；③进料泵正常运行过程中，但无流量信号。在泵启动后的 7 s 之内，流量传感器会报告溢出，从而进行判断。若有流量信号，则运行正常，运行指示灯点亮；若无流量信号，则停止进料泵运行，故障灯点亮。当进料泵运行时（T0 位为 1），如果流量传感器没有流量信号，进料泵必须尽可能快地断开。同时也对进料泵启动的次数进行计数（维护间隔）。

图 5.23　OB1 的程序

程序段 2:配料B 进料泵控制

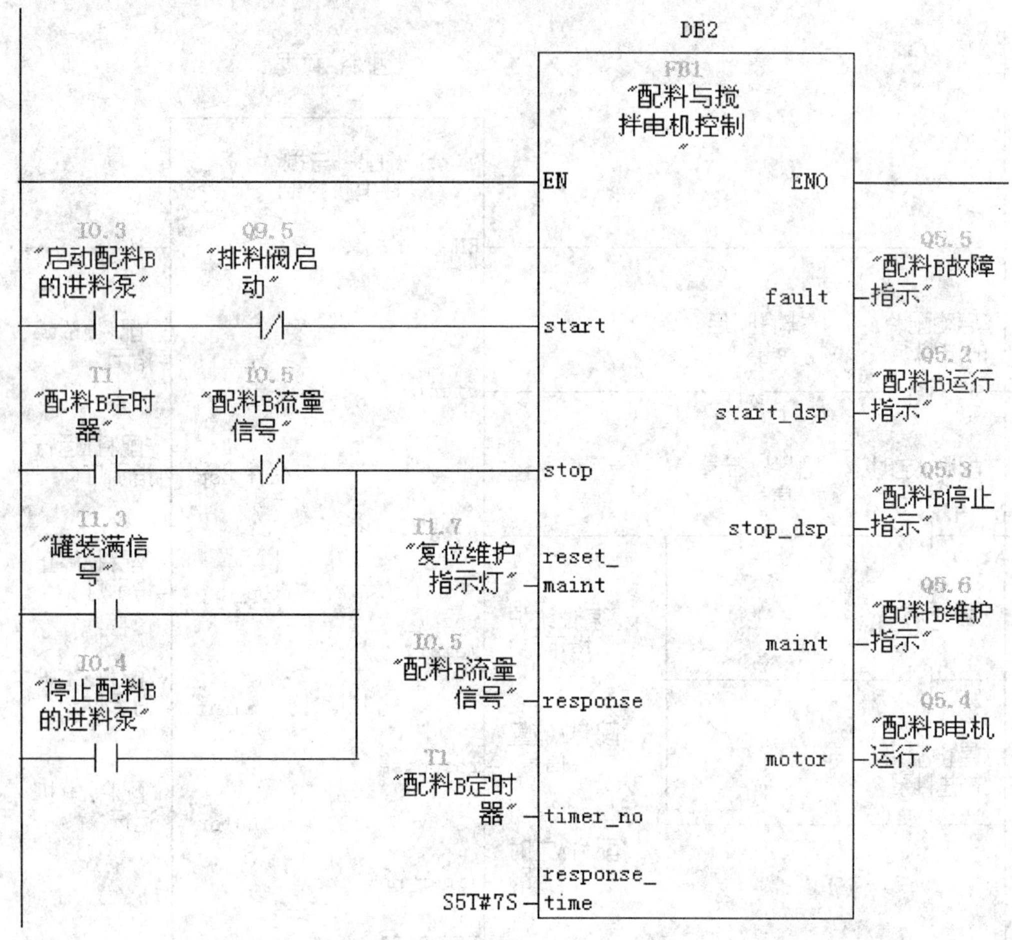

注释:启动条件:排料阀未打开,按下启动配料 B 进料泵按钮进行启动。停止条件:①按下配料 B 进料泵停止按钮;②罐装满信号;③进料泵正常运行过程中,但无流量信号。在泵启动后的 7 s 之内,流量传感器会报告溢出,从而进行判断。若有流量信号,则运行正常,运行指示灯点亮;若无流量信号,则停止进料泵运行,故障灯点亮。当进料泵运行时(T1 位为 1),如果流量传感器没有流量信号,进料泵必须尽可能快地断开。同时也对进料泵启动的次数进行计数(维护间隔)。

图 5.23 OB1 的程序(续)

程序段 3：搅拌控制

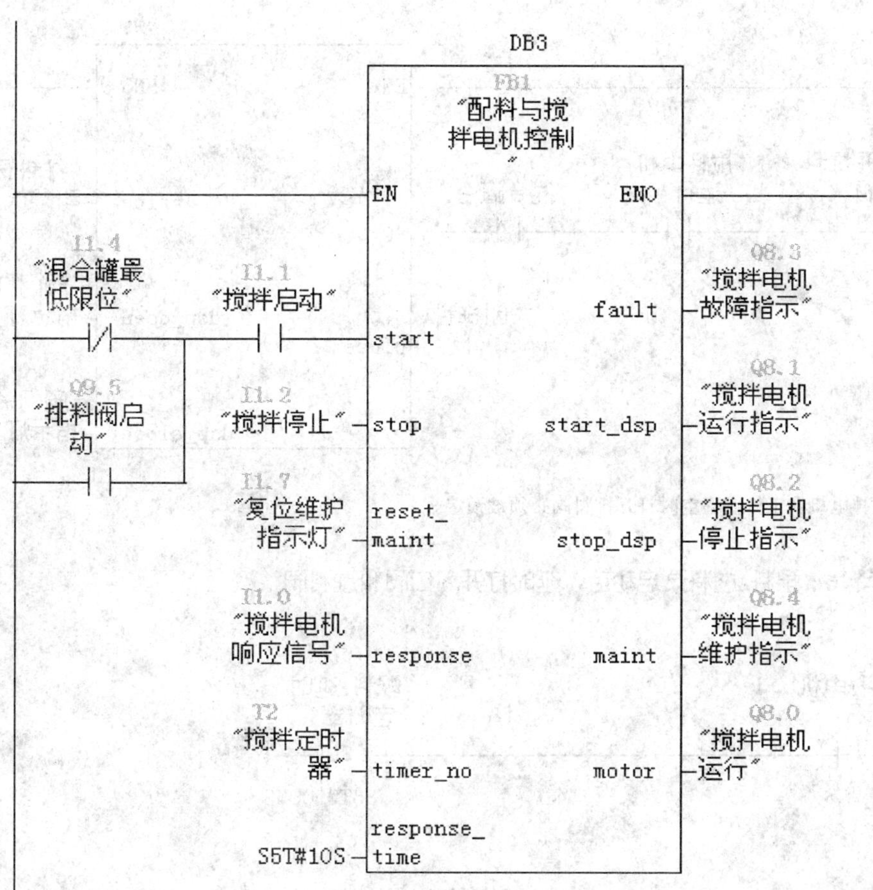

注释：当罐的液面传感器指示"液面低于最低限"或排料阀打开时，搅拌电机的启动必须被锁定。搅拌电机在达到额定速度时要发出一个响应信号。如果在电机启动后 10 s 内还未接收到该信号，则电机必须被断开。对搅拌电机的启动次数进行计数（维护间隔）。在混合罐中必须安装 3 个传感器。① 罐装满：装满为常闭触点、未满为常开触点。② 罐中液面最低限：低于最低限为一个常开触点，高于最低限为一个常闭触点。③ 罐非空：非空为常闭触点，空为常开触点。

图 5.23　OB1 的程序（续）

程序段 4：排料阀控制

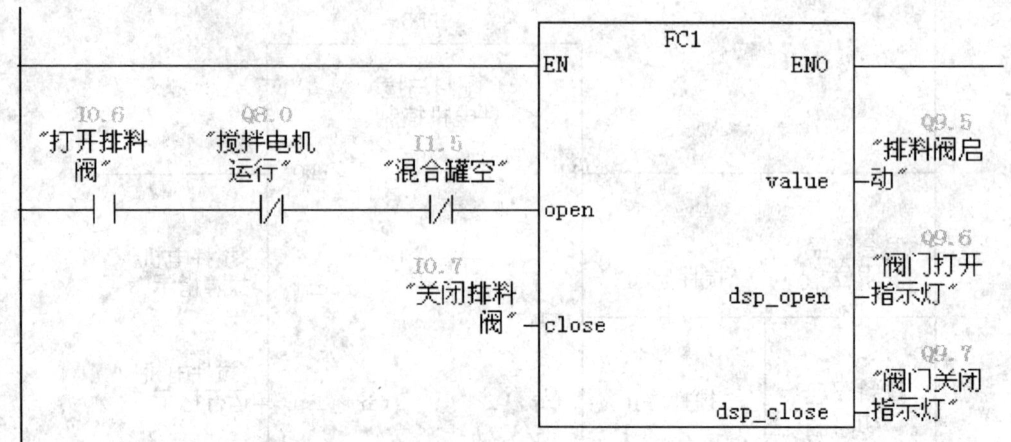

注释：当搅拌电机在工作或罐空时打开排料阀必须被锁定。

程序段 5：配料A进料泵启动后，延时打开入口阀和进料阀

Q4.4
"配料A电机运行"
T5
"配料A延时定时器"
SD
S5T#500MS

注释：在启动进料泵后 500 ms，打开入口阀和进料阀。

图 5.23　OB1 的程序(续)

程序段 6：打开配料A入口阀

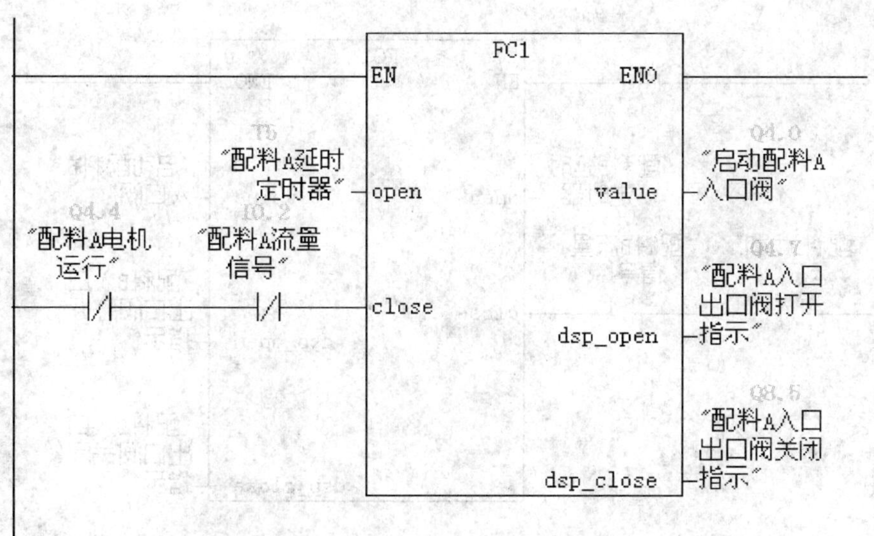

注释：在进料泵停止后（来自流量传感器的信号）阀门必须立即被关闭以防止配料从泵中泄漏。

程序段 7：打开配料A出口阀

Q4.0
"启动配料A入口阀"
Q4.1
"启动配料A进料阀"
( )

程序段 8：配料B进料泵启动后，延时打开入口阀和进料阀

Q5.4
"配料B电机运行"
T6
"配料B延时定时器"
(SD)
S5T#500MS

图 5.23　OB1 的程序（续）

程序段 9：打开配料B入口阀

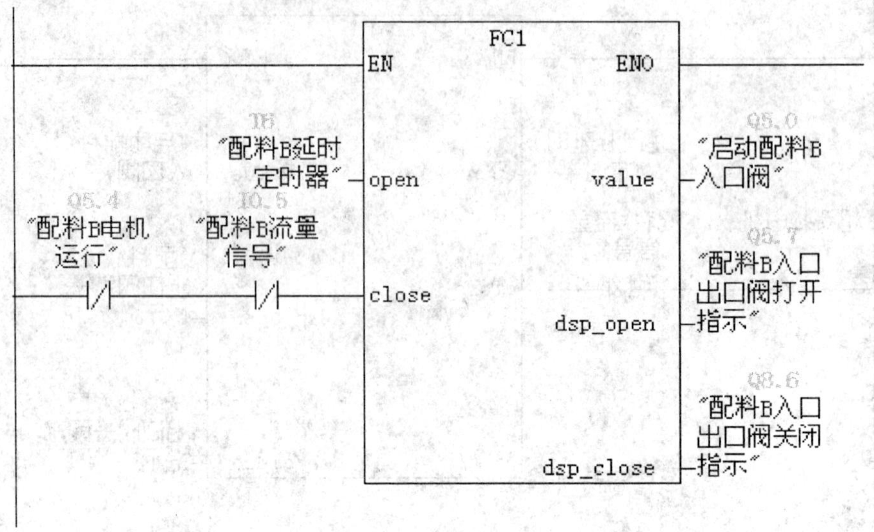

注释:在进料泵停止后(来自流量传感器的信号)阀门必须立即被关闭以防止配料从泵中泄漏。

程序段 10：打开配料B进料阀

Q5.0
"启动配料B
入口阀"

Q5.1
"启动配料B
进料阀"

程序段 11：混合罐低于最低限指示

I1.4
"混合罐最
低限位"

Q9.1
"混合罐低
于最低限指
示灯"

图 5.23 OB1 的程序(续)

程序段 12：混合罐罐空指示灯

程序段 13：罐装满指示灯

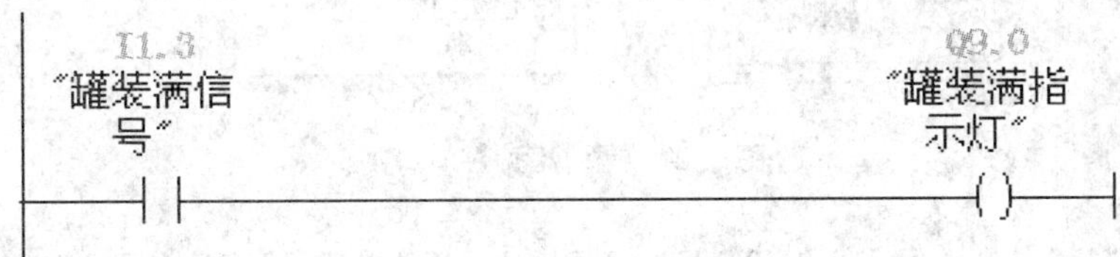

图 5.23　OB1 的程序(续)

思考与练习

1. 搅拌控制系统程序设计。图 5.24 所示为一搅拌控制系统，有 3 个开关量液位传感器，分别检测液位的高、中和低。现要求对 A、B 两种液体原料按等比例混合，请编写控制程序。

控制要求：按启动按钮后系统自动运行，首先打开进料泵 1，开始加入液料 A，中液位传感器动作后，则关闭进料泵 1，打开进料泵 2，开始加入液料 B，高液位传感器动作后，关闭进料泵 2，启动搅拌器，搅拌 10 s 后，关闭搅拌器，开启放料泵，当低液位传感器动作后，延时 5 s 后关闭放料泵。按停止按钮，系统应立即停止运行。

2. 多级分频器控制程序设计。功能 FC1 中编写二分频器控制程序，然后在 OB1 中通过调用 FC1 实现多级分频器的功能。多级分频器的时序关系如图 5.25 所示。其中 I0.0 为多级分频器的脉冲输入端；Q4.0 ~ Q4.3 分别为 2、4、8、16 分频的脉冲输出端；Q4.4 ~ Q4.7 分别为 2、4、8、16 分频指示灯驱动输出端。

3. 水箱水位控制系统程序设计。图 5.26 所示系统有 3 个水箱，每个水箱有 2 个液位传感器。UH1、UH2、UH3 为高液位传感器，"1"有效；UL1，UL2，UL3 为低液位传感器，"0"有效。Y1、Y3、Y5 分别为 3 个水箱进水电磁阀；Y2、Y4、Y6 分别为 3 个水箱放水电磁阀。SB1、SB3、SB5 分别为 3 个水箱放水电磁阀手动开启按钮；SB2、SB4、SB6 分别为 3 个水箱放水电磁阀手动关闭按钮。

控制要求：SB1、SB3、SB5 在 PLC 外部操作设定，通过人为的方式，按随机的顺序将水箱放空。只要检测到水箱"空"的信号，系统就自动地向水箱注水，直到检测到水箱"满"信号为止。水箱注水的顺序要与水箱放空的顺序相同，每次只能对一个水箱进行注水操作。

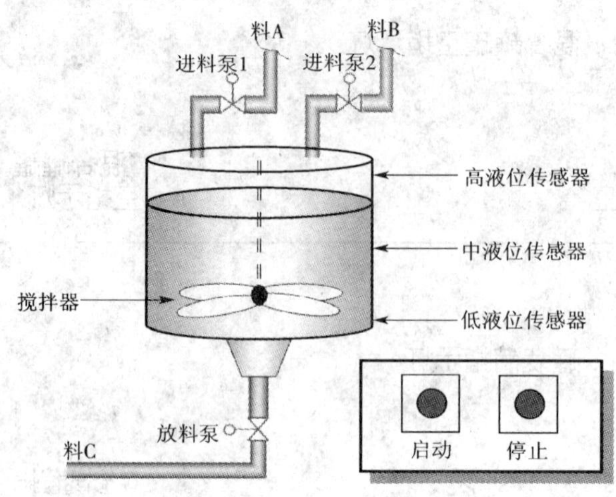

图 5.24　题 1 图

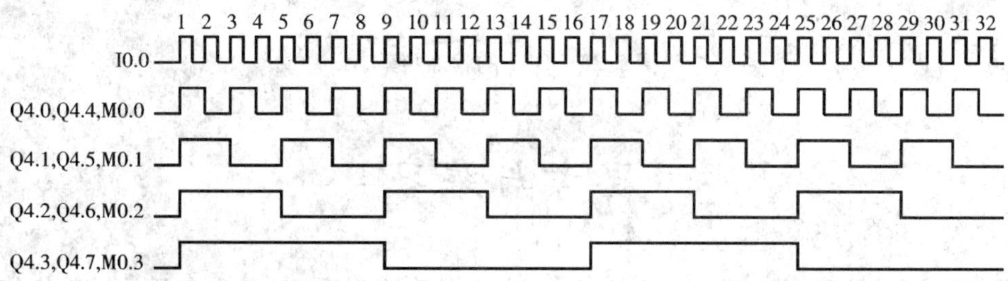

图 5.25　题 2 图

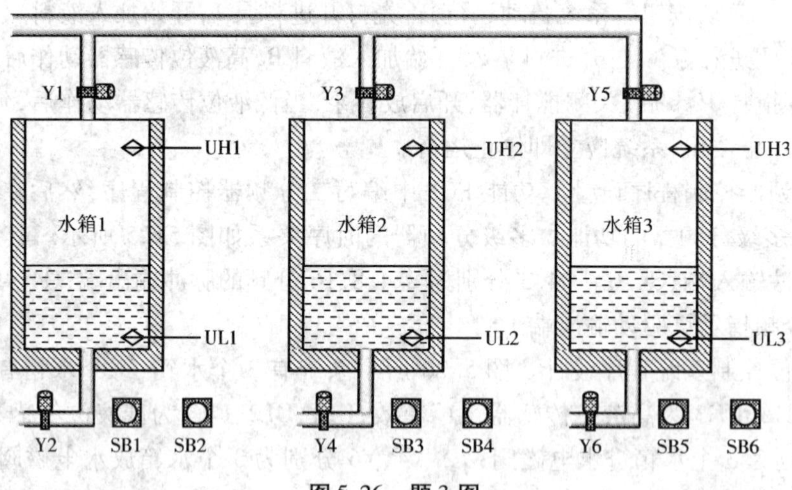

图 5.26　题 3 图

4. 交通信号灯控制系统程序设计。图 5.27 所示为双干道交通信号灯设置示意图。信号灯的动作受开关总体控制，按一下启动按钮，信号灯系统开始工作，并周而复始地循环动作；按一下停止按钮，所有信号灯都熄灭。信号灯控制的具体要求见表 5.7，试编写信号灯控制程序。

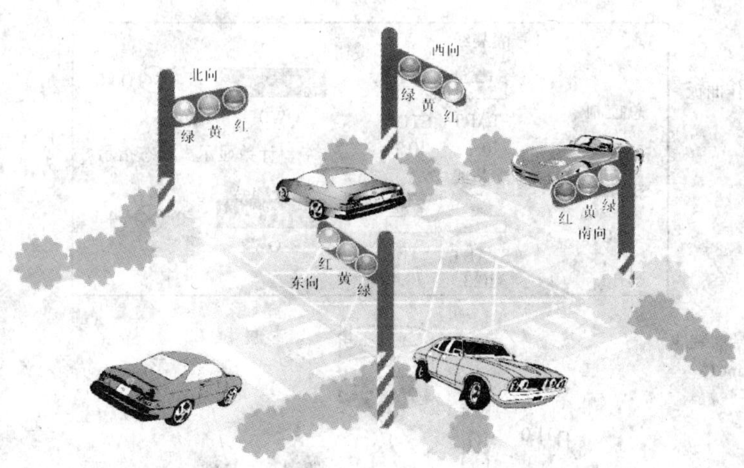

图 5.27　题 4 图

表 5.7　题 4 表

南北方向	信号	SN_G 亮	SN_G 闪	SN_Y 亮	SN_R 亮		
	时间	45 s	3 s	2 s	30 s		
东西方向	信号	BN_R 亮			BN_G 亮	BN_G 闪	BN_Y 亮
	时间	50 s			25 s	3 s	2 s

5. 饮料灌装线控制系统设计。系统中有两条饮料灌装线和一个操作员面板，系统结构如图 5.28 所示。具体控制要求如下，请编写控制程序。

(1) 每条灌装线上均有一个电机驱动传送带，上面安装两个光电传感器检测瓶子的位置，传送带中部上方有一个电磁阀控制的灌装漏斗，完成对饮料瓶灌装。

(2) 当按下启动按钮后，传送带开始运行；当传送带中部的光电传感器检测到瓶子经过时，传送带停止，灌装漏斗打开，开始灌装；1 号线灌装时间为 3 s(小瓶)，2 号线灌装时间为5 s (大瓶)；灌装完毕后，传送带继续运行，由位于传送带末端传感器检测完成灌装的瓶子数量。

(3) 控制面板部分：4 个按钮分别控制每条灌装线的启动和停止；一个总控制按钮可同时停止两条生产线；当灌装时，相应的状态指示灯点亮；另外 2 个四位数码管显示器显示当前每条灌装线已完成灌装的数量。当按下总控制按钮持续 5 s 以上，则可将数码管显示器清零。

操作面板
总控制
STOP ALL
I0.0
1号灌装线
按钮
START
I0.1
STOP
I0.2
2号灌装线
START
I0.3
STOP
I0.4
QW0
计数显示
QW2
Q4.0
状态指示灯
Q4.1
1号灌装线
Line1
灌装漏斗Q4.2
瓶子传感器
I1.1
瓶子传感器
I1.0
传送带驱动电机
控制Q4.3
M
2号灌装线
Line2
灌装漏斗 Q4.4
瓶子传感器
I1.3
瓶子传感器
I1.2
传送带驱动电机
控制Q4.5
M

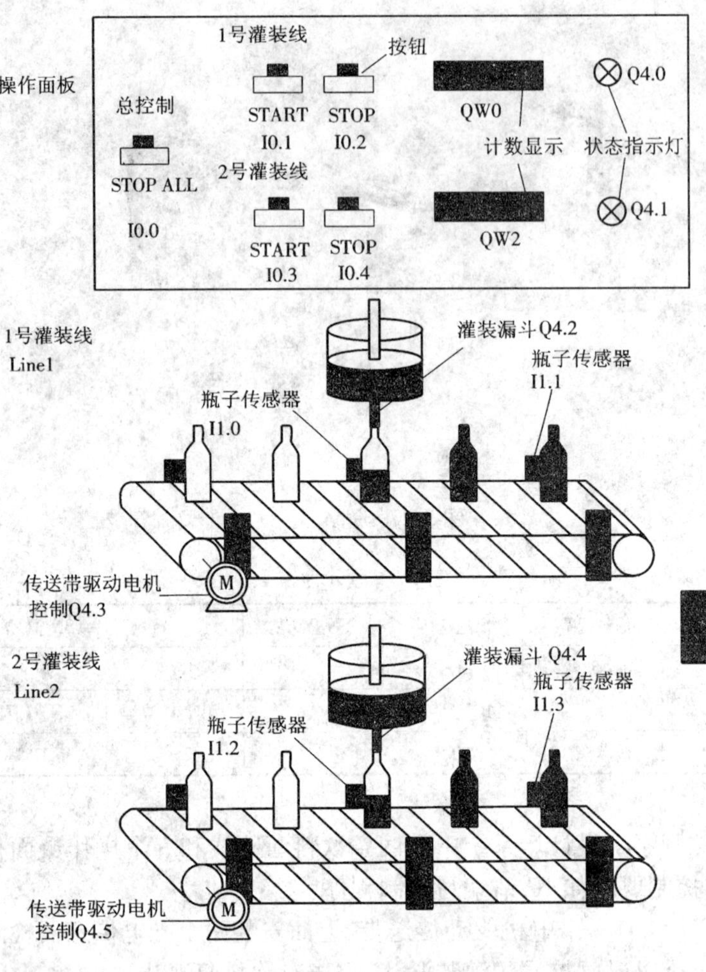

图 5.28　题 5 图

模块六　模拟量及 PID 控制

学习目标：

学习了本模块之后，你将会

☞ 熟悉常用的模拟量模块；

☞ 掌握模拟量模块的使用、接线和编程；

☞ 了解 PID 的基本概念和原理；

☞ 掌握温度控制系统的 PID 控制方法。

任务一　模拟量模块使用

一、任务提出

在生产过程中，存在大量连续变化的模拟量需要用 PLC 测量，比如压力、流量、温度、液位、电压、电流等，有些是非电量，有些是电量，要将这些信号送给 PLC，首先要通过变送器将传感器输出的这些信号(电量或非电量)转换成标准量程的直流电压信号或直流电流信号，例如 DC 0 ~ 10 V 或 DC 4 ~ 20 mA。

信号转换完成后，PLC 具体如何进行采集、转换和处理呢？当变频器采用外部控制时，如何通过模拟量模块控制变频器实现不同的速度呢？本任务介绍 S7 - 300 PLC 的模拟量模块的接线、编程的步骤和方法。

二、相关新知识

(一)模拟量值的表示方法

S7 - 300 PLC 用 16 位的二进制补码表示模拟量值。其中最高位为符号位 S，0 表示正值，1 表示负值，被测值的精度可以调整，可以设置为 9 ~ 16 位，取决于模拟量模块的性能和设定参数，对于精度小于 15 位的模拟量值，则转换值自动左移，最高位在第 16 位，左移后未使用的低位则填入 0，即“左对齐”。表 6.1 表示了 S7 - 300 PLC 模拟量值所有可能的精度，标有“×”的位就是不用的位，一般填入 0。这种处理方法使模拟值与模拟量的关系与组态的 A/D 转换的位数无关，便于对模拟值的后续处理。

表 6.1　模拟量值可能的精度

以位数表示的精度(带符号位)	单位		模拟值															
	十进制	十六进制	高字节								低字节							
8	128	80H	S	0	0	0	0	0	0	0	1	×	×	×	×	×	×	×
9	64	40H	S	0	0	0	0	0	0	0	0	1	×	×	×	×	×	×
10	32	20H	S	0	0	0	0	0	0	0	0	0	1	×	×	×	×	×
11	16	10H	S	0	0	0	0	0	0	0	0	0	0	1	×	×	×	×
12	8	8H	S	0	0	0	0	0	0	0	0	0	0	0	1	×	×	×
13	4	4H	S	0	0	0	0	0	0	0	0	0	0	0	0	1	×	×
14	2	2H	S	0	0	0	0	0	0	0	0	0	0	0	0	0	1	×
15	1	1H	S	0	0	0	0	0	0	0	0	0	0	0	0	0	0	1

表 6.2 和表 6.3 给出了电压测量范围内模拟值的表示,表 6.4 给出了电流测量范围内模拟值的表示。

表 6.2　双极性模拟量电压测量范围内模拟值的表示

系统字		电压测量范围							
十进制	十六进制	±10 V	±5 V	±2.5 V	±1 V	±500 mV	±250 mV	±80 mV	
32 767	7FFF	11.851 V	5.926 V	2.963 V	1.185 V	592.6 mV	296.3 mV	94.8 mV	上溢
32 512	7F00								
32 511	7EFF	11.759 V	5.879 V	2.940 V	1.176 V	587.9 mV	294.0 mV	94.1 mV	过冲范围
27 649	6C01								
27 648	6C00	10 V	5 V	2.5 V	1 V	500 mV	250 mV	80 mV	额定范围
20 736	5100	7.5 V	3.75 V	1.875 V	0.75 V	375 mV	187.5 mV	60 mV	
1	1	361.7 μV	180.8 μV	90.4 μV	36.17 μV	18.08 μV	9.04 μV	2.89 μV	
0	0	0 V	0 V	0 V	0 V	0 mV	0 mV	0 mV	
-1	FFFF								
-20 736	AF00	-7.5 V	-3.75 V	-1.875 V	-0.75 V	-375 mV	-187.5 mV	-60 mV	
-27 648	9400	-10 V	-5 V	-2.5 V	-1 V	-500 mV	-250 mV	-80 mV	
-27 649	93FF								下冲范围
-32 512	8100	-11.759 V	-5.879 V	-2.940 V	-1.176 V	-587.9 mV	-294.0 mV	-94.1 mV	
-32 513	80FF								下溢
-32 768	8000	-11.851 V	-5.926 V	-2.963 V	-1.185 V	-592.6 mV	-296.3 mV	-94.8 mV	

表 6.3　单极性模拟量电压测量范围内模拟值的表示

系统字		电压测量范围		
十进制	十六进制	1 ~ 5 V	0 ~ 10 V	
32 767	7FFF	5.741 V	11.852 V	上溢
32 512	7F00			
32 511	7EFF	5.704V	11.759V	过冲范围
27 649	6C01			
27 648	6C00	5 V	10 V	额定范围
20 736	5100	4 V	7.5 V	
1	1	1 V + 144.7 μV	0 + 361.7 μV	
0	0	1 V	0 V	
-1	FFFF		不支持负值	下冲范围
-4 864	ED00	0.296 V		
-4 865	ECFF			下溢
-32 768	8000			

表 6.4　电流测量范围内模拟值的表示

系统字		电流测量范围			
十进制	十六进制	±20 mA	±10 mA	±3.2 mA	
32 767	7FFF	23.7 mA	11.85 mA	3.79 mA	上溢
32 512	7F00				
32 511	7EFF	23.52 mA	11.76 mA	3.76 mA	过冲范围
27 649	6C01				
27 648	6C00	20 mA	10 mA	3.2 mA	额定范围
20 736	5100	15 mA	7.5 mA	2.4 mA	
1	1	723.4 nA	361.7 nA	115.7 nA	
0	0	0 mA	0 mA	0 mA	
-1	FFFF				
-20 736	AF00	-15 mA	-7.5 mA	-2.4 mA	
-27 648	9400	-20 mA	-10 mA	-3.2 mA	
-27 649	93FF				下冲范围
-32 512	8100	-23.52 mA	-11.76 mA	-3.76 mA	
-32 513	80FF				下溢
-32 768	8000	-23.7 mA	-11.85 mA	-3.79 mA	

(二)模拟量模块的组态

硬件组态时,通过 STEP 7 软件可以设定模块信号的类型和范围,如图 6.1 所示。双击机架上 6 号槽的模拟量模块,在弹出的对话框中,选择“输入”选项卡,8 个输入通道两两类型相同,可分别设置输入信号的类型和测量范围。

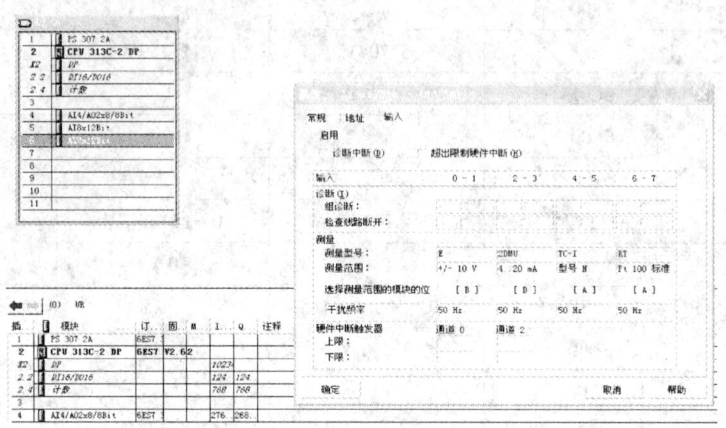

图 6.1　模拟量模块设置

三、任务解决方案

(一)硬件组态

关于模拟量的硬件组态步骤如下。

(1)添加 SM 334 模块:双击“SM - 300”,双击“AI/AO - 300”,双击“6ES7 334 - 0CE01 - 0AA0”,将其拖放到机架 RACK 的第 4 个 SLOT,如图 6.2 所示。

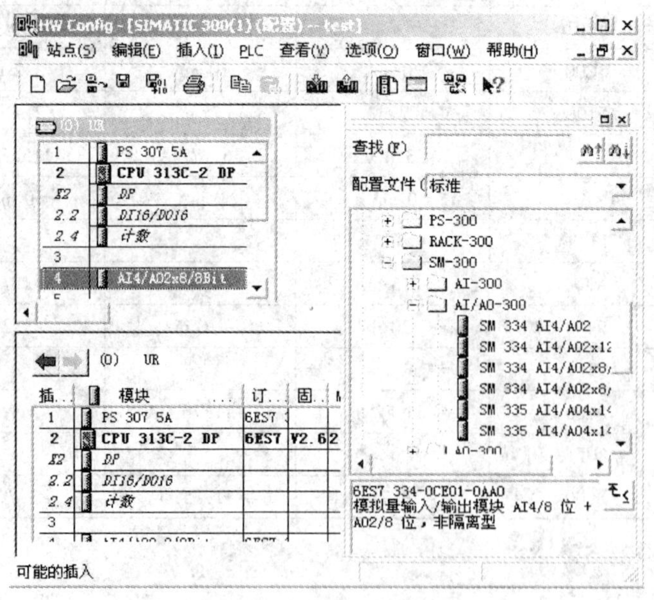

图 6.2　添加 SM 334 模块

(2)双击机架上的“AI4/AO2x8/8Bit”设备给 I/O 模块分配地址，无特殊情况用系统自动分配的地址即可，如图 6.3 所示。

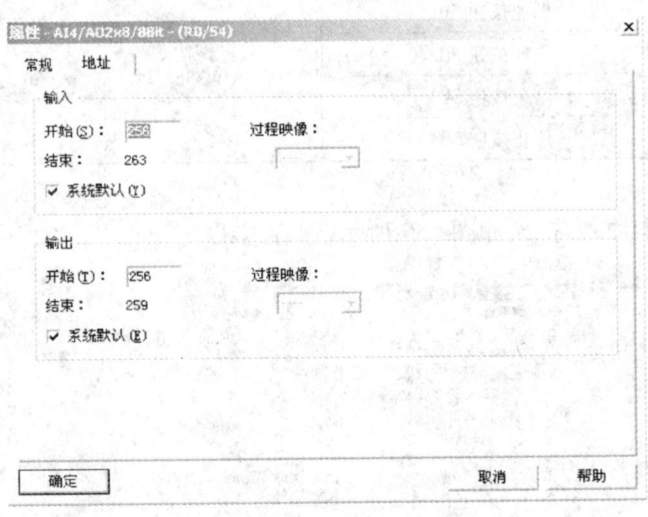

图 6.3　I/O 地址分配

(3)点击工具栏中的(Save and Compile)图标，存盘并编译硬件组态，完成硬件组态工作。

(4)下载硬件组态，点击(Download)图标，会弹出“选择目标模块”对话框，点击“确定”下载即可，如图 6.4 所示。

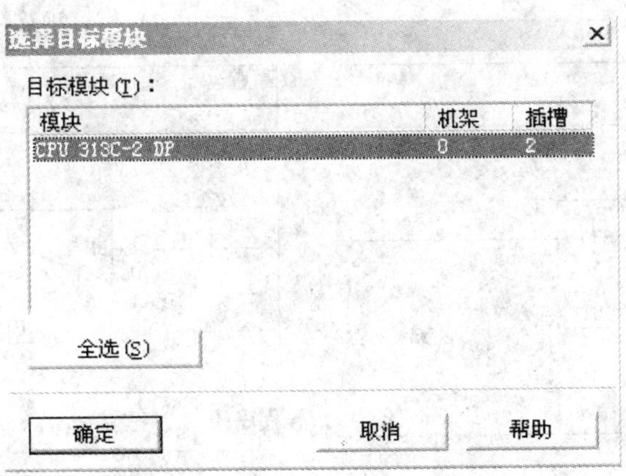

图 6.4　“选择目标模块”对话框

(二)程序设计

通过分析可以知道：系统的输入是低速、中速、高速 3 个按钮和停止按钮，输出则是电机运行转速控制输出。I/O 分配如表 6.5 所示。

表 6.5 I/O 分配

输入		输出	
I124.0	低速按钮 SB1	PQW256	电机运行转速控制输出
I124.1	中速按钮 SB2		
I124.2	高速按钮 SB3		
I124.3	停止按钮 SB4		

(1)编辑符号表加入符号,如图 6.5 所示,保存退出。

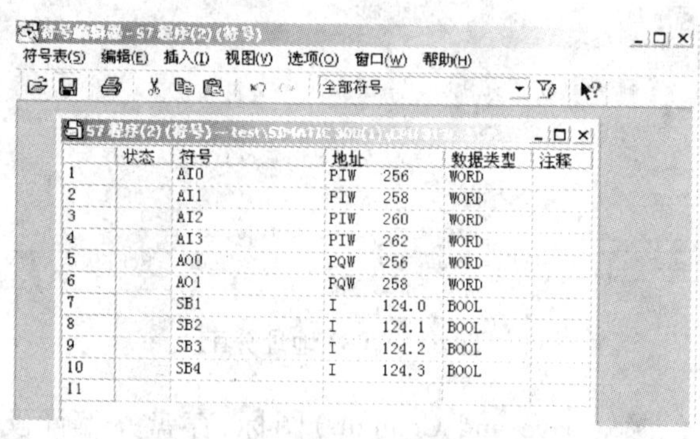

	状态	符号	地址		数据类型	注释
1		AI0	PIW	256	WORD	
2		AI1	PIW	258	WORD	
3		AI2	PIW	260	WORD	
4		AI3	PIW	262	WORD	
5		AO0	PQW	256	WORD	
6		AO1	PQW	258	WORD	
7		SB1	I	124.0	BOOL	
8		SB2	I	124.1	BOOL	
9		SB3	I	124.2	BOOL	
10		SB4	I	124.3	BOOL	
11						

图 6.5 符号表

(2)点击 S7 程序下的“块”右侧空白处会出现块 OB1,添加如图 6.6 所示程序段,保存后点击 (Download)即可。

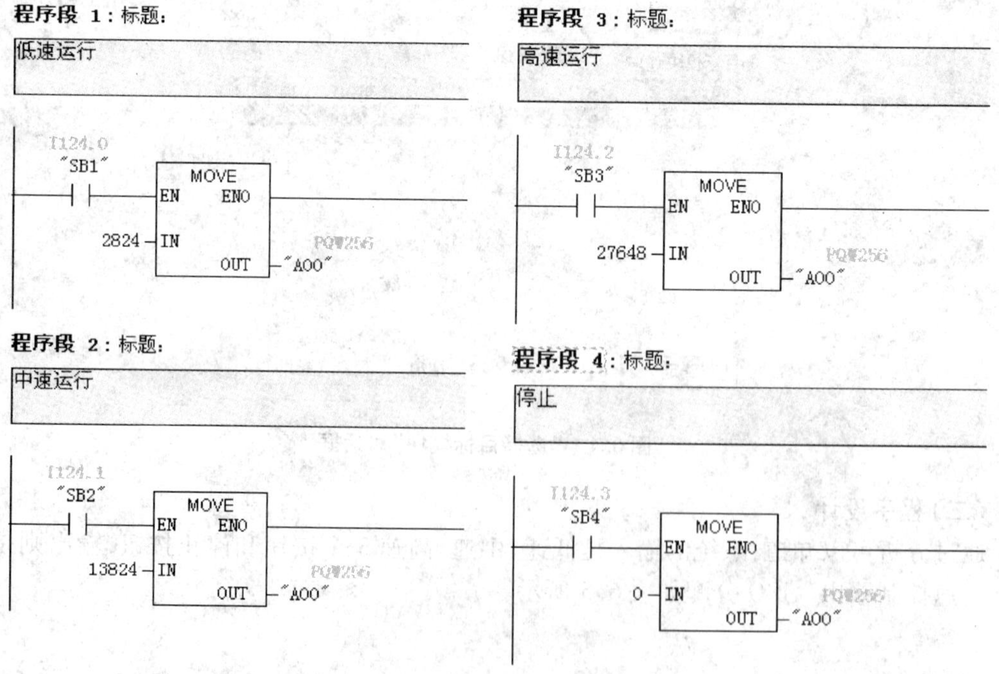

图 6.6 变频器速度控制程序

硬件接线时，要将第一个模拟量输出通道接到变频器的模拟量输入端，注意两端共地。比如采用西门子变频器 MM440，需设置相关参数，使其参数 P1000 = 2。明确变频器的输入信号方式是电压信号还是电流信号。如果是电压方式，则 PLC 写入数字量 0 ~ 27 648，则模拟量模块输出 0 ~ 10 V，而变频器对应的频率范围是 0 ~ 50 Hz；如果是电流方式，则 PLC 写入数字量 0 ~ 27 648，则模拟量模块输出 0 ~ 20 mA，对应变频器的频率范围是 0 ~ 50 Hz，如表 6.6 所示。

表 6.6　模拟量和变频器频率对应关系

模拟量模块输出	变频器
0 ~ 27 648→0 ~ 10 V	0 ~ 10 V→0 ~ 50 Hz
0 ~ 27 648→0 ~ 20 mA	0 ~ 20 mA→0 ~ 50 Hz

由表 6.6 可知，数字量越大，对应的模拟量电压越大，对应的输出频率越高。当数字量为 0 时，对应的电压为 0，输出频率变为 0。

任务二　温度 PID 控制

一、任务提出

温度控制系统主要由控制器、加热棒、温度检测电路、加热驱动电路、降温器件等组成。整个系统采用 S7 - 300 PLC 控制，其中加热棒、热电阻 Pt 100、降温器件共同封装到一起，降温器件为风扇，连同温度变送器安装到孔屏上。温度控制系统外观图如图 6.6 所示。

图 6.6　温度控制系统外观图

热电阻 Pt 100 和加热棒黏结在一起，如图 6.7 所示。加热棒为 24 V，6 W。当加热棒的温度发生变化时，热电阻 Pt 100 可以快速地检测，再经过温度变送器转换成电流信号。如图 6.8 所示，该温度变送器供电为 DC 24 V，信号类型为 Pt 100，转换范围为 0 ~ 100 ℃，输出电流为 4 ~ 20 mA。

调压模块采用 2 ~ 10 V 控制，如果是 4 ~ 20 mA 控制则增加 500 Ω 电阻。加热驱动电路

图 6.7　加热棒和热电阻 Pt 100

图 6.8　Pt 100 温度变送器

如图 6.9 所示。

图 6.9　加热驱动电路

通过 PLC 输出电压信号,经调压模块进行电压转换后,控制加热棒的温度,另外 PLC 通过温度传感器 Pt 100 对加热棒温度进行检测。当外界温度发生变化时,如开启风扇,改变散热功率,使得加热棒的温度降低,为保持恒定的温度,要采用什么方法,如何调整才能实现温度的恒定呢?

二、相关新知识

(一)认识 PID

在工程实际中,应用最为广泛的调节器控制规律为比例、积分、微分控制,简称 PID 控制,又称 PID 调节。PID 控制器问世至今已有近 70 年历史,它以其结构简单、稳定性好、工作可靠、调整方便而成为工业控制的主要技术之一,目前工业控制中 90% 以上控制器采用 PID 控制。实际中也有 PI 和 PD 控制。

1. 比例(P)控制

比例控制是一种最简单的控制方式。其控制器的输出与输入误差信号成比例关系。但是,当仅有比例控制时系统输出会存在稳态误差(Steady-state Error)。

2. 积分(I)控制

在积分控制中,控制器的输出与输入误差信号的积分成正比关系。对一个自动控制系统,如果在进入稳态后存在稳态误差,则称这个控制系统是有稳态误差的或简称有差系统(System with Steady-state Error)。为了消除稳态误差,在控制器中必须引入"积分项"。积分项对误差的消除取决于时间的积分,随着时间的增加,积分项会增大。这样,即便误差很小,积分项也会随着时间的增加而加大,它推动控制器的输出增大使稳态误差进一步减小,直到等于零。因此,比例 + 积分(PI)控制器,可以使系统在进入稳态后无稳态误差。

3. 微分(D)控制

在微分控制中,控制器的输出与输入误差信号的微分(即误差的变化率)成正比关系。自动控制系统在克服误差的调节过程中可能会出现振荡甚至失稳,其原因是由于存在有较大惯性组件(环节)或有滞后组件,具有抑制误差的作用,其变化总是落后于误差的变化。解决的办法是使抑制误差的作用变化"超前",即在误差接近零时,抑制误差的作用就应该是零。这就是说,在控制器中仅引入"比例"项往往是不够的,比例项的作用仅是放大误差的幅值,而目前需要增加的是"微分项",它能预测误差变化的趋势。这样,具有比例 + 微分的控制器,就能够提前使抑制误差的控制作用等于零,甚至为负值,从而避免了被控量的严重超调。所以对有较大惯性或滞后的被控对象,比例 + 微分(PD)控制器能改善系统在调节过程中的动态特性。

PID 控制器参数整定是指在控制器形式已经确定的情况下(P, PI 或 PID),针对一定的控制对象调整控制器参数(K_P , T_I , T_D),从而达到控制要求。

综观各种 PID 参数整定方法,大致可分为四大类:第一类是基于过程参数辨识的整定方法,即参数自适应 PID 控制器整定方法;第二类是基于被控过程的某些特征参数的整定方法,又称非参数自适应 PID 控制器整定方法;第三类是基于最优 PID 控制器设计的参数整定方法;第四类是基于控制器本身偏差和偏差变化率的智能 PID 控制器参数整定方法。

第一种方法需要通过某种辨识算法获得对象数学模型,然后根据其模型参数进行 PID 控制器参数整定。此方法在得到对象精确数学模型后,可采用解析方法确定 PID 控制器参数,而且控制效果很好。但在工业系统中,对象工作过程一般比较复杂,通过辨识方法得到对象的精确数学模型,不仅过程烦琐,而且相当困难。由于这种方法在实际中的应用受到局限,因而不被人们青睐。

第二种方法是基于被控过程的某些特征参数的整定方法。其设计思路是对于那些难以通过辨识方法建立精确数学模型的复杂过程,通过实验方法测得其阶跃响应、频率响应等开环输出特性,从中找到反映对象特性的特征参数,然后根据其特征参数进行 PID 参数整定。这种方法在实际中被广为利用。

第三种方法是基于最优 PID 控制器设计的参数整定方法。在不同准则下,提出 PID 控制器最优整定的算法,Zhuang 和 Atherton 提出了最优准则的一般形式

$$J_n(\theta) = \int_0^\infty [t^n e(\theta,t)]^2 \mathrm{d}t \tag{6.1}$$

其中,$e(\theta,t)$ 为进入 PID 控制器的误差信号,而向量 θ 为 PID 控制器参数构成的集合;n 可取三种值 (0,1,2),它们分别对应于误差平方积分(ISE)准则、时间加权的误差平方积分(ISTE)准则与时间平方加权的误差平方积分(IST2E)准则。

第四种方法是基于控制器本身偏差及其变化率的智能 PID 控制器参数整定方法。它是在常规 PID 控制策略中融入智能控制,能模拟人脑的思维,根据专家和操作者的经验对 PID 参数进行在线自整定,即根据偏差和偏差变化率的大小,经过推理计算出 PID 参数 K_P,T_I,T_D 的取值,从而获得最佳控制策略。

PID 参数的整定过程可以是离线进行也可以是在线进行。离线整定过程是通过实验方法测出系统的特征参数,然后根据这些参数设计一个合适的 PID 控制器,最后再将此控制器应用到原系统的控制中。当系统的参数发生变化时,则要再重复这一过程。在线整定即自整定的基本思想,是系统中设置两种模态:测试模态和调节模态。测试模态在线测定系统特征参数,并算出 PID 参数;调节模态由 PID 控制器对系统动态性能进行调节,如果系统测试发生变化,则重新进入测试模态进行测试,测试完成后再回到调节模态进行控制。

(二)PID 控制算法

按偏差的比例、积分、微分进行的控制简称 PID 控制,它结构简单、参数调整方便,是控制理论中技术最成熟、应用广泛的一种控制技术,常规 PID 控制系统原理框图如图 6.10 所示。

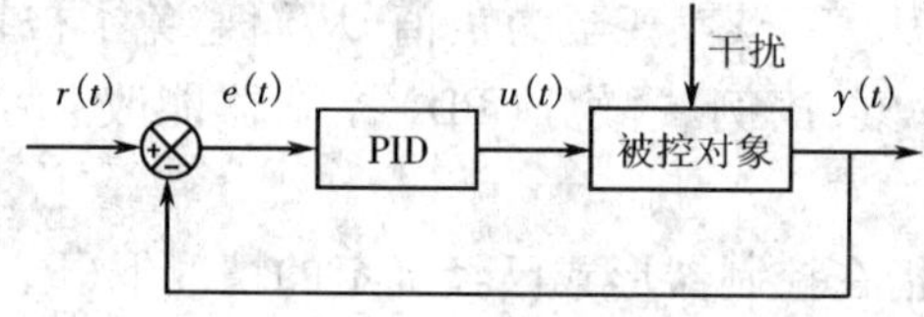

图 6.10 PID 控制系统原理框图

图中 $r(t)$、$y(t)$、$e(t)$ 和 $u(t)$ 分别为设定值、被控对象的输出值、调节器的输入偏差及调节器输出的控制量,其理想的 PID 公式为

$$u(t) = K_P[e(t) + \frac{1}{T_I}\int e(t)\mathrm{d}t + T_D\frac{\mathrm{d}e(t)}{\mathrm{d}t}] \tag{6.2}$$

其中,K_P 为比例系数,T_I 为积分时间系数,T_D 为微分时间系数。偏差信号

$$e(t) = r(t) - y(t) \tag{6.3}$$

简单来说,PID 控制器各校正环节的作用如下。

(1)比例环节及时成比例地反映控制系统的偏差信号 $e(t)$,偏差一旦产生,控制器立即

产生控制作用,以减小偏差。

(2)积分环节主要用于消除静差,提高系统的无差度。积分作用的强弱取决于积分时间常数 T_I , T_I 越大积分作用越弱,反之则越强。

(3)微分环节能反映偏差信号的变化趋势(变化速率),并能在偏差信号变得太大之前,在系统中引入一个有效的早期修正信号,从而加快系统的动作速度,减少调节时间。

常用的 PID 控制器主要有两种算法:位置式算法和增量式算法。下面分别讨论这两种算法及其实现。

1. 位置式 PID 控制算法

位置式 PID 控制算法结构图如图 6.11 所示。

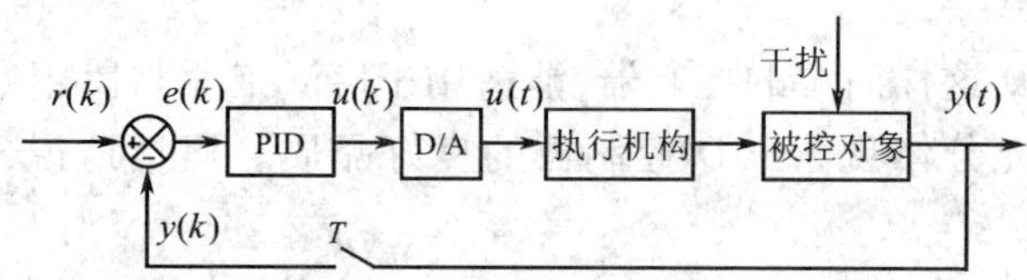

图 6.11 位置式 PID 控制算法结构图

因为计算机控制是一种采样离散控制,式 6.2 中的积分和微分项不能直接使用,需对其进行离散化处理,以一系列的采样时刻点 kT 替代连续时间 t ,以和的形式替代积分,以增量替代微分,作如下近似变换:

$$t \approx kT \tag{6.4}$$

$$\int_0^t e(t)\,\mathrm{d}t \approx T\sum_{j=0}^{k} e(jT) \tag{6.5}$$

$$\frac{\mathrm{d}e(t)}{\mathrm{d}t} \approx \frac{e(kT) - e(kT - T)}{T} = \frac{\Delta e(kT)}{T} \tag{6.6}$$

其中, T 为采样周期; k 为采样序号, $k = 0,1,2,\cdots$ 。可得离散化的 PID 表达式为

$$u(kT) = K_P\left\{e(kT) + \frac{T}{T_I}\sum_{j=0}^{k} e(jT) + \frac{T_D}{T}[e(kT) - e(kT - T)]\right\} \tag{6.7}$$

这种算法的输出值 $u(kT)$ 与阀的位置是一一对应的,称为位置式 PID 控制算法,每次输出与过去的所有状态有关,计算时需要对 $e(t)$ 进行累加,容易造成积分饱和,且计算机运算工作量大,在某些场合如计算机发生故障,或是传感器两次采样值相差较大时,会大幅度改变阀的位置,对安全生产带来严重后果,因而需要进一步改进,所以产生了增量式 PID 控制算法。

2. 增量式 PID 控制算法

增量式 PID 控制算法结构图如图 6.12 所示。

根据位置式 PID 控制算法,可推导出增量式 PID 控制算法如下:

$$\begin{aligned}\Delta u(kT) = u(kT) - u(kT - T) = K_P[e(kT) - e(kT - T)] + K_I e(kT) + \\ K_D[e(kT) - 2e(kT - T) + e(kT - 2T)]\end{aligned} \tag{6.8}$$

其中, $K_I = K_P\dfrac{T}{T_I}$ 为积分系数, $K_D = K_P\dfrac{T_D}{T}$ 为微分系数。式(6.8)为 PID 的增量算式,这样每

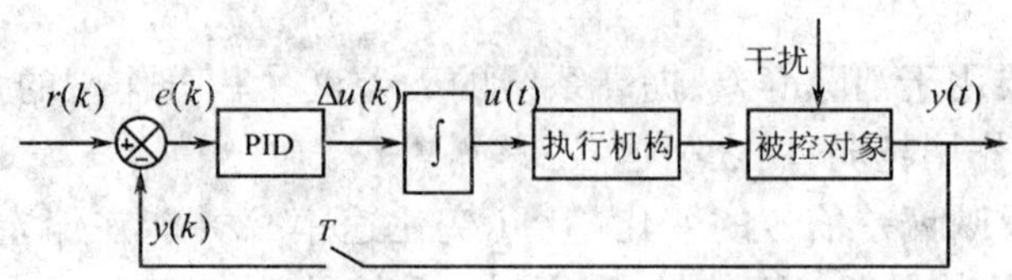

图 6.12　增量式 PID 控制算法结构图

次输出为控制增量 $\Delta u(kT)$，即每次阀位的变化只与前后 3 次测量值的偏差有关，故这种算法受机器故障影响范围小，必要时还可结合逻辑判断的方法去掉误动作，并且这种方法手动/自动切换冲击小，便于实现无扰动切换，此外该算式不需要累加，所以较容易通过加权处理来获得比较好的控制效果。

事实表明，对于 PID 这样简单的控制器，能适用于广泛工业与民用对象，并以高性价比在市场中占据重要地位，充分体现了 PID 控制器的良好品质。概括地说，PID 控制器具有以下两方面优点：

(1)结构简明、原理简单、便于实现，而且能满足大多数实际需要场合的控制性能；

(2)控制器适用于不同控制对象，算法在结构上具有较强的鲁棒性。

虽然 PID 控制器具有以上优点，但也存在一些局限性。如 PID 控制器比较适用于单输入单输出(SISO)最小相位系统，在处理大时滞、开环不稳定过程等难控对象时，需要多个 PID 控制器或与其他控制器组合才能得到较好效果。

三、任务解决方案

(一)系统工作原理分析

整个系统的工作原理是：当给系统设定某个温度，PLC 通过模拟量模块输出电压，经调压模块进行电压转换后给加热棒，加热棒进行加热，另外 PLC 通过温度传感器 Pt 100 的检测，从而使加热棒保持一个恒定的温度；当外界出现干扰，比如风扇启动后使其降温时，加热棒上的温度降低，此时需要 PLC 自动调整输出电压的大小，使加热棒上的温度能够快速、准确地恢复到原先的设定值。该系统框图如图 6.13 所示。

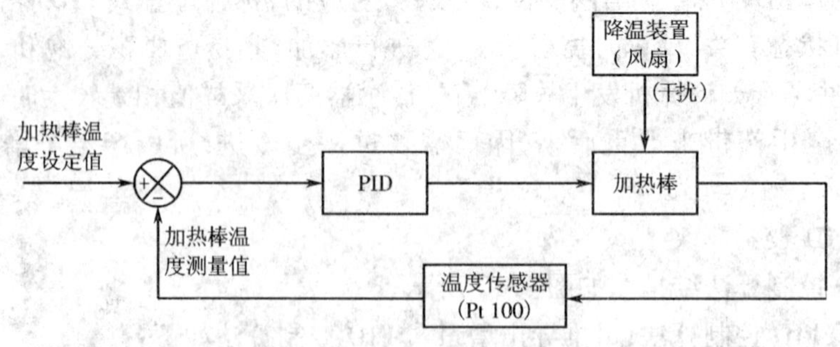

图 6.13　温度控制系统框图

(二)系统电气原理图

系统的电气原理图如图 6.14 所示。

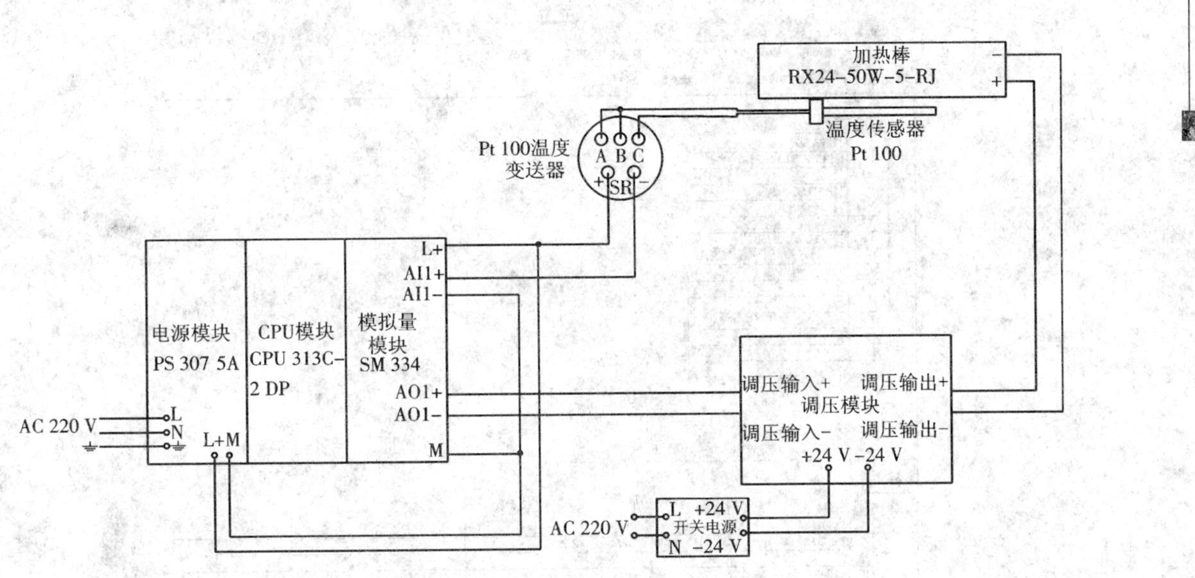

图 6.14　系统电气原理图

整个系统包括控制器 S7 - 300 PLC、电源模块 PS 307、模拟量模块 SM 334、调压模块、加热棒、温度传感器 Pt 100 及变送器等。由 Pt 100 采集加热棒的温度，将温度转换成电阻值，该电阻值经过温度变送器，转换成标准的电流信号进入模拟量模块。温度变送器的输出端“ + ”接电源 L + ，“ - ”为电流输出接模拟量模块电流输入 + ，即“AI1 + ”端，模拟量模块电流输入 - ，即“AI1 - ”端接电源 M。热电阻的接线方式采用三线制，可避免传输导线的电阻对测量的影响。最后，由 PLC 读取模拟量模块转换的数字量。加热棒需要 0 ~ 24 V 的电压控制加热，而模拟量模块的输出电压范围是 0 ~ 10 V，故采用调压模块将电压进行转换。该调压模块的供电电压为 24 V，采用独立的开关电源对其供电。

(三)硬件组态及软件编程

硬件组态的步骤在前面任务中已作介绍，硬件组态后的画面如图 6.15 所示。

硬件组态之后，可以确定模拟量输入的地址，本任务中采用第二路模拟量输入通道和第二路模拟量输出通道，两个通道的地址分别是 PIW278 和 PQW270。

确定硬件模块地址后，下面进行软件设计，包括下位机程序设计和上位机程序设计两部分。下位机采用 S7 - 300 PLC 控制，上位机采用组态软件 WinCC 进行参数的设置、曲线的观察和调整。

首先，对 S7 - 300 PLC 进行编程。在编程之前，要清楚温度对应关系，如表 6.7 所示。

进行 PID 运算前，需要把输入量转换成标准输入 0 ~ 100，图 6.16 中的程序将模拟量输入信号，转换成 0 ~ 100。将采集的温度从 PIW278 中读取，得到转换后的数字量并保存到 DB3. DBD72 单元中，然后进行数据格式转换，转换成浮点数，最后将该浮点数进行标度变换，转换成 0 ~ 100，存放到变量"PID0". PV_IN 中。

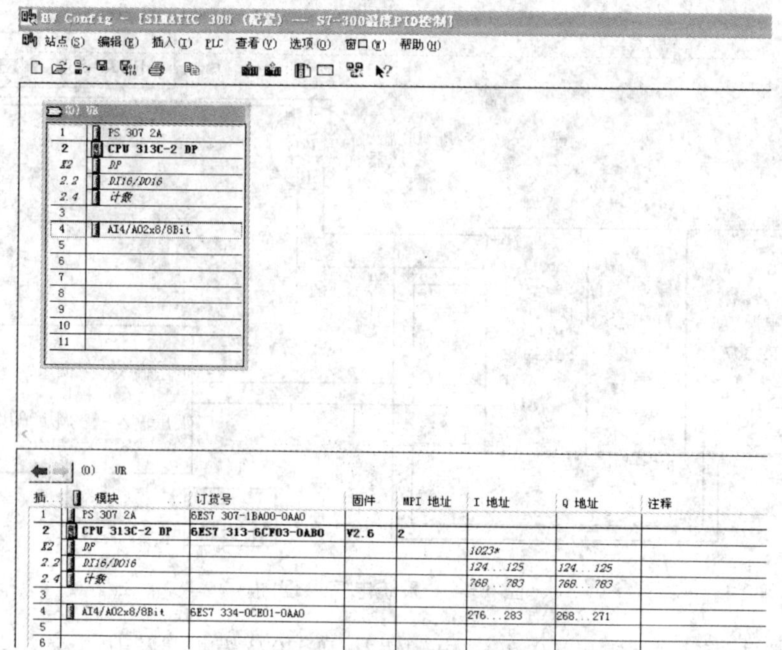

图 6.15　硬件组态画面

表 6.7　温度与转换数字关系

温度变送器	0 ~ 100 ℃→4 ~ 20 mA
模拟量模块 SM 334	0 ~ 20 mA →0 ~ 27 648
温度和数字量对应关系	0 ~ 100 ℃→4 ~ 20 mA→ 5 530 ~ 27 648

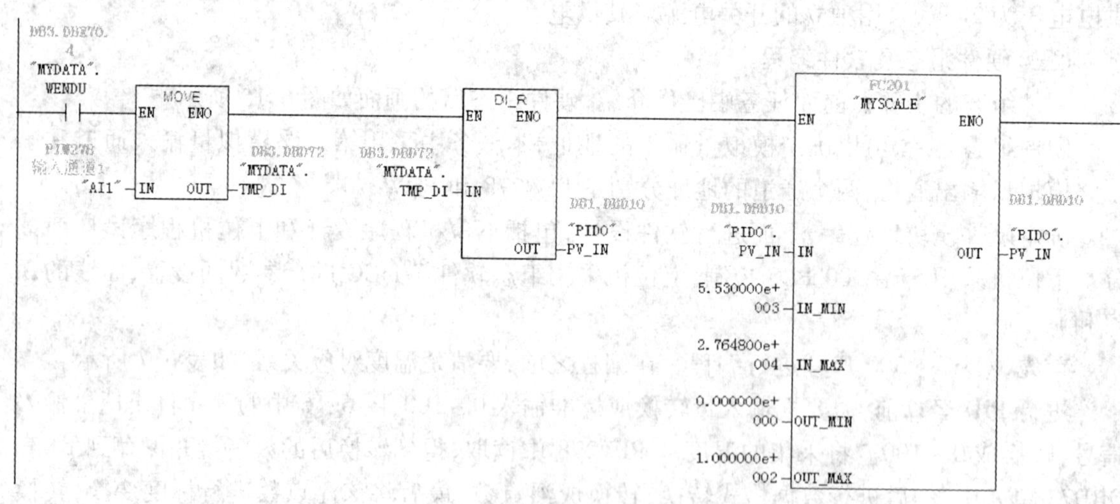

图 6.16　模拟量转换程序

PID 控制软件包里的功能块包括连续控制功能块 CONT_C、步进控制功能块 CONT_S 以及具有脉冲调制功能的 PULSEGEN。FB41 就是 CONT_C，提供连续模拟量控制。

控制模块利用其所提供的全部功能可以实现一个纯软件控制器。循环扫描计算过程所需的全部数据存储在分配给 FB 的数据区里，这使得无限次调用 FB 变成可能。功能块 PULSEGEN 一般用来连接 CONT_C，以使其可以产生提供给比例执行器的脉冲信号输出。

在 SIMATIC S7 PLC 上，功能块 FB41 用来控制具有连续输入输出的技术过程。在参数设置过程中，可以通过参数设置来激活或取消激活 PID 控制的某些子功能来设计适应过程需要的控制器。

除了给定点和过程变量输入的功能外，FB 自己就可以实现一个完整的具有连续操作值输出，并且具有手动改变操作值功能的 PID 控制器。

1. 给定点输入

给定点的值以浮点形式在 SP_INT 处输入。

2. 过程变量输入

过程变量可以从外设直接输入到 PV_PER 或以浮点 PV_IN 形式输入，功能 CRP_IN 将从外设来的值 PV_PER 转化成范围为 -100% ~100% 的浮点形式，根据下面的法则进行转换：

CRP_IN = PV_PER ×100/27 648

功能 PV_NORM 根据下面的法则标准化输出 CRP_IN：

PV_NORM 的输出 = （CRP_IN 的输出） × PV_FAC ＋ PV_OFF

其中，PV_FAC 和 PV_OFF 的默认值分别为 1 和 0。

3. 误差信号

误差是给定点和过程变量之间的差值。为了抑制由于控制量量化而引起的小扰动，可将死区功能 DEADBAND 运用在误差信号上。如果 DEADB_W ＝ 0，则死区就不起作用。

4. PID 算法

此处 PID 算法是位置式的，比例、积分和微分作用并联并且可以分别激活或取消激活。这样就可以分别构造 P、PI、PD 以及 PID 控制器，纯比例控制器或纯微分控制也是可以的。

5. 手动值

可以在手动和自动模式之间切换，在手动模式下，操作值可以由一个手动选择值来设定，积分器在内部设定为 LMN（操作值） - LMN_P（比例操作值） - DISV（扰动），微分器设定为 0，并且在内部进行同步，这意味着当转换到自动模式后，不会引起操作值的突然改变。

6. 操作值

利用 LMN LIMIT 功能可以将操作值限定在所选的值范围内，输入值引起的输出超过界限时会在信号位上表现出来，LMN_NORM 功能根据下述公式标准化 LMN LIMIT 的输出：

LMN =（LMN LIMIT 的输出）× LMN_FAC + LMN_OFF

其中，LMN_FAC 和 LMN_OFF 的默认值分别为 1 和 0。操作值也可以直接输出到外设，功能 CRP_OUT 将浮点形式的值 LMN 根据下面的公式转化成能输出到外设的值：

LMN_PER = LMN ×100/27 648

7. 模块图

FB41 功能逻辑图如图 6.17 所示。

8. 输入参数

输入参数如表 6.8 所示。

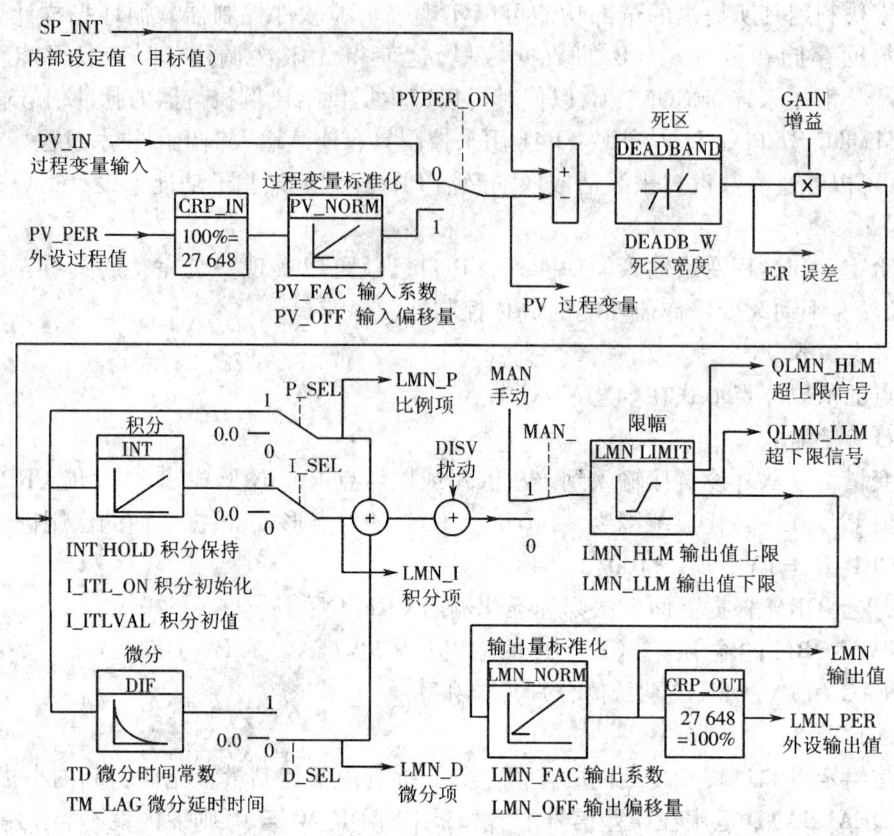

图 6.17 FB41 功能逻辑图

表 6.8 PID 控制输入参数

参数	数据类型	数据范围	默认值	描述
COM_RST	BOOL		FALSE	完全重启，当为真时执行重启程序
MAN_ON	BOOL		TRUE	手动操作，若为真，控制环中断，操作值手动设定
PVPER_ON	BOOL		FALSE	过程变量直接从外设输入
P_SEL	BOOL		TRUE	为真则比例控制起作用
I_SEL	BOOL		TRUE	为真则积分控制起作用
D_SEL	BOOL		FALSE	为真则微分控制起作用
INT_HOLD	BOOL		FALSE	为真则积分控制的输出不变
I_ITL_ON	BOOL		FALSE	为真，使积分器的输出为 I_ITLVAL
CYCLE	TIME	> =1 ms	T#1s	采样时间
SP_INT	REAL	-100% ~100% 或者物理量	0.0	内部的给定点的输入值
PV_IN	REAL	-100% ~100% 或者物理量	0.0	过程变量以浮点形式输入的值
PV_PER	WORD		W#16#0000	过程变量从外设直接输入的值
MAN	REAL	-100% ~100% 或者物理量	0.0	通过这个参数设定手动操作的值

续表

参数	数据类型	数据范围	默认值	描述
GAIN	REAL		2.0	比例控制增益
TI	TIME	> = CYCLE	T#20s	决定积分器的响应时间
TD	TIME	> = CYCLE	T#10s	微分时间
TM_LAG	TIME	> = CYCLE/2	T#2s	微分器的延迟时间
LMN_HLM	REAL		100.0	操作值的最高限
LMN_LLM	REAL		0.0	操作值的最低限
PV_FAC	REAL		1.0	过程变量因子,调整过程变量的范围
PV_OFF	REAL		0.0	过程变量偏置,调整过程变量的范围
LMN_FAC	REAL		1.0	操作值因子,调整操作值的范围
LMN_OFF	REAL		0.0	操作值偏置,调整操作值的范围
I_ITLVAL	REAL	-100% ~100%或者物理量	0.0	积分器的初始化值
DISV	REAL	-100% ~100%或者物理量	0.0	输入的扰动变量
DEADE_W	REAL	-100% ~100%或者物理量	0.0	死区宽度

对 S7 TIME 格式保存为 32 位有符号整数,毫秒值,其中 GAIN、TI、TD 值由临界比例法整定,利用该方法进行 PID 控制器参数的整定步骤如下:

(1)首先预选择一个足够短的采样周期让系统工作;

(2)仅加入比例控制环节,直到系统对输入的阶跃响应出现临界振荡,记下这时的比例放大系数和临界振荡周期;

(3)在一定的控制度下通过公式计算得到 PID 控制器的参数。

9. 输出参数

输出参数如表 6.9 所示。

表 6.9　PID 控制输出参数

参数	数据类型	默认值	描述
LMN	REAL	0.0	以浮点形式输出的有效操作值
LMN_PER	WORD	W#16#0000	直接输出到外设的操作值
QLMN_HLM	BOOL	FALSE	手动操作值达到最高限设置为真
QLMN_LLM	BOOL	FALSE	手动操作值达到最低限设置为真
LMN_P	REAL	0.0	比例控制产生的操作值
LMN_I	REAL	0.0	积分控制产生的操作值
LMN_D	REAL	0.0	微分控制产生的操作值
PV	REAL	0.0	输出的有效过程变量
ER	REAL	0.0	输出的误差信号

调用功能块 FB41,并建立对应的背景数据块 DB1。其中,如图 6.18 所示,在功能块 FB41 中,变量 PVPER_ON 为 0 时,直接采集浮点数过程变量,为 1 时,则采用内部的过程变量格式化,此处采用直接采集浮点数过程变量将该变量设定为 0;变量 P_SEL 为 1 时,打开比例(P)操作;变量 I_SEL 为 1 时,打开积分(I)操作;变量 D_SEL 为 1 时,打开微分(D)操作,变量

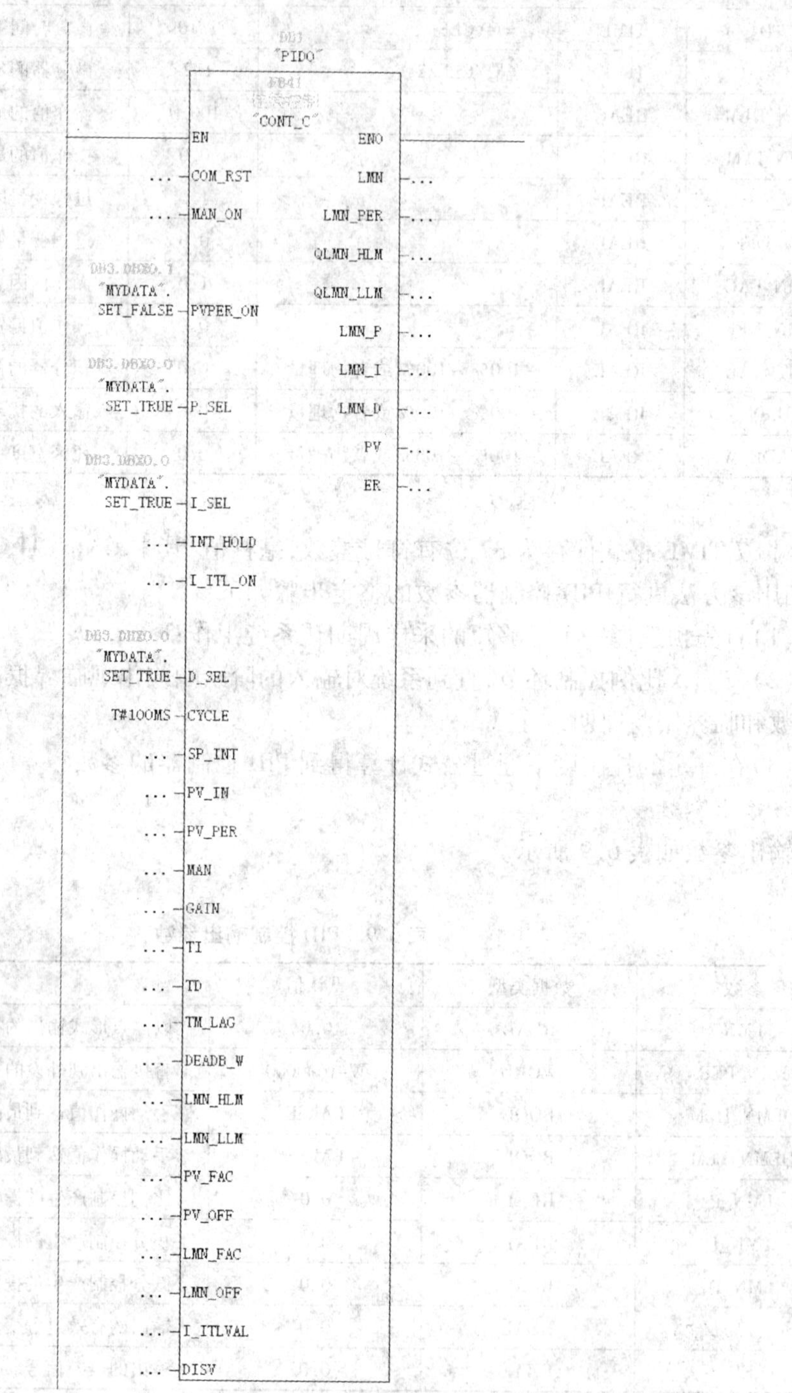

图 6.18　调用功能块 FB41

“CYCLE”为采样时间,即两次块调用的时间,设定为 100 ms。

图 6.19 所示为 FB41 的背景数据块 DB1。在该数据块中为功能块 FB41 的输入输出变量定义了存储空间,在该数据块中对相应的变量可直接修改数值,或通过数据块地址访问相应变量。在数据块中,第 14、15、16 行分别是比例、积分、微分参数,可以在“实际值”格写入合适的参数,点击上面的 6o' 图标,写入 PLC,进行修改调试。第 27 行“LMN”为浮点数格式的控制器输出值,输出值的范围为 0 ~ 100。如果要送给模拟量输出模块的 D/A 转换器,则需要进行格式转换,如图 6.20 所示。

	地址	声明	名称	类型	初始值	实际值	备注
1	0.0	in	COM_RST	BOOL	FALSE	FALSE	complete restart
2	0.1	in	MAN_ON	BOOL	TRUE	TRUE	manual value on
3	0.2	in	PVPER_ON	BOOL	FALSE	FALSE	process variable peripherie on
4	0.3	in	P_SEL	BOOL	TRUE	TRUE	proportional action on
5	0.4	in	I_SEL	BOOL	TRUE	TRUE	integral action on
6	0.5	in	INT_HOLD	BOOL	FALSE	FALSE	integral action hold
7	0.6	in	I_ITL_ON	BOOL	FALSE	FALSE	initialization of the integral action
8	0.7	in	D_SEL	BOOL	FALSE	FALSE	derivative action on
9	2.0	in	CYCLE	TIME	T#1S	T#1S	sample time
10	6.0	in	SP_INT	REAL	0.000000e+000	0.000000e+000	internal setpoint
11	10.0	in	PV_IN	REAL	0.000000e+000	0.000000e+000	process variable in
12	14.0	in	PV_PER	WORD	W#16#0	W#16#0	process variable peripherie
13	16.0	in	MAN	REAL	0.000000e+000	0.000000e+000	manual value
14	20.0	in	GAIN	REAL	2.000000e+000	2.000000e+000	proportional gain
15	24.0	in	TI	TIME	T#20S	T#20S	reset time
16	28.0	in	TD	TIME	T#10S	T#10S	derivative time
17	32.0	in	TM_LAG	TIME	T#2S	T#2S	time lag of the derivative action
18	36.0	in	DEADB_W	REAL	0.000000e+000	0.000000e+000	dead band width
19	40.0	in	LMN_HLM	REAL	1.000000e+002	1.000000e+002	manipulated value high limit
20	44.0	in	LMN_LLM	REAL	0.000000e+000	0.000000e+000	manipulated value low limit
21	48.0	in	PV_FAC	REAL	1.000000e+000	1.000000e+000	process variable factor
22	52.0	in	PV_OFF	REAL	0.000000e+000	0.000000e+000	process variable offset
23	56.0	in	LMN_FAC	REAL	1.000000e+000	1.000000e+000	manipulated value factor
24	60.0	in	LMN_OFF	REAL	0.000000e+000	0.000000e+000	manipulated value offset
25	64.0	in	I_ITLVAL	REAL	0.000000e+000	0.000000e+000	initialization value of the integral action
26	68.0	in	DISV	REAL	0.000000e+000	0.000000e+000	disturbance variable
27	72.0	out	LMN	REAL	0.000000e+000	0.000000e+000	manipulated value
28	76.0	out	LMN_PER	WORD	W#16#0	W#16#0	manipulated value peripherie
29	78.0	out	QLMN_HLM	BOOL	FALSE	FALSE	high limit of manipulated value reached
30	78.1	out	QLMN_LLM	BOOL	FALSE	FALSE	low limit of manipulated value reached
31	80.0	out	LMN_P	REAL	0.000000e+000	0.000000e+000	proportionality component
32	84.0	out	LMN_I	REAL	0.000000e+000	0.000000e+000	integral component
33	88.0	out	LMN_D	REAL	0.000000e+000	0.000000e+000	derivative component
34	92.0	out	PV	REAL	0.000000e+000	0.000000e+000	process variable
35	96.0	out	ER	REAL	0.000000e+000	0.000000e+000	error signal
36	100.0	stat	sInvAlt	REAL	0.000000e+000	0.000000e+000	
37	104.0	stat	sIantei...	REAL	0.000000e+000	0.000000e+000	
38	108.0	stat	sRestInt	REAL	0.000000e+000	0.000000e+000	
39	112.0	stat	sRestDif	REAL	0.000000e+000	0.000000e+000	
40	116.0	stat	sRueck	REAL	0.000000e+000	0.000000e+000	
41	120.0	stat	sLmn	REAL	0.000000e+009	0.000000e+000	
42	124.0	stat	sbArwHLmOn	BOOL	FALSE	FALSE	
43	124.1	stat	sbArwLLmOn	BOOL	FALSE	FALSE	
44	124.2	stat	sbILimOn	BOOL	TRUE	TRUE	

图 6.19　FB41 的背景数据块 DB1

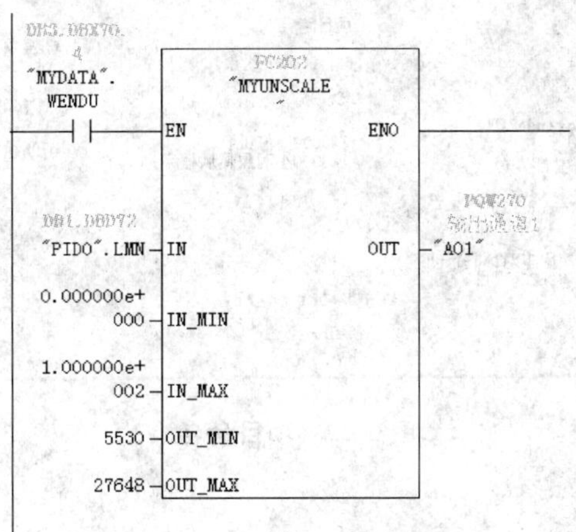

图 6.20　模拟量输出格式转换

图 6.20 中,将 PID 的输出值转换成数字量后送入模拟量输出模块。因为调压器采用 2 ~ 10 V 控制,所以对应关系是 0 ~ 100 对应 2 ~ 10 V,而对于模拟量输出模块来说,0 ~ 27 648 对应 0 ~ 10 V,所以 0 ~ 100 对应的数字量为 5 530 ~ 27 648。最后,通过功能 FC202 进行转换后,将相应的数字量送入到模拟量模块的输出端口地址中。

(四) 上位机 WinCC 组态

启动 WinCC,单击“开始”→“SIMATIC”→“WinCC”→“Windows Control Center V6.0”菜单项。

1. 新建项目

点击“文件”→“新建”,新建一个项目。如图 6.21 所示,选择“单用户项目”,点击“确定”。

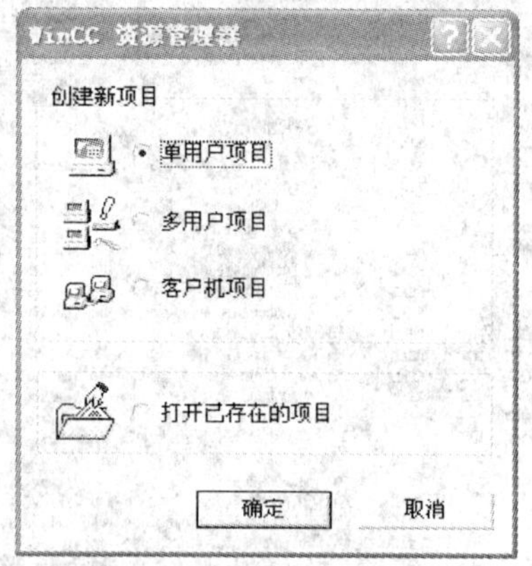

图 6.21　创建新项目类型

在弹出的对话框中为项目命名,并设置项目保存路径,如图 6.22 所示。点击“创建”后,则项目创建完成,出现如图 6.23 所示的画面。

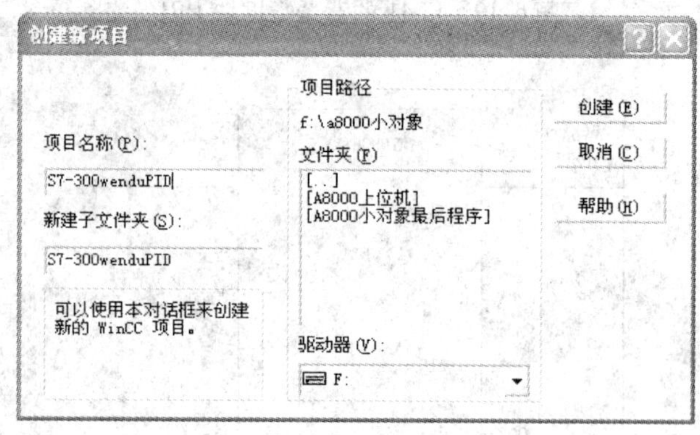

图 6.22　项目命名

2. 添加驱动程序

用鼠标右击“变量管理”,在弹出的下拉菜单中,选择“添加新的驱动程序”,如图 6.24 所示。

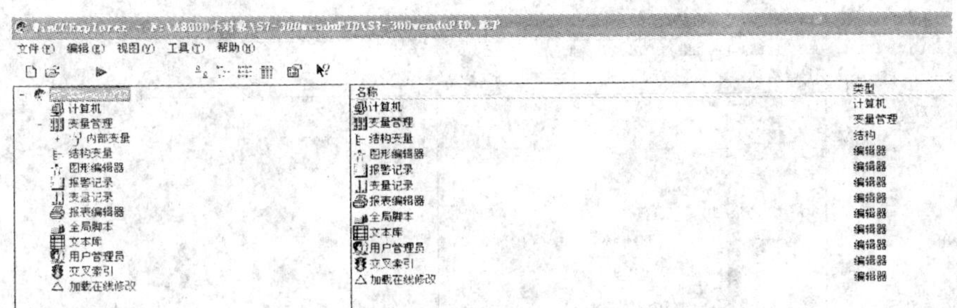

图 6.23　创建新项目

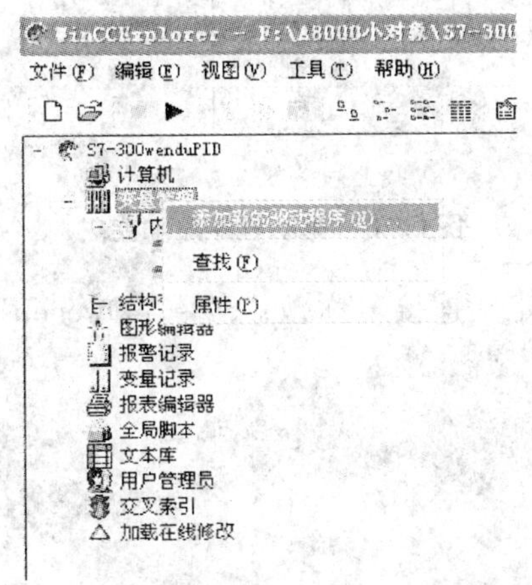

图 6.24　添加新的驱动程序

在图 6.25 中，选中“SIMATIC S7 Protocol Suite. chn”，点击打开。在“变量管理”的下面，点击添加的新驱动程序前面的“ + ”号，则可看到新添加的各种通信协议的驱动程序，包括以太网、Profibus、MPI 等，如图 6.26 所示。

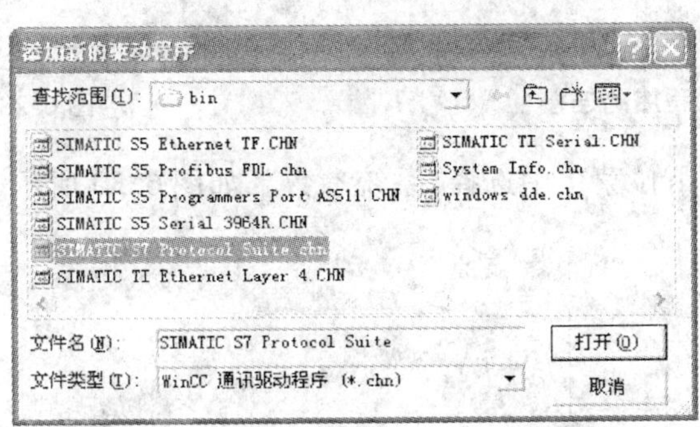

图 6.25　选择 S7 相关的驱动

3. 变量建立

选择“MPI”通信方式，在图 6.27 中，在“MPI”上点击右键，弹出下拉菜单，提示添加“新驱动程序的连接”。

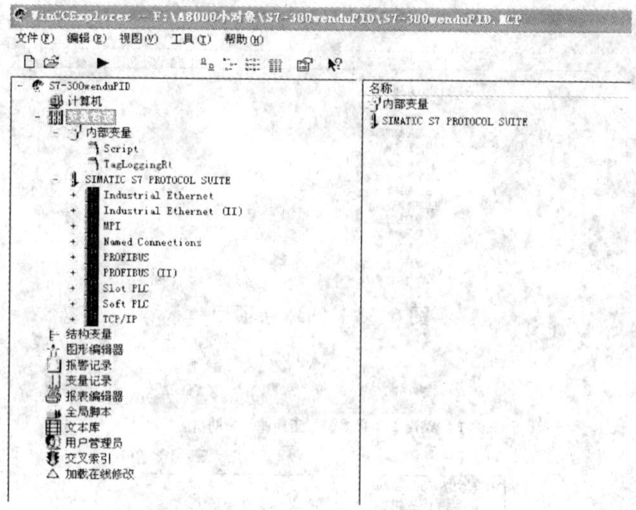

图 6.26　驱动程序添加完成

在图 6.28 中的“名字”处定义连接名称，如“S7 - 300wendu”，点击“确定”后，MPI 的通信连接建立完成，如图 6.29 所示。

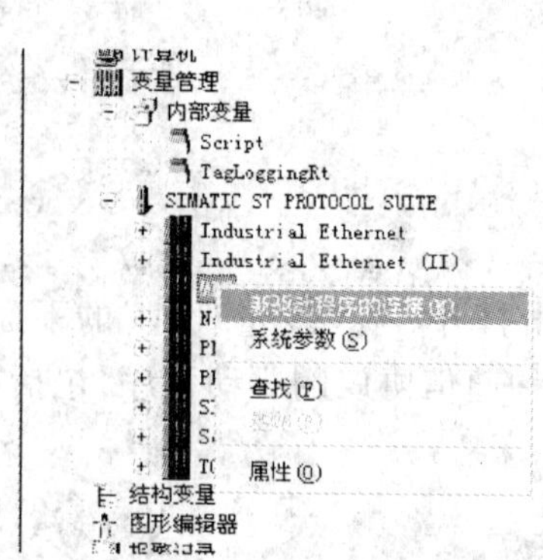

图 6.27　建立新驱动程序的连接

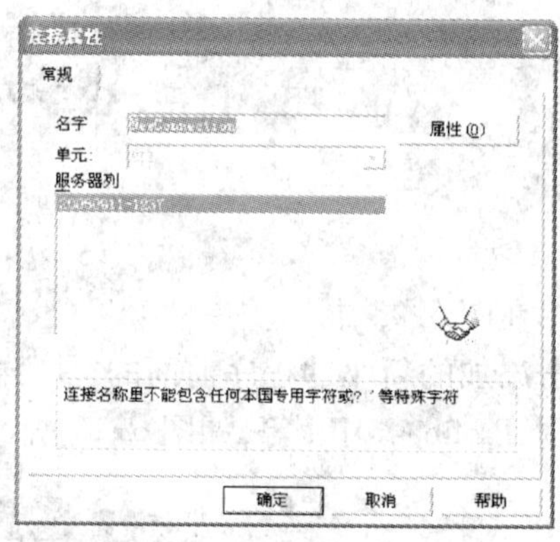

图 6.28　定义连接名称

另外，在“MPI”右键下拉菜单中选择“系统参数”，如图 6.30 所示。

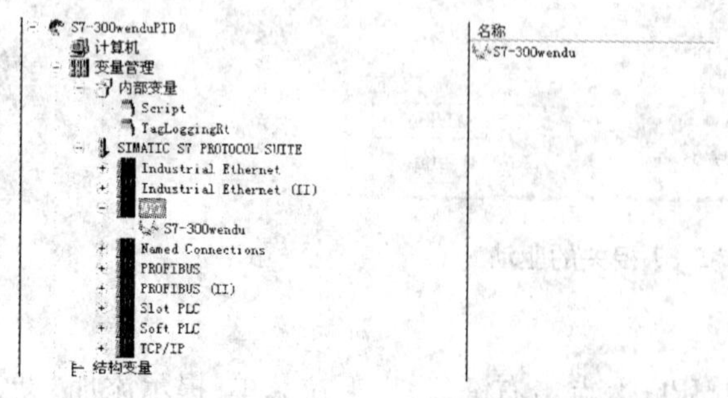

图 6.29　建立 MPI 通信连接

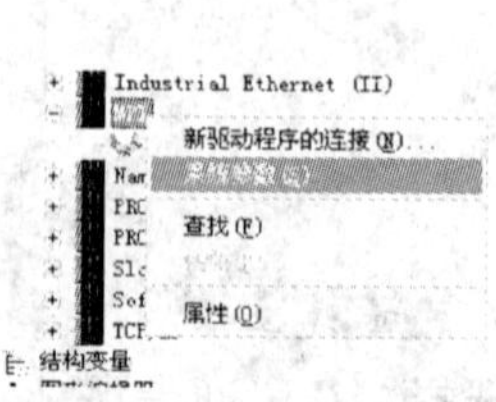

图 6.30　系统参数

在系统参数对话框中,选择“单元”选项,其中的“逻辑设备名称”为计算机与 PLC 的通信方式,如果采用 PC Adaper,则选择 PC Adaper(MPI)方式;如果采用通信卡 CP5611,则选择 CP5611(MPI)方式,如图 6.31 所示。

下面开始建立变量。在图 6.32 中,右键点击新建立的连接“S7 - 300wendu”,选择“新建变量”,弹出如图 6.33 所示的对话框。

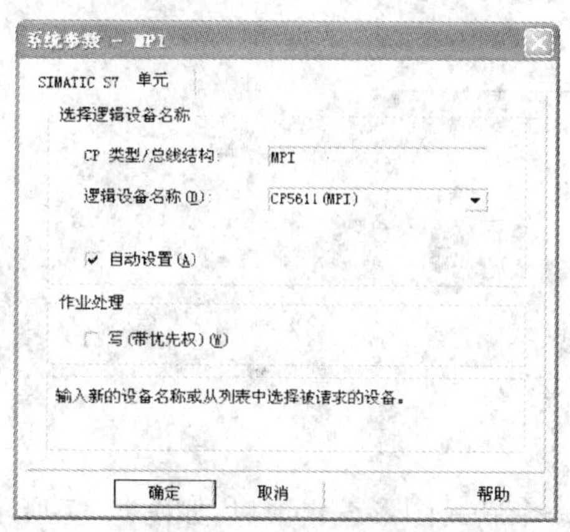

图 6.31　逻辑设备选择

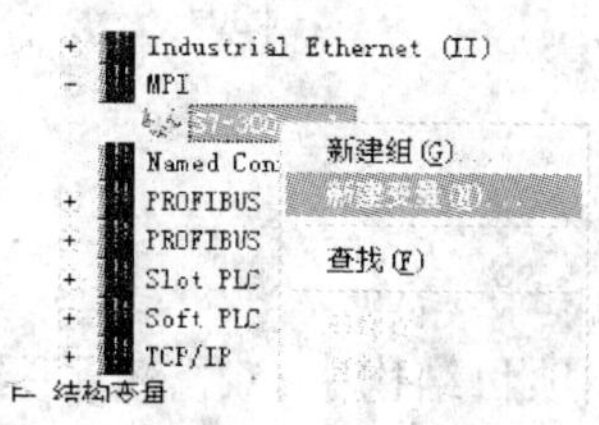

图 6.32　新建变量

在弹出的对话框中,对变量的属性进行设置,包括变量的名称、变量的数据类型等。如图 6.33 中定义一个二进制变量,变量的名称为“PID0_MAN_ON”。

在图 6.33 中点击“选择”按钮,则弹出“地址属性”对话框,如图 6.34 所示。定义该变量的地址要与 PLC 中的地址相对应,即为 FB41 的背景数据块 DB1 中的地址。

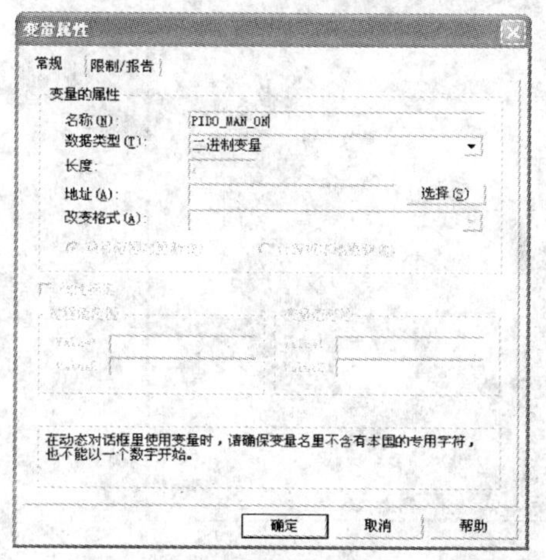

图 6.33　变量属性定义

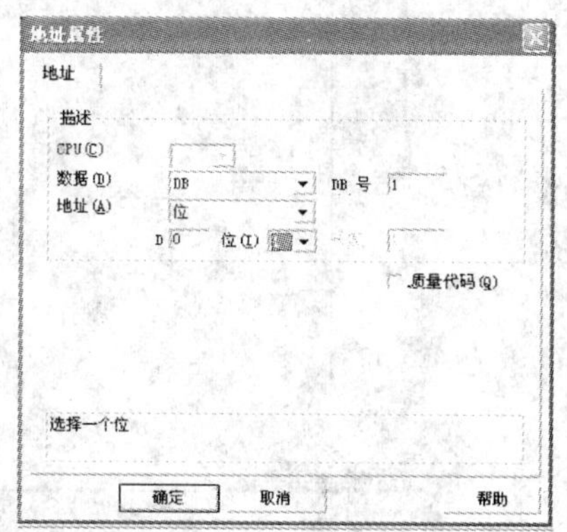

图 6.34　变量地址设置

定义变量后,该变量会自动生成到该连接下面,如图 6.35 所示。

按照此步骤,依次建立系统所需变量,建立完成后,如图 6.36 所示。

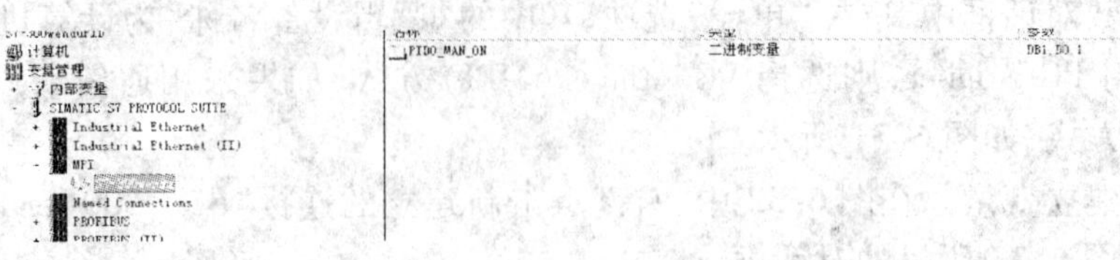

图 6.35　建立一个变量

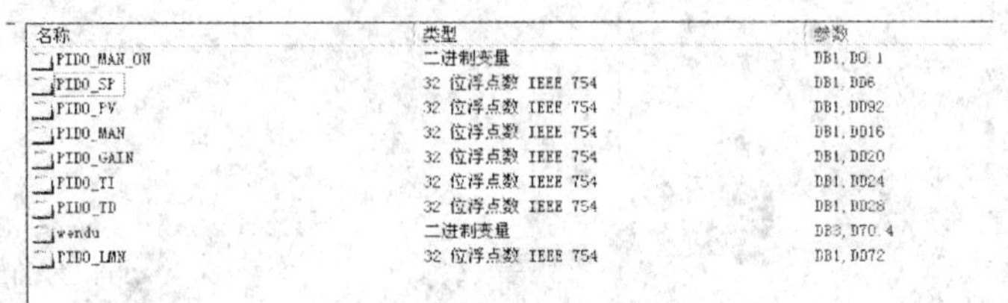

名称	类型	参数
PIDO_MAN_ON	二进制变量	DB1,D0.1
PIDO_SP	32 位浮点数 IEEE 754	DB1,DD8
PIDO_PV	32 位浮点数 IEEE 754	DB1,DD92
PIDO_MAN	32 位浮点数 IEEE 754	DB1,DD16
PIDO_GAIN	32 位浮点数 IEEE 754	DB1,DD20
PIDO_TI	32 位浮点数 IEEE 754	DB1,DD24
PIDO_TD	32 位浮点数 IEEE 754	DB1,DD28
wendu	二进制变量	DB3,D70.4
PIDO_LMN	32 位浮点数 IEEE 754	DB1,DD72

图 6.36　变量建立

4. 组态画面

在项目结构中，双击“图形编辑器”，则自动打开一个新的图形编辑窗口，如图 6.37 所示。

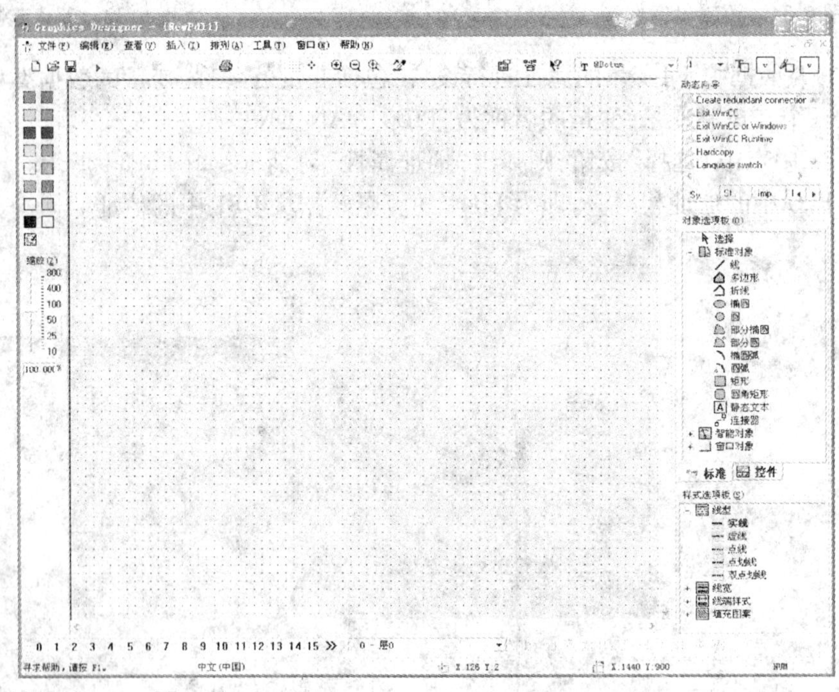

图 6.37　图形编辑器

第一步：绘制标题。

在右侧的“对象选项板”的“标准对象”项中选中“静态文本”，然后在编辑区拖动鼠标，如图 6.38 所示。

双击白色区域，输入“温度控制实验系统”，并修改字体类型和字号大小，修改后如图 6.39

所示。

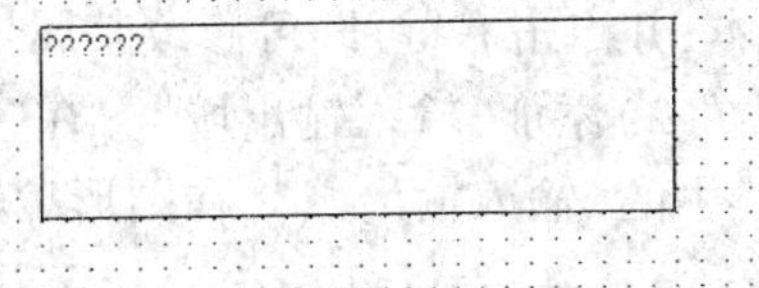

图 6.38　选择静态文本

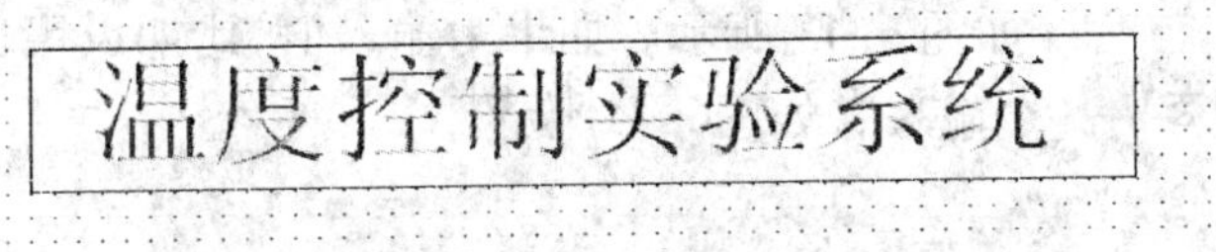

温度控制实验系统

图 6.39　编辑静态文本

右键点击该控件,在其属性对话框中,可以对边框颜色、字体颜色、填充颜色等进行相应的修改。

第二步:绘制控制原理图。

采用软件中自带的图片库,绘制整个系统的原理图。图片库可以通过菜单“查看”→“库”,进行查找。选择合适的图片,在合适的位置进行放置,放置完成后,用线连接,如图6.40所示。

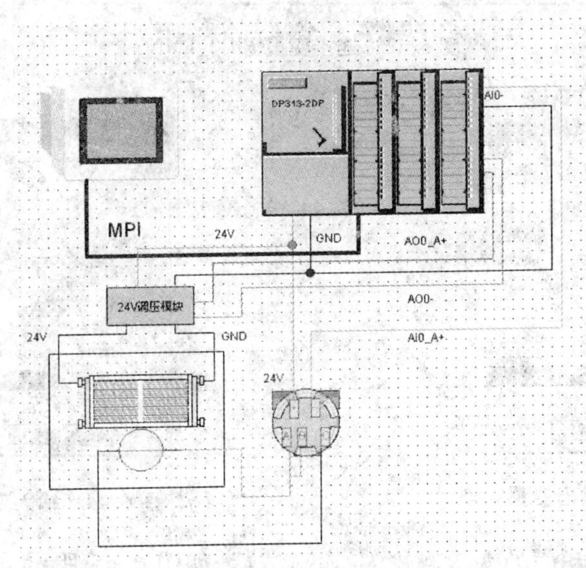

图 6.40　绘制原理图

第三步:设置输入输出域。

画面上需要显示当前温度值、控制器输出 LMN、设定值 SP、调节参数 P、调节参数 I 和调节参数 D 等。利用静态文本、按钮、输入输出域等即可完成组态。

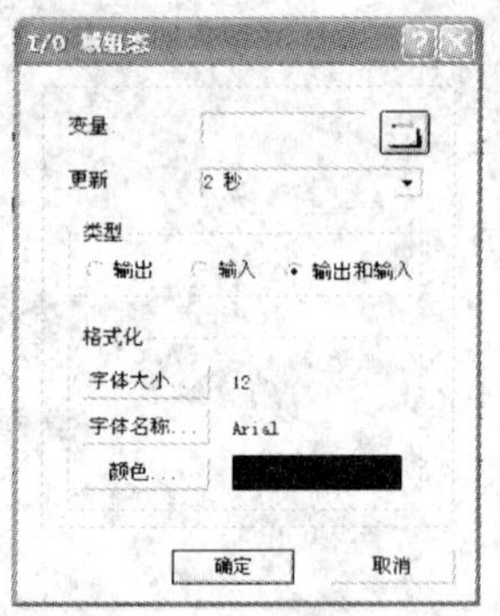

图 6.41　I/O 域组态

(1)选中右侧“对象选项板”中的“静态文本”,在编辑区进行拖放。在显示的白色方框中,填写相关的文字说明。选中该文本,并点击右键,即可修改其属性。这里不作详细介绍。

(2)添加“输入输出域”。在“对象选项板”中,选择“智能对象”中的“输入输出域”,在图形编辑区拖放,弹出如图 6.41 所示对话框。在该对话框中,点击 图标,将输入输出域连接相应的变量,如图 6.42 所示,比如连接控制器输出值 LMN,选中变量后,点击“确定”。“更新”选择“根据变化”,“类型”为“输出”,如图 6.43 所示。如果为输入值,比如设定值 SP,则“类型”选择“输入”,如图6.44所示。

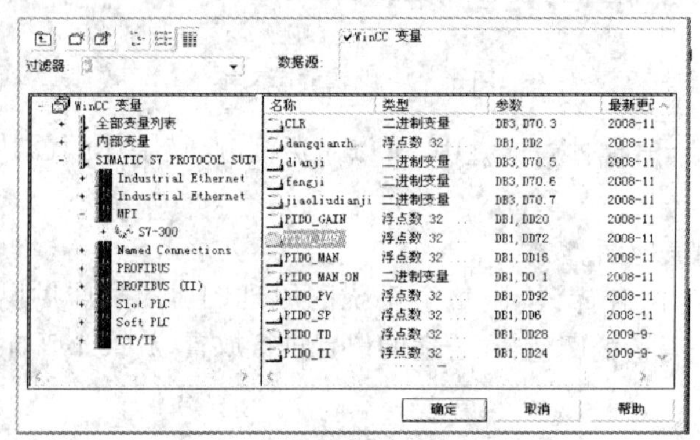

图 6.42　连接变量 PID0_LMN

图 6.43　输出变量类型

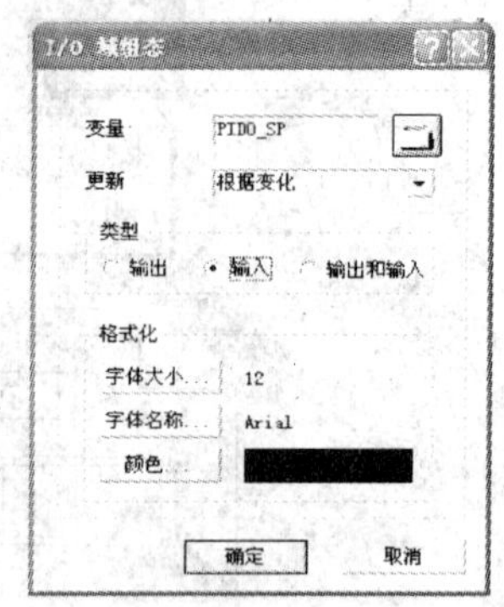

图 6.44　输入变量类型

将所有的变量添加相应的文本和输入/输出域后,如图 6.45 所示。输入/输出域与变量进行连接,右键点击输入/输出域,弹出如图 6.46 所示的对话框。选择“属性”选项,点击“输出/输入”。在右侧窗口中,找到“输出值”后面的 ,右键点击该图标,弹出如图 6.47 所示的下拉菜单。在下拉菜单中选择“变量”,选择相应的变量,如“PID0_PV”,动态连接完成后,如图 6.48 所示。

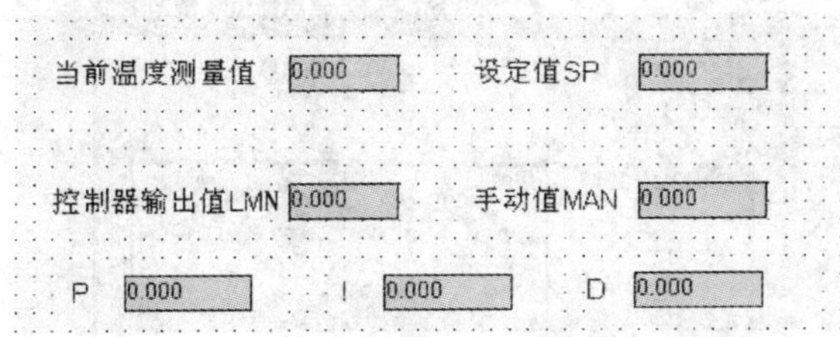

图 6.45　文本和输入输出域设置完成

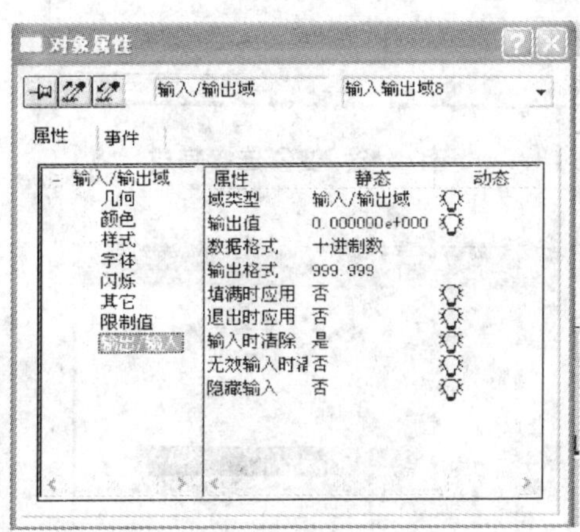

图 6.46　对象属性对话框

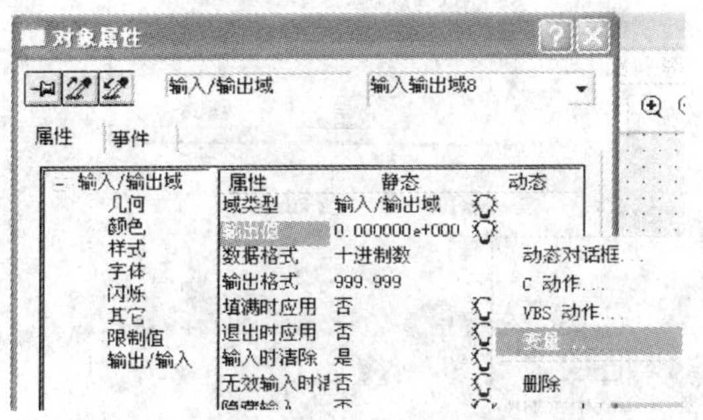

图 6.47　连接变量

第四步:组态按钮。

在“对象选项板”中选择“按钮”,设置手动、自动方式。选中“按钮”之后,在编辑区拖放后弹出对话框,如图 6.49 所示。在此对话框中可定义按钮名称、字体、颜色等功能。

右击按钮,点击“属性”,选择“事件”→“按钮”→“鼠标”,如图 6.50 所示。在右侧“按左键”后面的上,点击右键,弹出下拉菜单,如图 6.51 所示。

在图 6.51 中,点击“直接连接”,弹出如图 6.52 所示对话框,将常数 1 赋值给变量“PID0_MAN_ON”。点击“确定”按钮,变量连接完成,变为蓝色,如图 6.53 所示。

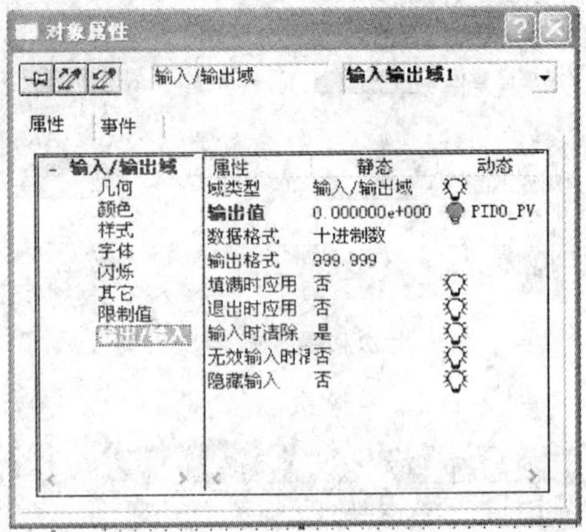

图 6.48　变量连接完成

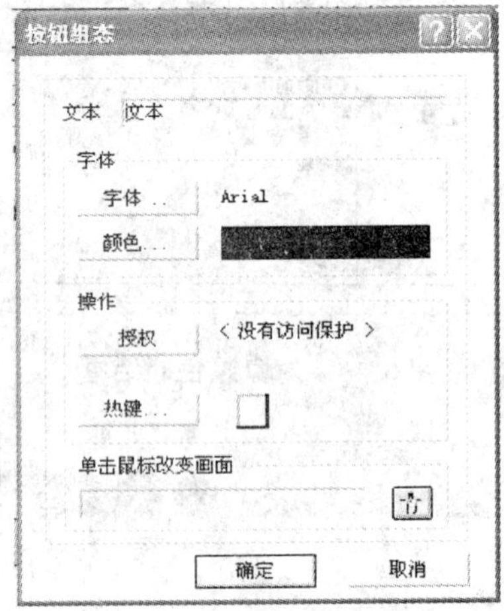

图 6.49　按钮组态

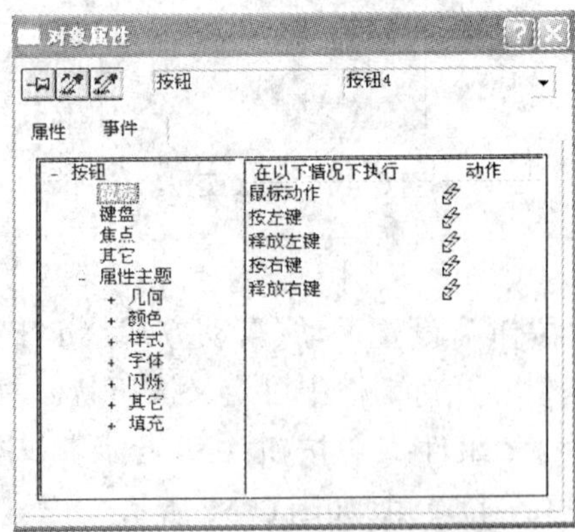

图 6.50　按钮属性设置

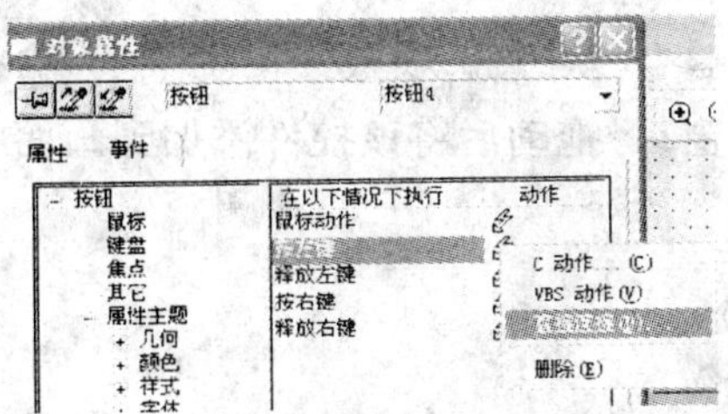

图 6.51　连接变量

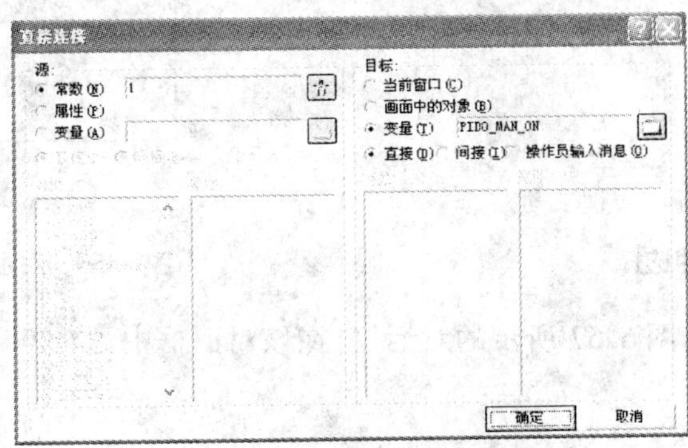

图 6.52　变量赋值

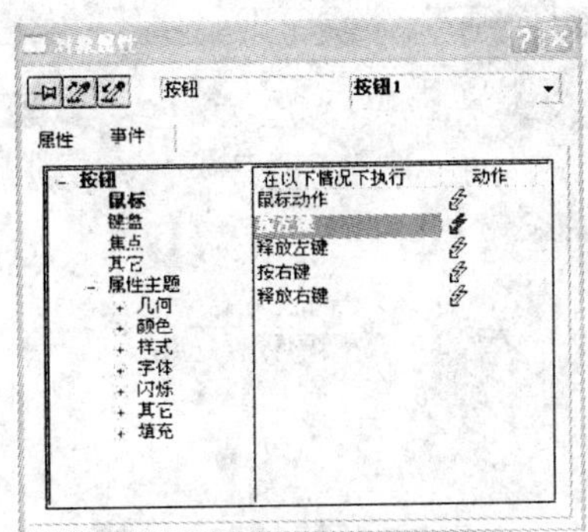

图 6.53　变量连接完成

手动和自动按钮完成配置后如图 6.54 所示。按照上面的方法，分别将“1”和“0”写入变量“PID0_MAN_ON”。

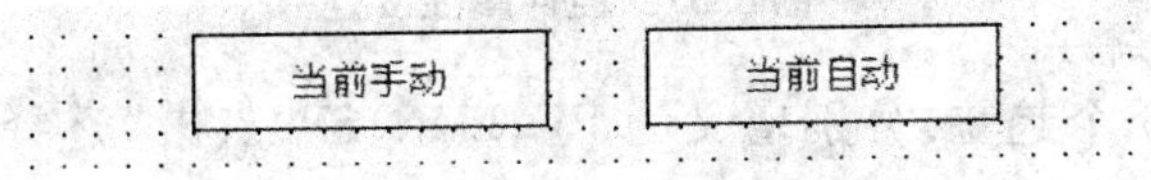

图 6.54　按钮组态完成

第五步:添加在线趋势控件。

在图形编辑窗口的右侧,选择“对象选项板”→“控件”→“WinCC Online Trend Control”,如图 6.55 所示。在图形编辑窗口,拖动后将该控件添加到画面中,如图 6.56 所示。

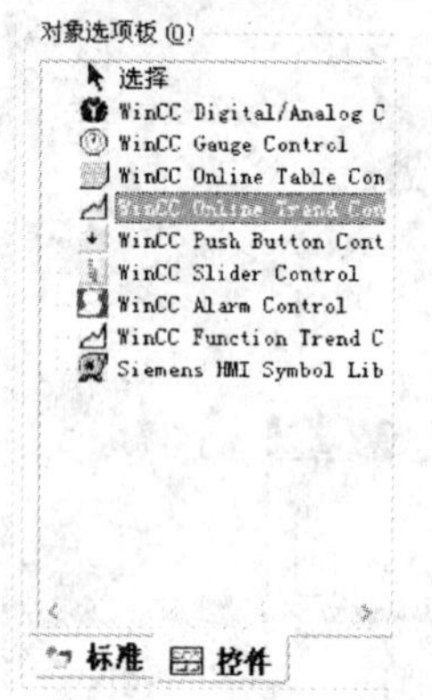

图 6.55　控件选择

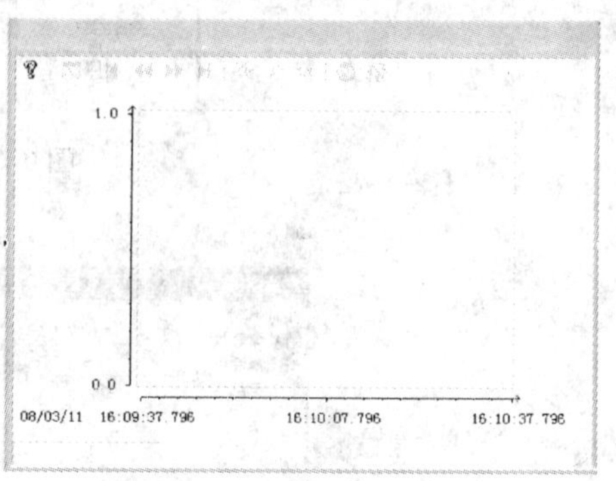

图 6.56　添加趋势控件

双击该控件,弹出如图 6.57 所示的对话框,在该对话框中可对 WinCC 在线趋势控件的属性进行设置。

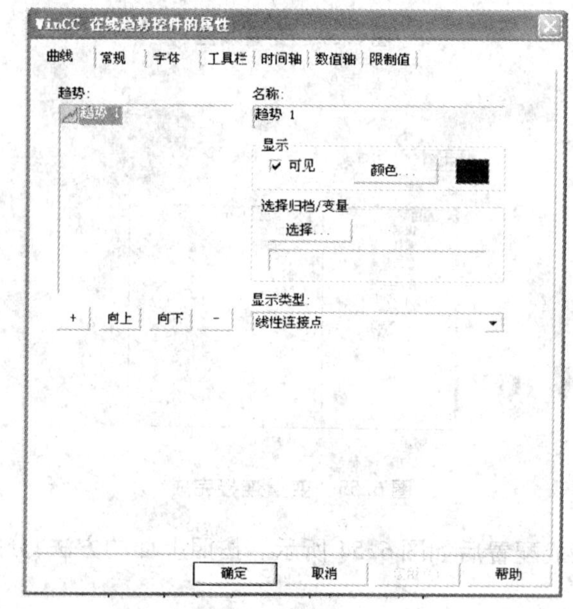

图 6.57　控件属性设置

在该控件中设置 3 个趋势,分别定义为 PV、LMN、SP,点击“选择”按钮,分别对应变量 PID0_PV、PID0_LMN、PID0_SP,如图 6.58 至图 6.60 所示。

常规选项卡设置如图 6.61 所示。

时间轴的设置如图 6.62 所示。

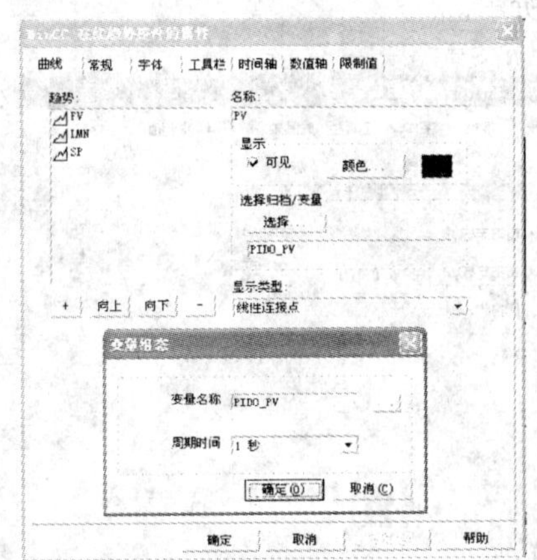

图 6.58　定义变量 PV 趋势

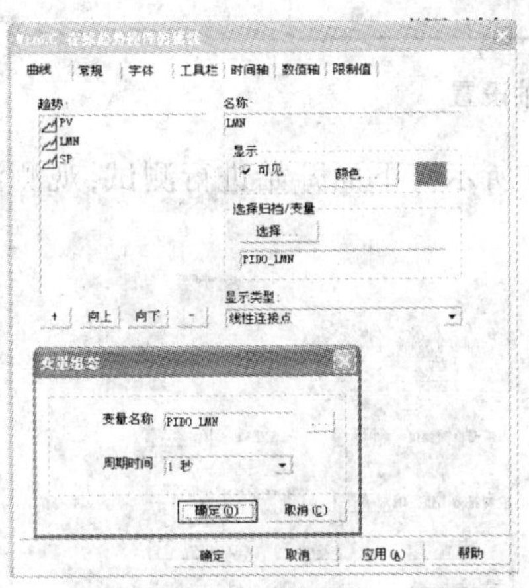

图 6.59　定义变量 LMN 趋势

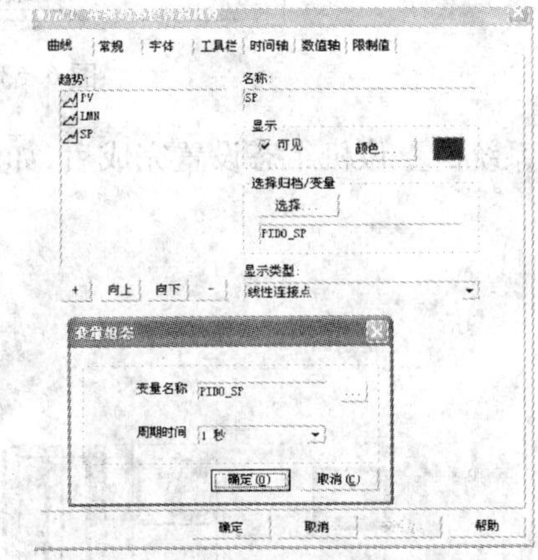

图 6.60　定义变量 SP 趋势

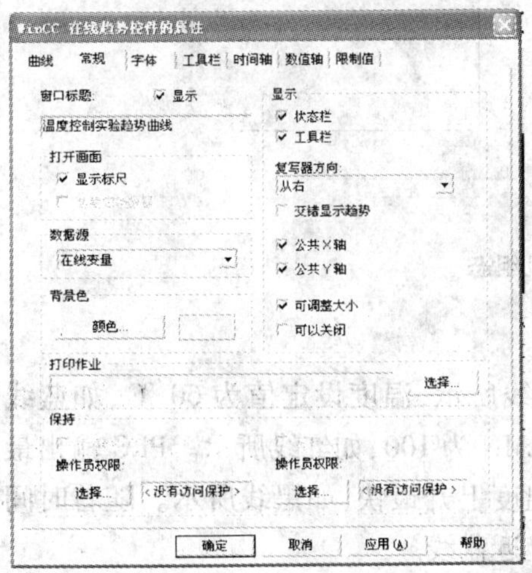

图 6.61　常规选项设置

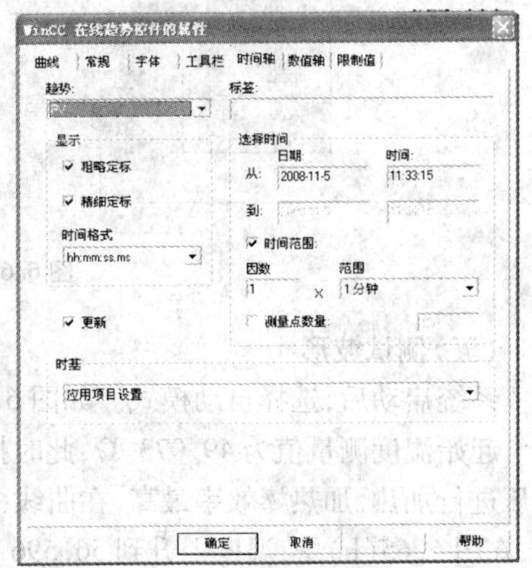

图 6.62　时间轴设置

数值轴的设置如图 6.63 所示。

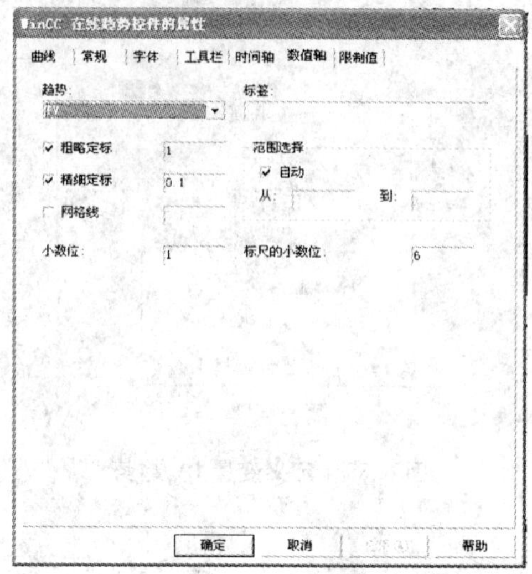

图 6.63　数值轴设置

整个系统的上位机组态设置完成后，如图 6.64 所示。下面开始进行测试，观测温度变化规律。

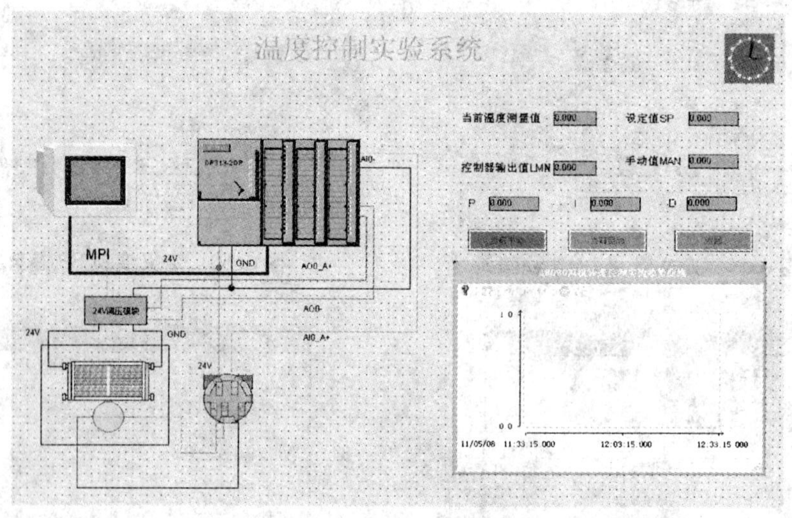

图 6.64　系统上位机组态

(五) 测试波形

系统启动后，选择自动模式。如图 6.65(a)中曲线所示，温度设定值为 60 ℃，如蓝线所示。起始温度测量值为 49.073 ℃，此时控制器输出 LMN 为 100，如红线所示。PLC 输出最大电压进行加热，加热棒效率最高，在曲线中可以看到温度上升最快，如黑线所示。随着时间推移，在图 6.65(b)中，温度上升到 56.596 ℃，黑线已接近蓝线。

随着加热的继续，当温度超过设定值时，控制器的输出开始减少，如图 6.66(a)所示，控

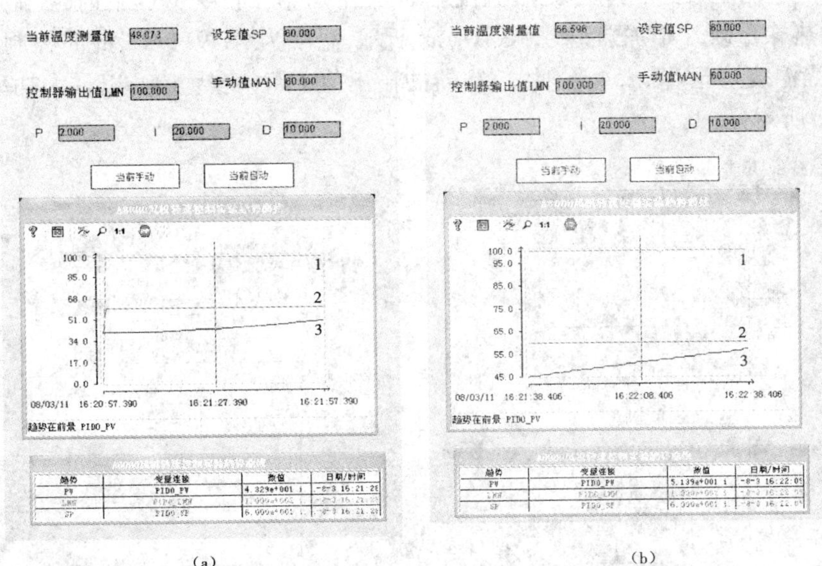

图 6.65　加热阶段

(a)状态一　(b)状态二

注:1 为红线,2 为蓝线,3 为黑线

制器的输出 LMN 开始减少,如图所示降低到 94.480 ℃,PLC 输出电压开始降低,加热棒加热效率降低,但此时温度还在上升。如图 6.66(b)所示,当经过一段时间后,控制器输出变为 0,不再加热,温度上升到最高。

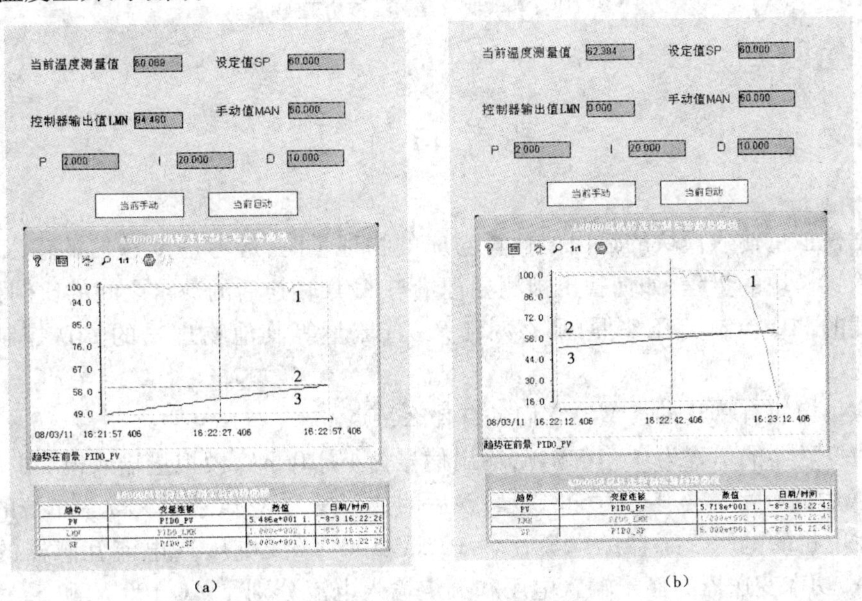

图 6.66　停止加热

(a)状态一　(b)状态二

注:1 为红线,2 为蓝线,3 为黑线

此时,将风扇打开,给加热棒降温,温度开始下降,下降到 60 ℃以下时,控制器输出 LMN 开始增加,加热棒重新开始加热,如图 6.67(a)所示,温度为 58.911 ℃,此时控制器输出 LMN 为 37.480。当温度降至 57.754 ℃时,控制器的输出值 LMN 变为 100,以最大功率开始加热,如图 6.67(b)所示。

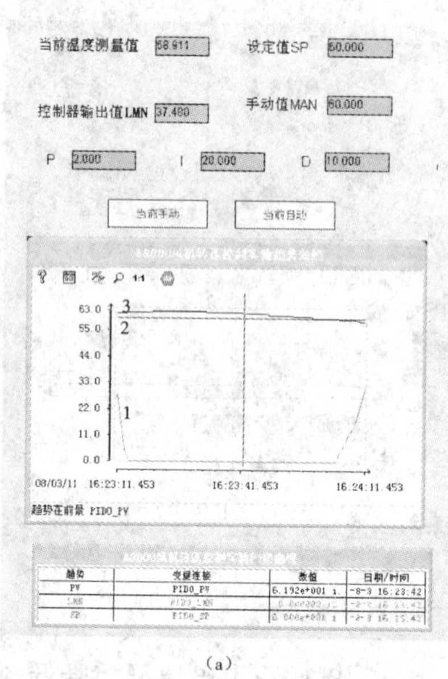

(a)

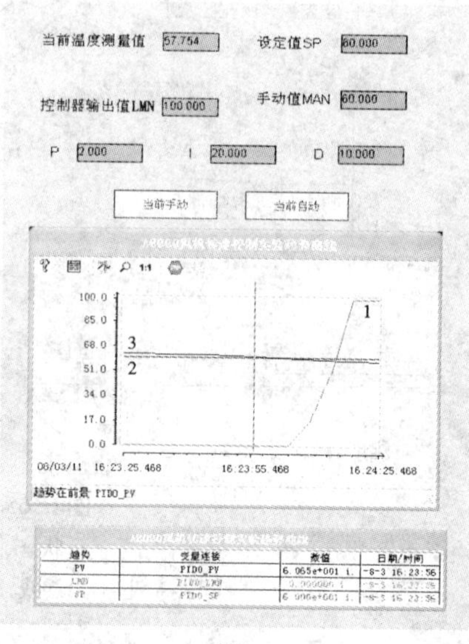

(b)

图 6.67　干扰出现,继续加热

(a)干扰出现　(b)继续加热

注:1 为红线,2 为蓝线,3 为黑线

思考与练习

1. 根据模拟量输入模块的输出值计算对应的物理量时,应考虑变送器的输入/输出量程和模拟量输入模块的量程,如何找出被测物理量与 A/D 转换后的数字之间的比例关系呢?

2. 温度的 PID 控制已经掌握,那么对于压力、流量等其他物理量的 PID 控制又如何实现呢?

3. 模拟量模块有哪几种类型? 它们各有什么特点?

4. 压力变送器的量程为 0 ~ 10 MPa,输出信号为 4 ~ 20 mA,模拟量输入模块的量程为 4 ~ 20 mA,转换后的数字量为 0 ~ 27 648,设转换后的数字量为 N,试求以 kPa 为单位的压力值。

5. 某发电机的电压互感器的电压比为 10 kV/100 V(线电压),电流互感器的电流比为 1 000A/5 A,功率变送器的额定输入电压和额定输入电流分别是 AC 100 V 和 5 A,额定输出电压为 ± DC 10 V,模拟量输入模块将 ± DC 10 V 输入信号转换为数字 27 648 ~ − 27 648。设转换后的得到的数字量为 N,试求以 kW 为单位的有功功率值。

6. 某温度变送器的量程为 − 100 ~ 500 ℃,输出信号为 4 ~ 20 mA,某模拟量输入模块将 0

~20 mA 的电流信号转换为数字 0 ~ 27 648。设转换后得到的数字为 N,试求以 0.1 ℃ 为单位的温度值。

7. 查找相关手册,学习掌握热电阻和热电偶类型模拟量输入模块的接线和使用方法。

8. 用 S7 - 300 PLC 和变频器设计一个带 PID 控制的恒压供水系统。

控制要求如下。

(1)有两台水泵,按要求设计一台运行、一台备用,自动运行时泵运行累计 100 h 轮换一次,手动时不切换。

(2)两台水泵分别由 M1 和 M2 电机拖动,电机同步转速 3 000 r/min,由 KM1 和 KM2 控制。

(3)切换后启动和停电后启动需 5 s 报警,运行异常可自动切换到备用泵并报警。

(4)采用 PLC 的 PID 控制,输出模拟量控制变频器,调节电机转速。

(5)水压在 0 ~ 0.6 MPa 可调,通过触摸屏或组态软件进行修改设置。

(6)触摸屏或组态软件可以显示管道水压、设定压力、水泵运行时间、转速、报警信号等。

(7)变频器参数自行设定。

(8)两台水泵均采用压力传感器采集管道压力,测量范围 0 ~ 1.2 MPa,输出 4 ~ 20 mA 的电流信号。

设计要求如下。

(1)系统硬件设计(接线图、I/O 分配)。

(2)系统软件设计(PLC 程序、变频器参数设置清单、触摸屏或上位机程序设计)。

模块七　高速计数与脉冲输出控制

学习目标：

学习了本模块之后，你将会

☞ 了解高速计数器的基本知识；

☞ 掌握高速计数器的组态与编程方法；

☞ 了解步进驱动器的相关知识；

☞ 掌握脉冲输出控制的组态与编程方法。

任务一　高速计数器的使用

一、任务提出

随着生产力的发展和自动化水平的提高，在越来越多的控制过程中需要对高速脉冲信号进行处理，而普通的计数方式远远不能满足要求，如 PLC 中的普通计数器的最短计数周期为程序的一个扫描周期，当信号的频率高于扫描频率时，普通的计数器就无法准确地进行测量，造成系统出错。为此，生产厂家为 PLC 设计了高速计数的功能，S7 - 300 PLC 有专门的高速计数模块 FM 350 - 1 和 FM 350 - 2，另外在紧凑型 CPU 上还集成了高速计数的功能。

将旋转编码器和电机同轴连接后，如何通过编码器读取脉冲数？又如何计算电机的转速呢？本任务中以紧凑型 CPU 313C - 2 DP 为例介绍高速计数器的使用、组态和编程。

二、相关新知识

（一）认识高速计数功能

高速计数是 PLC 常用的特殊功能之一，PLC 利用此功能可以对输入频率高于 PLC 扫描频率的信号进行采样和计数，在本任务中，主要介绍紧凑型 CPU 的集成计数功能。

不同型号的紧凑型 CPU 在计数通道数量、计数频率上有所不同，如表 7.1 所示。

表 7.1　紧凑型 CPU 高速计数功能比较

CPU 型号	计数通道数	最高计数频率
CPU 312C 系列	2 通道	10 kHz
CPU 313C 系列	3 通道	30 kHz
CPU 314C 系列	4 通道	60 kHz

紧凑型 CPU 的计数功能技术参数详见表 7.2。

表 7.2　紧凑型 CPU 计数功能技术参数比较

	CPU 312C	CPU 313C	CPU 313C -2 DP	CPU 313C -2 PtP	CPU 314C -2 DP	CPU 314C -2 PtP
输入信号类型	源型	源型	源型	源型	源型	源型
计数通道数	2	3	3	3	4(使用定位通道时仅两个可用)	4(使用定位通道时仅两个可用)
可连编码器类型	24 V 增量式	24 V 增量式	24 V 增量式	24 V 增量式	24 V 增量式	24 V 增量式
最高计数频率/kHz	10	30	30	30	60	60
工作模式	连续计数,单次计数,周期计数,频率测量	连续计数,单次计数,周期计数,频率测量	连续计数,单次计数,周期计数,频率测量	连续计数,单次计数,周期计数,频率测量	连续计数,单次计数,周期计数,频率测量	连续计数,单次计数,周期计数,频率测量

高速计数模块技术参数详见表 7.3。

表 7.3　高速计数模块技术参数

	FM 350 -1	FM 350 -2
输入信号类型	源型、漏型	源型
计数通道数	1	8
可连编码器类型	24 V 增量式/5 V 增量式	24 V 增量式/NAMUR 编码器
最高计数频率	5 V(100 m 以内屏蔽电缆):500 kHz 24 V(20 m 以内屏蔽电缆):200 kHz 24 V(100 m 以内屏蔽电缆):20 kHz	A/B 正交编码器:10 kHz 单相编码器:20 kHz NAMUR 编码器:10 kHz
工作模式	连续计数,单次计数,周期计数,频率测量,周期测量,转速测量	连续计数,单次计数,周期计数,频率测量,周期测量,转速测量,比例计数

(二)硬件接线及端子分配

下面以 CPU 313C 和 CPU 313C -2 DP/PtP 为例进行介绍。

CPU 313C 和 CPU 313C -2 DP/PtP 外观分别如图 7.1 和图 7.2 所示。最多可以连接 3 路 24 V 增量式、源型编码器。

CPU 313C 有两个连接器(X1 和 X2),其中 CPU 313C 的 X1(左)用于模拟量输入输出通道接线, X2(右)用于高速计数通道接线。CPU 313C -2 DP/PtP 没有模拟量输入通道,所以只有一组 X2 输入端子作为高速计数功能使用时,端子分配如表 7.4 所示。其中,数字量输入端(X2)的接线图如图 7.3 所示。

图 7.1 CPU 313C

图 7.2 CPU 313C - 2 DP/PtP

表 7.4 CPU 313C 高速计数端子分配

编号	名称	计数和测量模式下含义	编号	名称	计数和测量模式下含义
1	未用	输入 +24 V 电源	21	2L +	输出 +24 V 电源
2	DI +0.0	通道 0:轨迹 A/脉冲	22	DO +0.0	通道 0:输出
3	DI +0.1	通道 0:轨迹 B/方向	23	DO +0.1	通道 1:输出
4	DI +0.2	通道 0:硬件门	24	DO +0.2	通道 2:输出
5	DI +0.3	通道 1:轨迹 A/脉冲	25	DO +0.3	未使用
6	DI +0.4	通道 1:轨迹 B/方向	26	DO +0.4	未使用
7	DI +0.5	通道 1:硬件门	27	DO +0.5	未使用
8	DI +0.6	通道 2:轨迹 A/脉冲	28	DO +0.6	未使用
9	DI +0.7	通道 2:轨迹 B/方向	29	DO +0.7	未使用
10	未用		30	2M	外壳接地
11	未用		31	3L +	输出 +24 V 电源
12	DI +1.0	通道 2:硬件门	32	DO +1.0	未使用
13	DI +1.1	未使用	33	DO +1.1	未使用
14	DI +1.2	未使用	34	DO +1.2	未使用
15	DI +1.3	未使用	35	DO +1.3	未使用
16	DI +1.4	通道 0:锁存器	36	DO +1.4	未使用
17	DI +1.5	通道 1:锁存器	37	DO +1.5	未使用
18	DI +1.6	通道 2:锁存器	38	DO +1.6	未使用
19	DI +1.7	未使用	39	DO +1.7	未使用
20	1M	外壳接地	40	3M	外壳接地

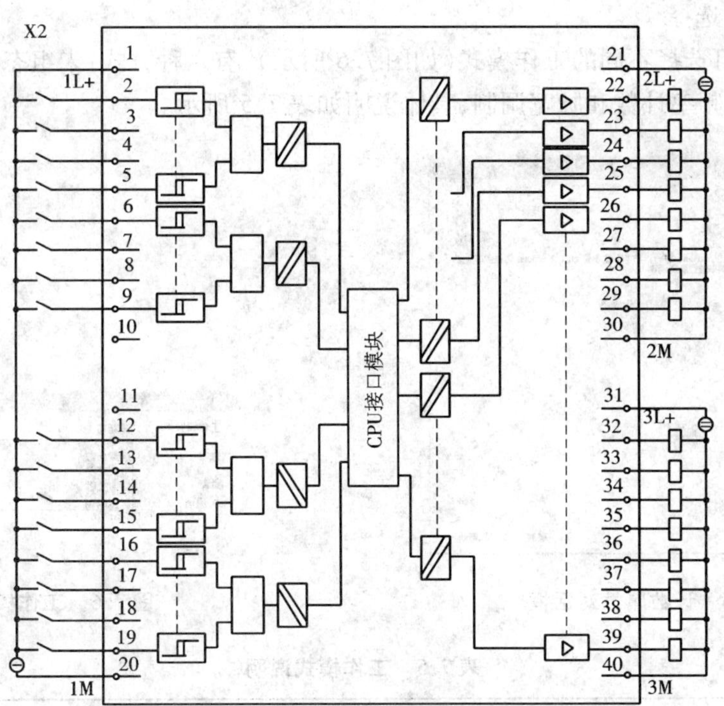

图 7.3　数字量输入端(X2)接线图

(三)高速计数硬件组态

高速计数硬件组态步骤如下。

1. 新建项目

根据机架配置添加硬件,在机架上插入电源模块 PS307、CPU 313C - 2 DP、模拟量模块 SM334,如图 7.4 所示。

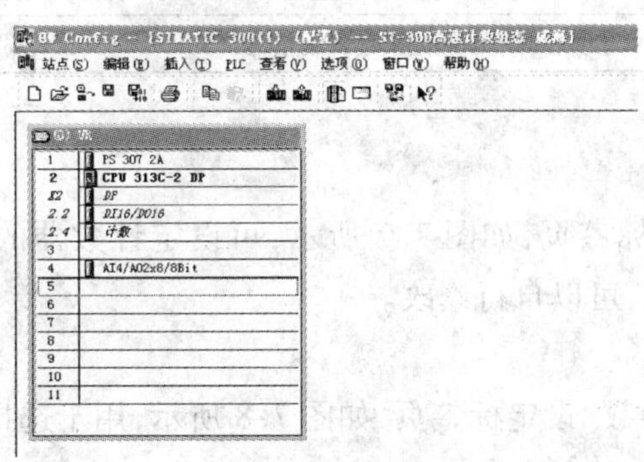

图 7.4　添加硬件

2. 计数器基本参数设定

1)通道选择

双击机架上“CPU 313C - 2 DP”→“计数”,将弹出计数属性对话框,如图 7.5 所示。该型号 CPU 有 3 个通道(0、1、2)可供选择,从而确定计数器输入信号的地址。

2)工作模式选择

根据需要,可选择不同的工作模式(如图7.6所示),有六种方式:未组态、连续计数、一次计数、周期计数、频率计数和脉宽调制,具体说明如表7.5所示。

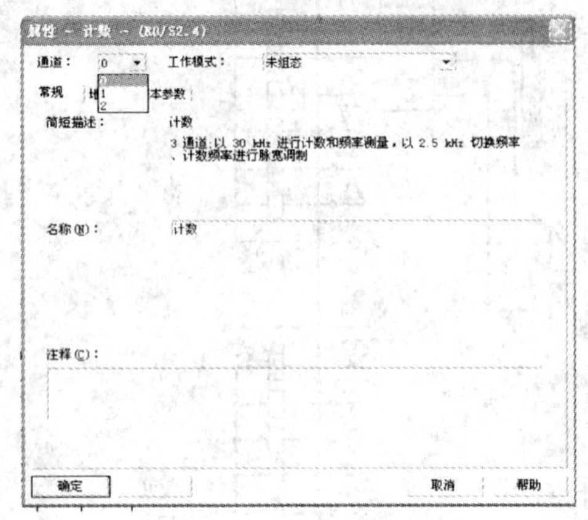

图7.5 计数属性对话框

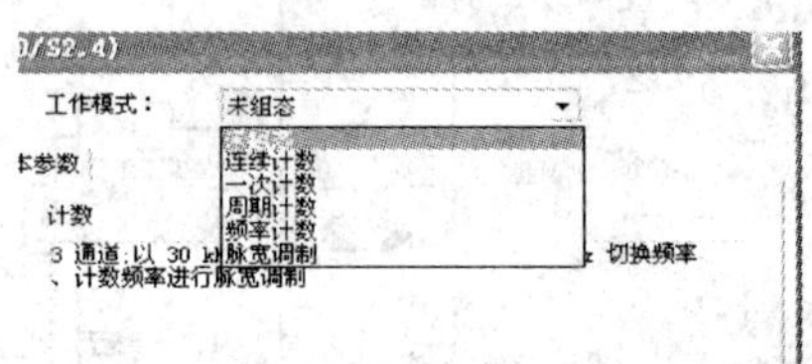

图7.6 工作模式选择

表7.5 工作模式说明

类型	说明
未组态	不组态任何计数或输出功能
连续计数	向上计数达到上限时,它将在出现下一正计数脉冲时跳至下限处,并从此处恢复计数 向下计数达到下限时,它将在出现下一负计数脉冲时跳至上限处,并从此处恢复计数
一次计数	计数器从0或装载值开始向上或向下计数,达到限制值后,计数器将跳至相反的计数限值,且门自动关闭。要重新启动计数,必须在门控制处生成一个正跳沿
周期计数	计数器从0或装载值开始向上或向下计数,达到限制值后,计数器将跳至装载值并从该值开始恢复计数
频率计数	CPU 在指定的积分时间内对进入脉冲进行计数并将其作为频率值输出
脉宽调制	CPU 输出脉冲宽度、周期可变的脉宽调制信号

3)输入/输出地址设定

打开属性中的“地址”标签页,如图7.7所示,可设定计数器的输入/输出信号的绝对地址,该地址为系统自动分配,可以自行修改。

4)基本参数设定

打开属性中的“基本参数”设定标签页,如图7.8所示,用于选择计数器的中断模式,其中有诊断、处理、诊断+处理三种方式。

3. 计数器设定

打开属性中的“计数”标签页,如图7.9所示,进行计数器的设定。

1)操作参数

(1)主计数方向:如果选择“单循环计数”或“周期计数”,可以设置为“无”、“向上”(加计数)或“向下”(减计数);如果设置成“连续计数”,则不能进行设置。

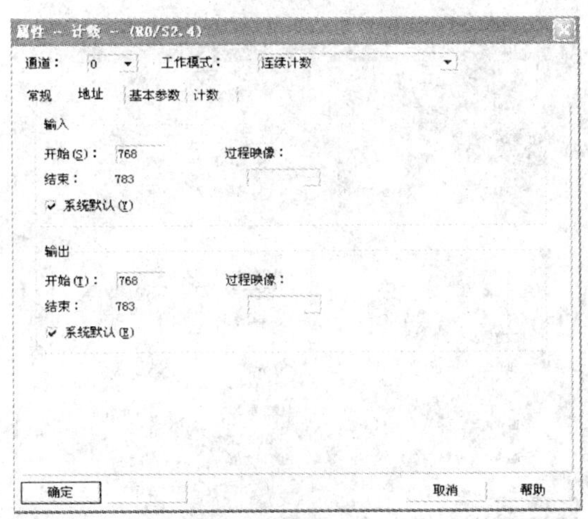

图 7.7　计数器地址设置

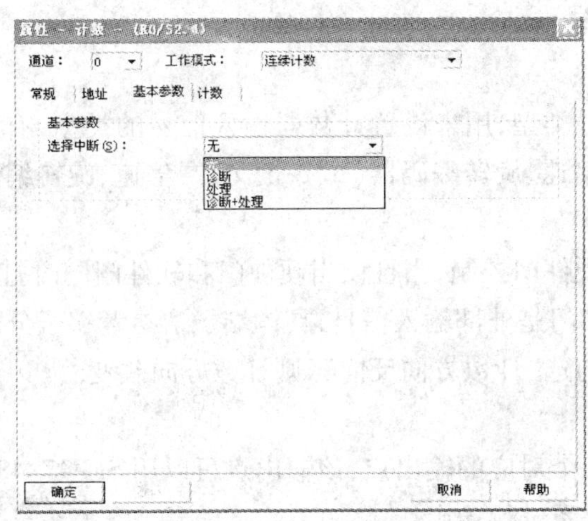

图 7.8　基本参数设定

(2)比较值：输入计数器比较值。

(3)门函数：即门控功能，当计数达到规定值后，系统所处的状态。"门函数"设置为"取消计数"时，表示在关闭并重新启动门后将从装载值重新开始计数操作；设置为"停止计数"时，表示在关闭门后将从最后的实际计数值开始恢复计数。

(4)滞后：输入"滞后"功能所需要的脉冲数。编码器可能停止在某个位置，并且随后在该位置附近颤动。在此状态下，计数会围绕一个特定值波动。例如，如果比较值位于该波动范围内，则关联的输出将按照波动的节奏打开和关闭。CPU 配有可分配的"滞后"，可防止发生微小波动时出现这种切换。可以在 0～255 选择一个范围。设置为 0 和 1 时，将禁用滞后。滞后还作用于过零点和上溢/下溢。

(5)起始值和结束值：输入计数器的计数起始值和结束值。当主计数方向设置成"向上"，则该项为结束值设定；当设置成"向下"，则该项为起始值设定。

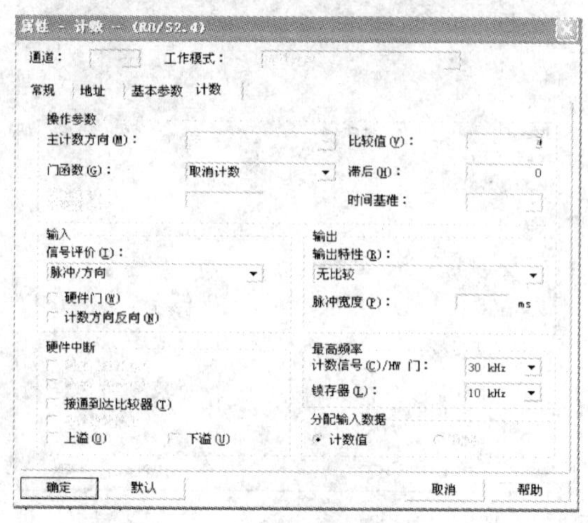

图 7.9　计数器设定

(6)时间基准：由 CPU 自动设定，不能自行修改。

2)输入

(1)信号评价：即信号类型，用来设置计数器输入信号的类型，有脉冲/方向式编码器、旋转编码器(A/B 正交)一倍速、旋转编码器(A/B 正交)二倍速、旋转编码器(A/B 正交)四倍速等四种类型。

(2)硬件门：即采用硬件门控制，当且仅当硬件门和软件门同时打开时，CPU 31xC 才会开始计数或频率测量。硬件门是外部输入信号，具体端子请参考端子分配表。

(3)计数方向反向：勾选“计数方向反向”，则计数方向改变。

3)输出

每个计数通道都有一个对应的输出点，该输出点可以用 SFB47/48 功能块控制，也可以根据当前计数与比较值的关系进行输出。

(1)“无比较”：不依据当前计数与比较值的关系进行输出，此时 SFB47 的输入 CTRL_DO 和 SET_DO 不起作用。

(2)“计数值 > = 比较值”：计数值大于等于比较值时，输出点 DO 有输出，注意必须首先置位控制位 CTRL_DO。

(3)“计数值 < = 比较值”：计数值小于等于比较值时，输出点 DO 有输出，注意必须首先置位控制位 CTRL_DO。

(4)“比较值上的脉冲”：仅计数值等于比较值时，输出点 DO 有输出，注意必须首先置位控制位 CTRL_DO。当选择该模式时，还可设定脉冲宽度。

4)硬件中断

在硬件中断区，可分别设置硬件门打开中断，硬件门关闭中断，接通到达比较值中断，在计数脉冲上中断、上溢、下溢等。

(四)编程

CPU 31xC 工作在计数和测量两种不同模式下调用的 SFB 系统功能块也不相同,计数模式下调用 SFB47,测量模式下调用 SFB48。

1. 调用方法

在上面计数功能配置完成的基础上,打开程序编辑器,如图 7.10 所示。在"指令树"中,依次打开"库"→"Standard Library"(标准库)→"System Function Blocks"(系统功能块),双击 SFB47 块,将该块添加到程序编辑区,如图 7.11 所示。

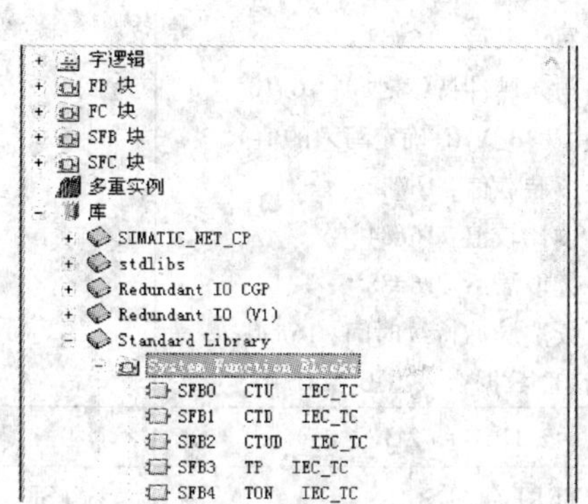

图 7.10　添加 SFB47

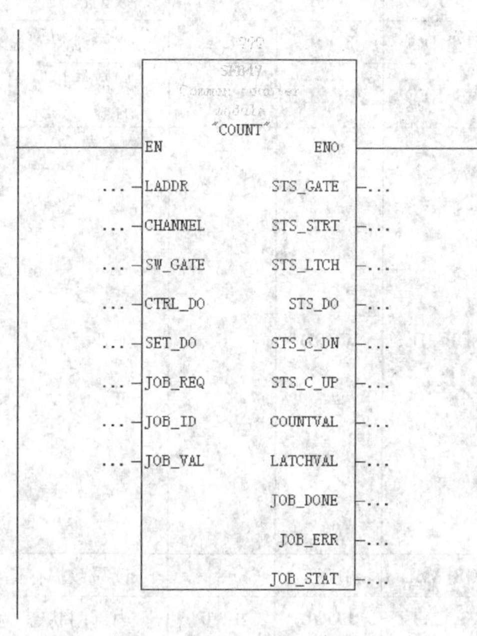

图 7.11　系统功能块 SFB47

2. SFB47 实现的功能

(1)通过软件门 SW_GATE 启动或停止计数器。

(2)进行数据比较,通过 CTRL_DO 输入启动比较功能,并通过 STS_DO 输出比较结果。

(3)通过 SET_DO 直接设定比较结果的状态。

(4)读取计数器参数:如预置值、比较值、滞后脉冲、结果输出脉冲宽度等内部设定参数。

(5)写入计数器参数:通过程序直接写入现行计数值、预置值、比较值、滞后脉冲、结果输出脉冲等内部设定参数。

(6)计数器工作状态:包括计数器输入控制信号的状态、实际工作状态、出错情况输出等。

3. SFB47 输入/输出参数

SFB47 输入/输出参数如表 7.6 所示。

表 7.6　SFB47 输入/输出参数表

	参数	数据类型	数据块中地址	注释	输入范围	缺省值
输入参数	LADDR	WORD	0	集成计数器 I/O 地址	与 CPU 有关	W#16#300
	CHANNEL	INT	2	计数器通道号	CPU 312C:0 ~ 1 CPU 313C:0 ~ 2 CPU 314C:0 ~ 3	0
	SW_GATE	BOOL	4.0	计数控制信号(软件门)	TRUE/FALSE	FALSE
	CTRL_DO	BOOL	4.1	数据比较使能	TRUE/FALSE	FALSE
	SET_DO	BOOL	4.2	比较结果置位输入	TRUE/FALSE	FALSE
	JOB_REQ	BOOL	4.3	计数器读写请求(上升沿有效)	TRUE/FALSE	FALSE
	JOB_ID	WORD	6	作业号	不带有功能的作业：16#00 写入计数值：16#01 写装载值：16#02 写入比较值：16#04 写入滞后：16#08 写入脉冲持续时间：16#10 (由 JOB_VAL 确定写入的值) 读装载值：16#82 读比较值：16#84 读取滞后：16#88 读取脉冲持续时间：16#90 (读取数据存入 JOB_VAL 中)	0
	JOB_VAL	DINT	8	读写数据存储器	-2^31 ~ +(2^31-1)	0
输出参数	STS_GATE	BOOL	12.0	内部门状态	TRUE/FALSE	FALSE
	STS_STRT	BOOL	12.1	硬件门状态(启动输入)	TRUE/FALSE	FALSE
	STS_LTCH	BOOL	12.2	锁存信号输出	TRUE/FALSE	FALSE
	STS_DO	BOOL	12.3	比较结果输出	TRUE/FALSE	FALSE
	STS_C_DN	BOOL	12.4	向下计数的状态。始终指示最后的计数方向。在第一次调用 SFB 之后，STS_C_DN 的值为 FALSE	TRUE/FALSE	FALSE
	STS_C_UP	BOOL	12.5	向上计数的状态。始终指示最后的计数方向。在第一次调用 SFB 之后，STS_C_UP 的值为 TRUE	TRUE/FALSE	FALSE
	COUNTVAL	DINT	14	当前计数值	-2^31 ~ +(2^31-1)	0
	LATCHVAL	DINT	18	锁存的计数值	-2^31 ~ +(2^31-1)	0

续表

	参数	数据类型	数据块中地址	注释	输入范围	缺省值
输出参数	JOB_DONE	BOOL	22.0	JOB_ID 执行完成输出	TRUE/FALSE	TRUE
	JOB_ERR	BOOL	22.1	错误输出	TRUE/FALSE	FALSE
	JOB_STAT	WORD	24	错误编号	0 ~ W#16#FFFF	0

三、任务解决方案

(一)编码器分析

编码器采用欧姆龙增量式旋转编码器 E6A2 - CW5C,如图 7.12所示。其电源电压 12 ~24 V,100 个脉冲/转,输出为集电极开路输出,A、B 正交信号。其中,棕色线为电源正,蓝色线为 0 V,黑色和白色线为信号线,分别接到 PLC 的 I124.0 和 I124.1。

图 7.12 旋转编码器

(二)系统组态编程

1. 硬件组态

按照前面介绍的组态过程,进行硬件组态和计数器相关的设置。一般选择通道 0,连续计数工作模式,如图 7.13 所示。

采用其中两路 A/B 正交信号作为输入,选择"旋转编码器单元组"信号输入模式,如图 7.14 所示。

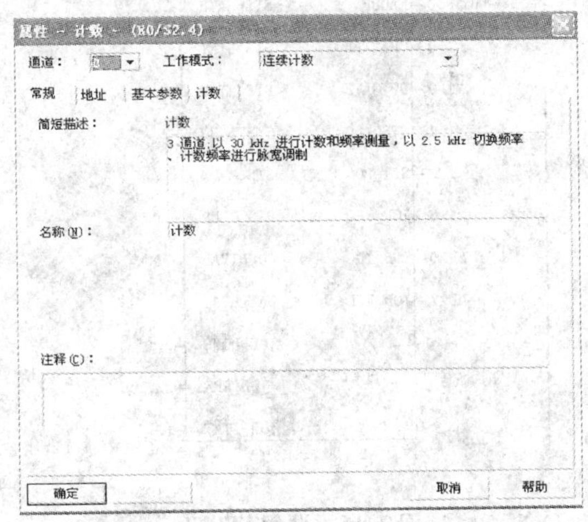

图 7.13 选择通道及工作模式

硬件设置完成后,进行硬件组态的下载。

2. 软件编程

在 OB 块中,调用系统功能块 SFB47,其背景数据块定义为 DB47,如图 7.15 所示。并根据表 7.6 对系统功能块的输入/输出进行定义。硬件中采用通道 0,集成计数器的地址为 768,即 W#16#300。软件门控位用 M1.0 进行控制,当前计数值保存到 MD30 中。当 M1.0 为

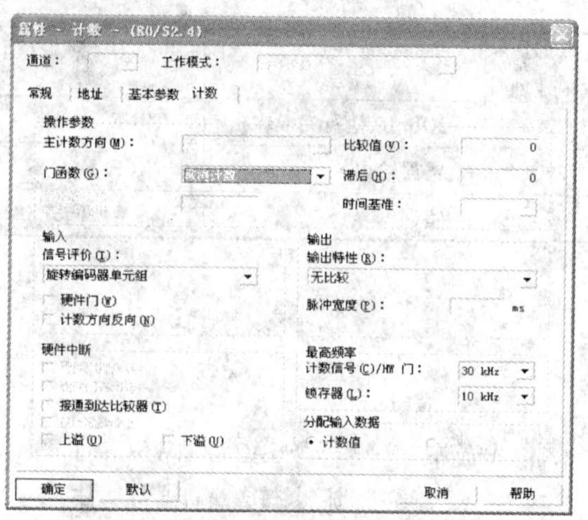

图 7.14　设置输入属性

1 时,启动计数器。当编码器的轴转动时,则开始进行计数,计数当前值直接可由 MD30 读出。可通过变量表或对背景数据块 DB47 进行运行监视。

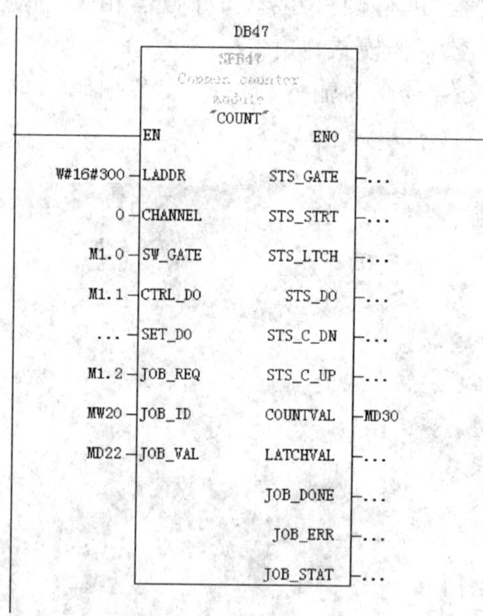

图 7.15　调用 SFB47

当软件控制位"SW_GATE"清零时,则计数当前值自动清零,另外通过写"JOB"方式也可将当前值清零。参照表 7.6 所示,JOB_ID 参数中,写计数值的任务号为 1,装载于 DB47.DBW6 中,把需要写入的值写入 DB47.DBD8 中。当 M1.2 的上升沿便可将数据写入,如图 7.16所示。

如果已经明确需要计数的脉冲数,可采用比较功能,在硬件组态中,设置比较值与比较关系,如图 7.17 所示,设定比较值为 200 000 个脉冲,当计数值大于等于设定值时,对应的为

STS_DO 将输出 1。

程序段 1：标题：

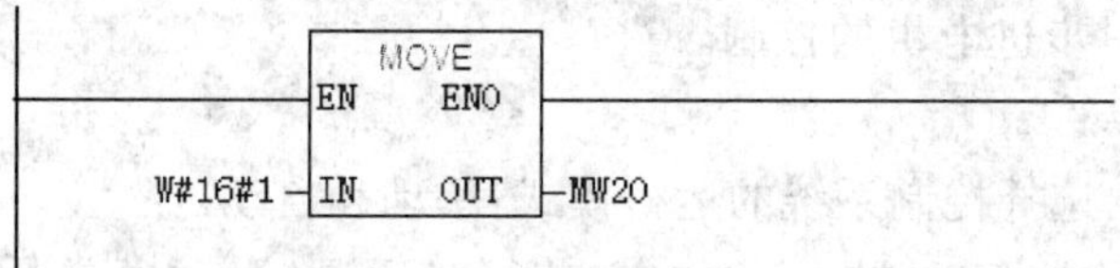

程序段 2：标题：

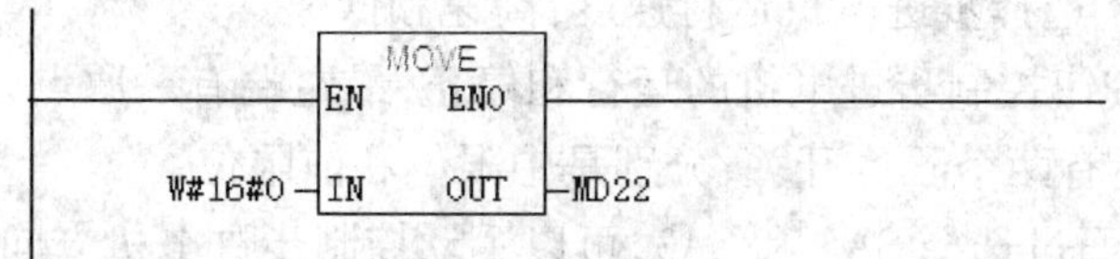

图 7.16　写入初值

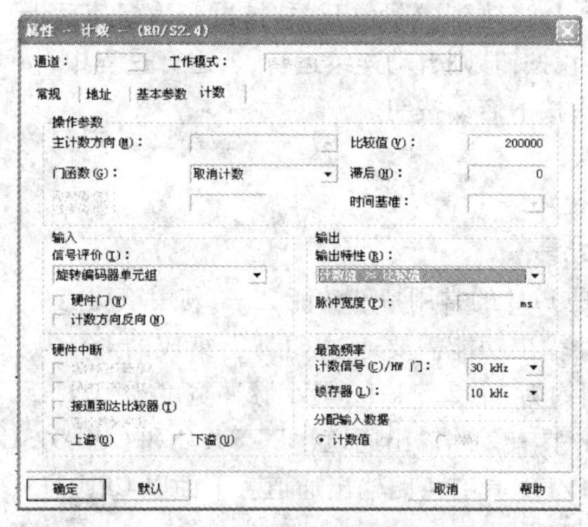

图 7.17　设置比较值

任务二　脉冲输出控制

一、任务提出

对于步进电机、伺服电机的控制，常常会采用驱动器进行控制，步进电机驱动器采用超大规模的集成电路，具有较好的抗干扰性及快速的响应性，不易出现死机或丢步现象，使用驱动器控制步进电机时，可不考虑时序问题，只要考虑输出脉冲的频率及电机运行方向。在实际工业生产中，常常用 PLC 的高速输出功能，通过驱动器来控制步进电机或伺服电机，实现速度控制、定位等功能,本任务将介绍如何使用 S7 - 300 PLC 输出高速脉冲,控制步进电机的运行。

本任务中以 DL - 022M 系列的步进驱动器及配套步进电机为例,采用西门子 S7 - 300 PLC 作为控制器实现对步进电机的控制。

控制要求如下。

(1)选择开关 SA1 选择控制系统的运行模式:手动和自动。

(2)选择开关 SA2 选择步进电机的方向:前行和后退(手动模式下),同时有两个运行指示灯分别指示运行方向。

(3)选择开关 SA3 选择步进电机运行速度:高速和低速。

(4)启动和停止按钮控制步进电机的运行和停止,最左端有一原点开关,自动模式下用来进行原点定位,另外还有两个限位开关,分别是中限位和前限位。

(5)手动模式下,通过选择 SA2 和 SA3,可以手动控制步进电机方向和速度。

(6)自动模式下,首先机械手自动先回到原点。此时,按下启动按钮后,步进电机开始以低速前行,碰到中限位开关后,变为高速运行,碰到前限位开关后停止;停止 4 s 后,自动开始反方向运行,先是低速后退,当碰到中限位开关时,再变为高速后退,后退至原点开关处。若整个过程中,没有按下停止按钮,则自动连续运行,若运行过程中,按下过停止按钮,则回到原点后,自动停止,直到再次按下启动按钮。

二、相关新知识

(一)认识脉冲输出功能

高速脉冲输出功能是 PLC 的常用特殊功能之一,利用该功能可以实现速度、位置的控制。S7 - 300 PLC 的集成脉冲输出功能需要通过 CPU 上集成的 I/O 点来实现,紧凑型 CPU 均具备该功能,输出频率范围均为 0 ~ 2.5 kHz,最小脉冲宽度为 200 μs,不同的 CPU 高速脉冲输出的通道不同:CPU 312C 具有 2 路输出通道,CPU 313C 和 CPU 313C - 2 DP/PtP 具有 3 路输出通道,CPU 314C - 2 DP/PtP 具有 4 路输出通道。下面以 CPU 313C 系列为例介绍高速脉冲输出的端子分配,如表 7.7 所示。

表 7.7　CPU 313C 高速脉冲输出的端子分配

编号	名称	计数和测量模式下含义	编号	名称	计数和测量模式下含义
1	未用	输入 +24 V 电源	9	DI +0.7	
2	DI +0.0		10		
3	DI +0.1		11		
4	DI +0.2	通道 0:硬件门	12	DI +1.0	通道 2:硬件门
5	DI +0.3		13	DI +1.1	
6	DI +0.4		14	DI +1.2	
7	DI +0.5	通道 1:硬件门	15	DI +1.3	
8	DI +0.6		16	DI +1.4	

续表

编号	名称	计数和测量模式下含义	编号	名称	计数和测量模式下含义
17	DI +1.5		29	DO +0.7	
18	DI +1.6		30	2M	外壳接地
19	DI +1.7		31	3L +	输出 +24 V 电源
20	1M	外壳接地	32	DO +1.0	
21	2L +	输出 +24 V 电源	33	DO +1.1	
22	DO +0.0	通道 0:输出	34	DO +1.2	
23	DO +0.1	通道 1:输出	35	DO +1.3	
24	DO +0.2	通道 2:输出	36	DO +1.4	
25	DO +0.3		37	DO +1.5	
26	DO +0.4		38	DO +1.6	
27	DO +0.5		39	DO +1.7	
28	DO +0.6		40	3M	外壳接地

在本任务中以 CPU 313C -2 DP 为例进行介绍。CPU 313C -2 DP 具有 3 路高速脉冲输出,如表 7.7 所示,分别是 DO +0.0、DO +0.1 和 DO +0.2。通过硬件组态中属性设置,可以修改其功能,作为高速脉冲输出端使用,在硬件组态中,系统默认的地址是 Q124.0、Q124.1 和 Q124.2,分别对应通道 0、通道 1 和通道 2,每个通道各有一个硬件门,分别是 DI +0.2、DI +0.5和 DI +1.0,对应的地址是 I124.2、I124.5 和 I125.0。

(二)高速脉冲硬件组态

1. 建立项目

建立一个新项目,按照硬件组态的步骤,进行硬件组态,如图 7.18 所示。

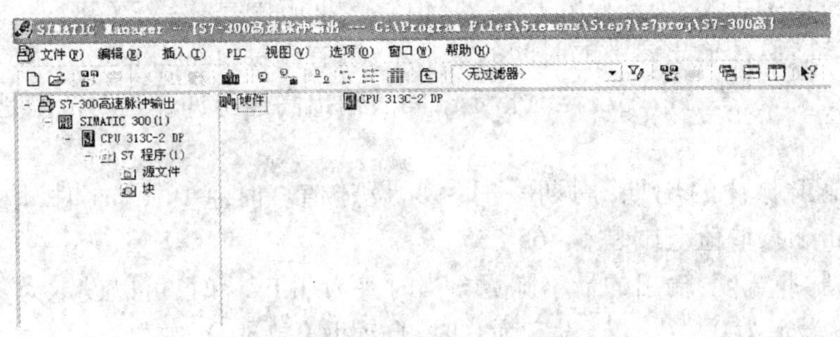

图 7.18　建立一个新项目

2. 模块属性设置

按照本模块任务一中高速计数器配置的步骤,打开硬件配置功能, 进行模块属性的设置,如图7.19所示,配置输入的 I/O 地址、基本参数页面的设定。

3. 脉冲调制参数配置

打开“脉冲调制”标签页,如图 7.20 所示。

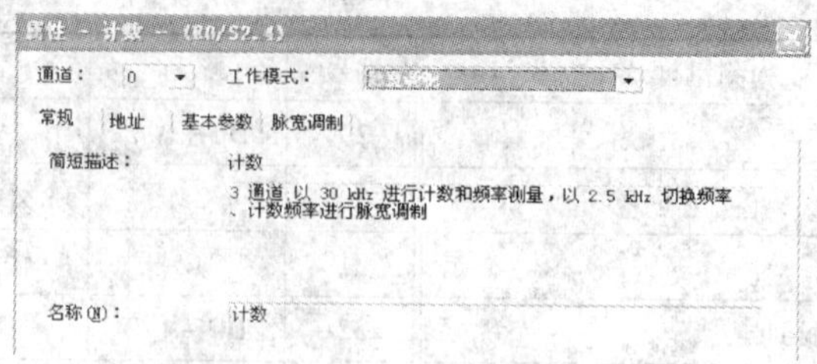

图 7.19　设置脉宽调制方式

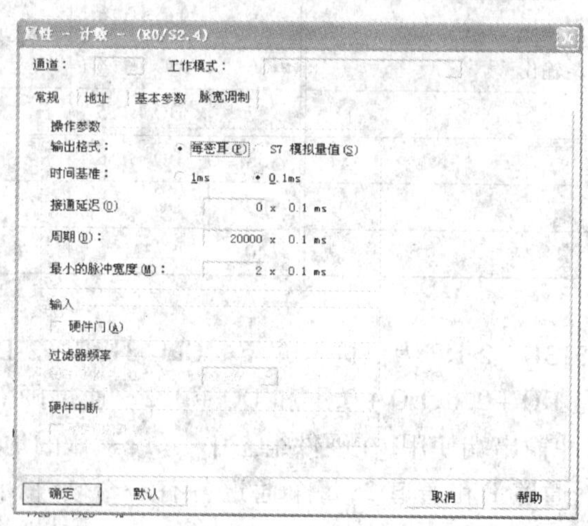

图 7.20　脉冲调制设置

1)操作参数

(1)输出格式:可选择脉冲宽度参数 OUTP_VAL 的设定方式,有两种选择。当选择“每密耳”,数据范围是 0 ~ 1 000;当选择“S7 模拟量值”,数据范围是 0 ~ 27 648。

(2)时间基准:脉冲输出参数的时间的基本单位,有两种,1 ms 和 0.1 ms。

(3)接通延迟:设置条件成立,延时指定时间后输出高速脉冲。延时范围是 0 ~ 65 535,单位是时基。

(4)周期:输出脉冲的周期,周期 = 时基 × 设定值。时基 0.1 ms 时,取值范围是 4 ~ 65 535;时基 1 ms 时,取值范围是 1 ~ 65 535。

(5)最小的脉冲宽度:输出的最小脉宽。当时基为 0.1 ms 时,可以设定为 2 ~ $T/2$;当时基为 1 ms 时,可以设定为 0 ~ $T/2$(当设定为 0 时,自动取 0.2 ms)。

2)输入

选择是否采用硬件门进行控制。如果选中,则高速脉冲输出需要硬件门和软件门同时控制;如果不选,则高速脉冲输出单独由软件门控制。

3)硬件中断

当选中硬件门控制,可激活此项。通过该项,选择中断方式为硬件门打开中断,通过调用组织块 OB40 来实现。

设置完成后,单击“确定”。若还需要配置其他通道,可再次双击“计数”行,重新配置。

配置完成后，将组态好的硬件数据进行保存编译，并下载到 PLC 中。

（三）编程

除了硬件配置外，脉冲输出的编程需要通过调用系统功能块来实现，在 S7 - 300 PLC 中，必须在程序中调用系统功能块 SFB49。

1. 调用方法

调用操作同计数器功能块，可参考本模块任务一。调用完成后，如图 7.21 所示。

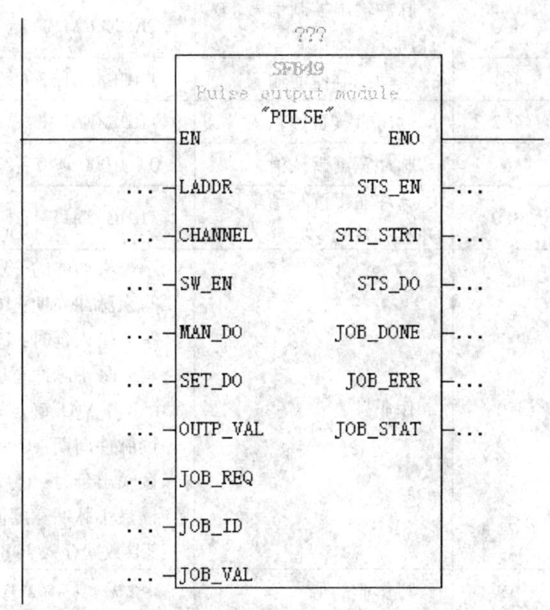

图 7.21　调用 SFB49

2. SFB49 的功能

通过调用该功能块，可以实现以下功能。

（1）通过 SFB49 的软件门 SW_EN，启动或停止脉冲输出。

（2）对脉冲输出进行手动的“置位”与“复位”，可通过 MAN_DO 输入控制端，直接将 SET_DO 的设定状态进行输出。

（3）读取参数：通过程序读出如脉冲周期、输出延时、最小脉冲宽度等内部设定参数。

（4）写入参数：通过程序写入如脉冲周期、输出延时、最小脉冲宽度等内部设定参数。

（5）工作状态监控：包括脉冲输出控制信号的状态、指令实际执行状态、出错情况输出等。

3. SFB49 输入/输出参数

SFB49 输入/输出参数如表 7.8 所示。

表 7.8 SFB49 输入/输出参数

	参数	数据类型	地址	注释	输入范围	缺省值
输入参数	LADDR	WORD	0	集成脉冲输出 I/O 地址	与 CPU 有关	W#16#300
	CHANNEL	INT	2	脉冲输出通道号	CPU 312C:0~1 CPU 313C:0~2 CPU 314C:0~3	0
	SW_EN	BOOL	4.0	脉冲输出控制信号(软件门)	TRUE/FALSE	FALSE
	MAN_DO	BOOL	4.1	手动控制使能输入	TRUE/FALSE	FALSE
	SET_DO	BOOL	4.2	输出直接置位输入	TRUE/FALSE	FALSE
	OUTP_VAL	INT	6	脉冲宽度默认值	0~1 000 或 0~27 648	0
	JOB_REQ	BOOL	8.0	脉冲输出读写请求(上升沿有效)	TRUE/FALSE	FALSE
	JOB_ID	WORD	10	作业号	不带有功能的作业: 16#00 写入脉冲周期: 16#01 写入输入延时: 16#02 写入最小脉冲宽度:16#04 (由 JOB_VAL 确定写入的值) 读脉冲周期: 16#81 读输出延时: 16#82 读最小脉冲宽度值: 16#84 (读取数据存入 JOB_VAL 中)	0
	JOB_VAL	DINT	12	写作业的值	-2^31 ~ +(2^31-1)	0
输出参数	STS_EN	BOOL	16.0	内部门状态输出	TRUE/FALSE	FALSE
	STS_STRT	BOOL	16.1	脉冲输出控制输入(硬件门)状态	TRUE/FALSE	FALSE
	STS_DO	BOOL	16.2	脉冲输出状态	TRUE/FALSE	FALSE
	JOB_DONE	BOOL	16.3	JOB_ID 动作执行完成输出	TRUE/FALSE	TRUE
	JOB_ERR	BOOL	16.4	错误输出	TRUE/FALSE	FALSE
	JOB_STAT	WORD	18	错误代码	0~W#16#FFFF	0

三、任务解决方案

(一)步进电机控制分析

DL-022M-I 步进电机驱动器是 DL 系列中的新产品,如图 7.22 所示,用于驱动两相或者四相混合式步进电机。其体积更小、性能更加稳定,低频特性有很大提高。

驱动器与控制器及电机的接线示意图如图 7.23 所示。驱动器的输入信号为 CP+ 、CP- 和 DIR+ 、DIR-,这样可以很方便地在外部接成以下几种方式。

(1)共阳方式:把 CP+ 和 DIR+ 接在一起作为共阳端(接外部系统的 +5 V),脉冲信号接入 CP-端,方向信号接入 DIR-端。

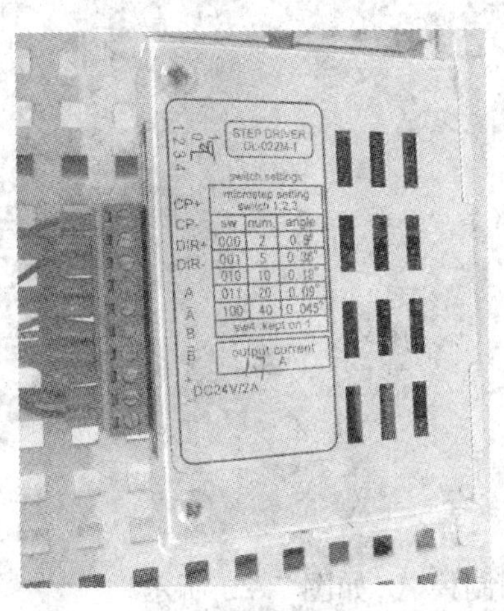

图 7.22　步进电机面板图

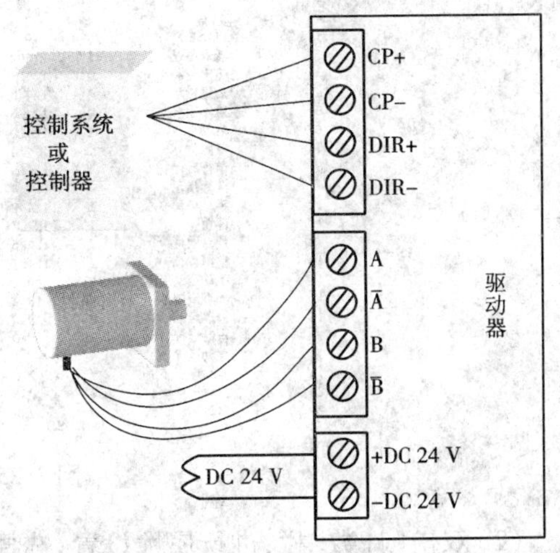

图 7.23　驱动器接线示意图

(2)共阴方式:把 CP－和 DIR－接在一起作为共阴端(接外部系统的 GND),脉冲信号接入 CP＋ 端,方向信号接入 DIR＋ 端。

(3)差动方式:直接连接。该驱动器输入信号的幅值为 TTL 电平,最大为 5 V,如果输入信号满足上述条件则可直接接入;否则须在外部另加限流电阻 R,保证给驱动器内部光耦提供 8 ~ 15 mA 的驱动电流。

以两相电机为例的驱动器接线示意图如图 7.24 所示。DL 系列驱动器是靠驱动器上的拨位开关来设定细分数的,在其左边有 4 个拨位开关,开关 1、2、3 的组合对应不同的细分,采用十进制基准,如 2、5、10、20、40 细分。只需根据面板上的提示设定即可。在系统频率允许的情况下,尽量选用高细分数。细分后电机的步距角应如何计算呢? 很简单:对于两相和四相电机,细分后的步距角等于电机的整步步距角除以细分数,例如细分数设定为 40、驱动 0.9°/1.8°电机,其细分步距角为 1.8° ÷40 =0.045°。

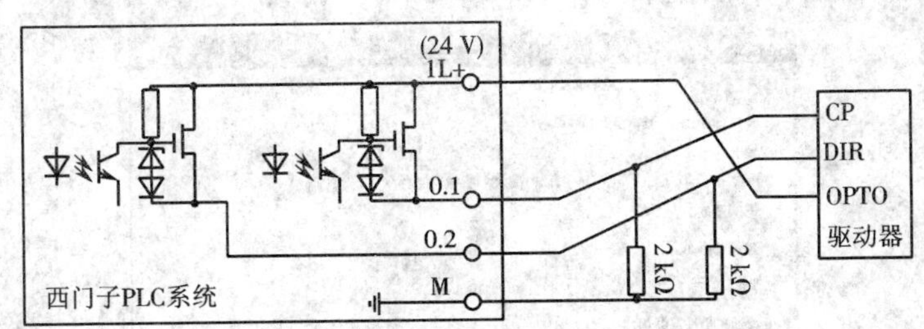

图 7.24　PLC 与驱动器接线图

(二)系统 I/O 地址分配

根据任务要求,列出程序中用到的主要变量,并进行符号表定义,如图 7.25 所示。

(三)系统硬件设置

(1)创建项目,进行硬件组态。

	状态	符号	地址	数据类型	注释
1		PULSE	SFB 49	SFB 49	Pulse output module
2		低速高速	I 124.4	BOOL	
3		方向控制	Q 124.3	BOOL	
4		后退指示	Q 124.5	BOOL	
5		脉冲输出	Q 124.0	BOOL	
6		启动	I 124.0	BOOL	
7		前限位	I 124.6	BOOL	
8		前行后行	I 124.3	BOOL	
9		前行指示	Q 124.4	BOOL	
10		手动自动	I 124.2	BOOL	
11		停止	I 124.1	BOOL	
12		原点限位	I 124.5	BOOL	
13		中限位	I 124.7	BOOL	
14		手动启动保持	M 0.0	BOOL	
15		周期设定值	MD 10	DWORD	
16		自动启动保持	M 3.0	BOOL	
17		自动运行步1	M 2.0	BOOL	
18		自动运行步2	M 2.1	BOOL	
19		自动运行步3	M 2.2	BOOL	
20		自动运行步4	M 2.3	BOOL	
21		自动运行步5	M 2.4	BOOL	

图 7.25　符号表定义

(2)双击“计数”栏,进行属性设置,选择通道 0,脉宽调制模式,如图 7.26 所示。

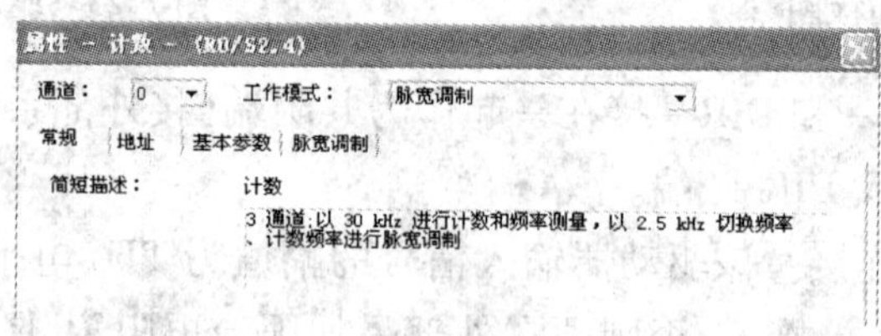

图 7.26　通道及工作模式选择

(3)选择“脉宽调制”标签页,进行参数设置。

输出格式:选择“每密耳”。

时间基准:0.1 ms。

接通延迟:0 ms。

周期:20 ×0.1 ms =2 ms。

最小的脉冲宽度:2 ×0.1 ms =0.2 ms。

不选择“硬件门”。设置完成如图 7.27 所示。

属性 - 计数 - (R0/S2.4)
通道：　工作模式：
常规　地址　基本参数　脉宽调制
操作参数
输出格式：　每密耳(P)　S7 模拟量值(S)
时间基准：　1ms　0.1ms
接通延迟(O)　0 x 0.1 ms
周期(D)：　20 x 0.1 ms
最小的脉冲宽度(M)：　2 x 0.1 ms
输入
硬件门(A)
过滤器频率
硬件中断
确定　默认　取消　帮助

图 7.27　脉宽调制参数设置

(4)保存、编译和下载。

(四)编程

根据要求,要实现手动和自动控制,手动方式下,可以选择方向和速度后,由启动和停止按钮单独控制。自动方式下,则实现连续运行。对于自动模式下采用顺序控制设计法来实现,逻辑关系比较清楚。

手动模式下,M0.0 为运行保持位,如图 7.28 所示。

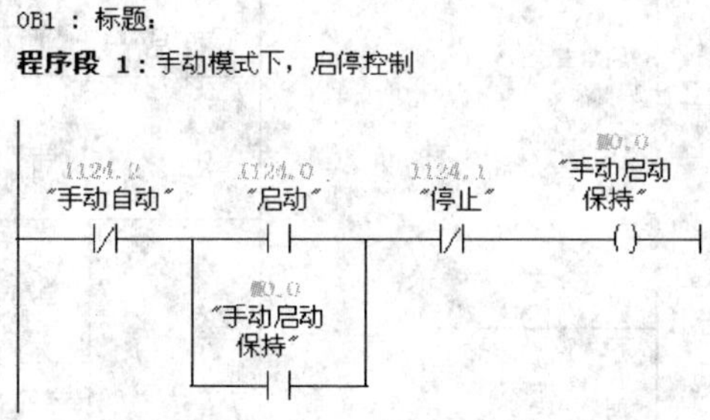

OB1 : 标题:

程序段 1:手动模式下,启停控制

I124.2 "手动自动"　I124.0 "启动"　I124.1 "停止"　M0.0 "手动启动保持"

M0.0 "手动启动保持"

图 7.28　手动模式下启停

手动模式下,当 M0.0 为 1,启动脉冲输出。"OUTP_VAL"等于 500,表示输出占空比为 1:2的方波。当低速高速转换开关切换时,对应的 I124.4 的上升沿将设定的周期值重新写入,如图 7.29 所示。

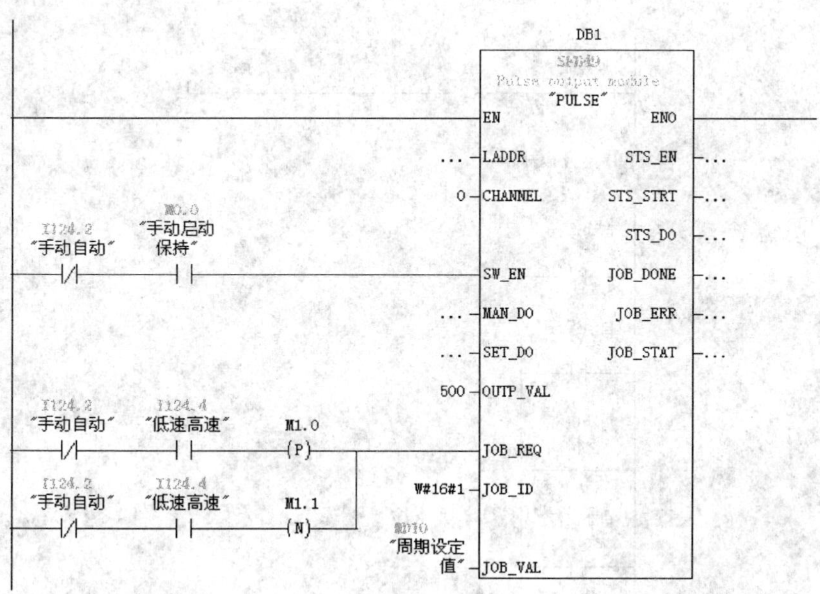

图 7.29　手动模式下发脉冲

手动模式下,开关 SA3 切换时,将不同的设定值写入到周期设定值中,程序段 3 中,将 L#20写入到 MD10 中,即设定周期为 $20 \times 0.1\ ms = 2\ ms$;程序段 4 中设定周期为 1 ms,发脉冲

频率高，如图 7.30 所示。

手动模式下，通过转换开关 SA2 切换运行方向，自动模式下，第四步和第五步时要改变步进电机运行方向，如图 7.31 所示。

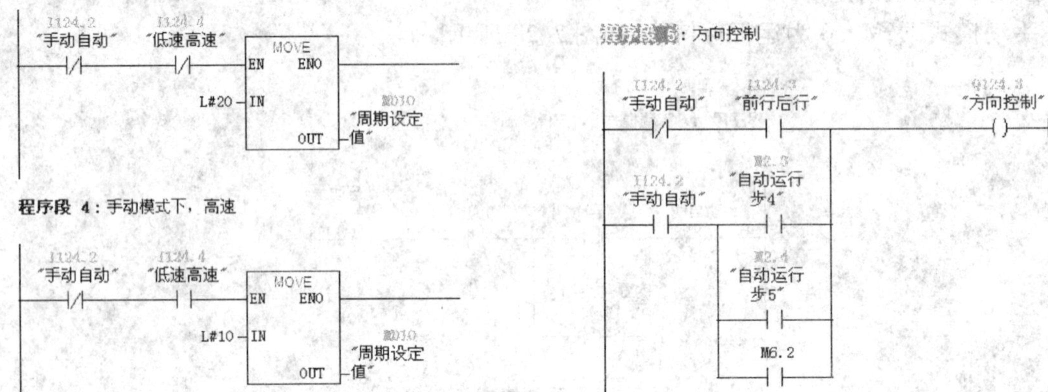

图 7.30 手动模式下低速和高速设定

图 7.31 方向控制

自动模式下，当回到原点开关时，将 M6.0 置 1，停止发脉冲。自动模式运行时，M6.1 为 1，如图 7.32 所示。

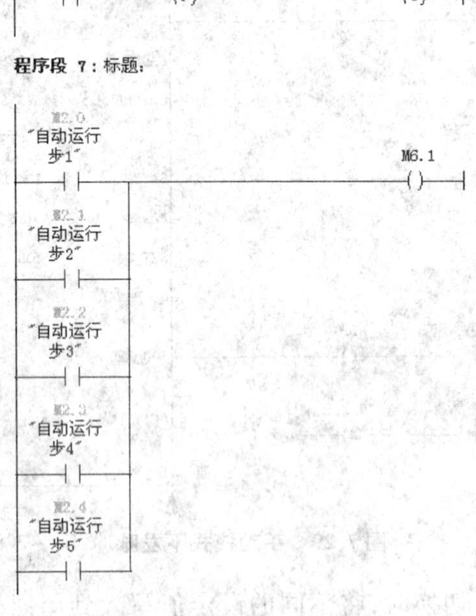

图 7.32 原点位置判断

当转换开关切换到自动模式，步进电机自动后退，回原点，如图 7.33 所示。

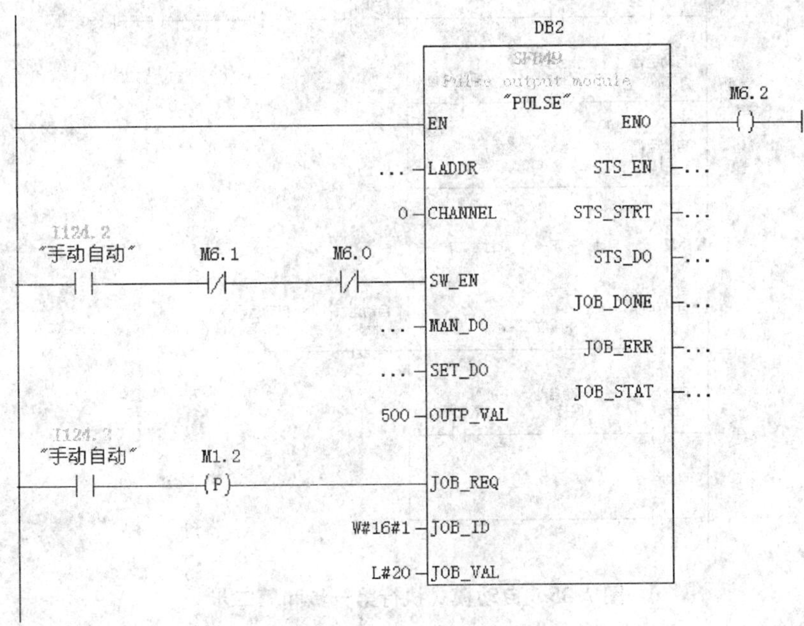

图 7.33　**自动方式下回原点**

自动方式下，按下启动按钮，标志位 M3.0 置为 1，如图 7.34 所示。

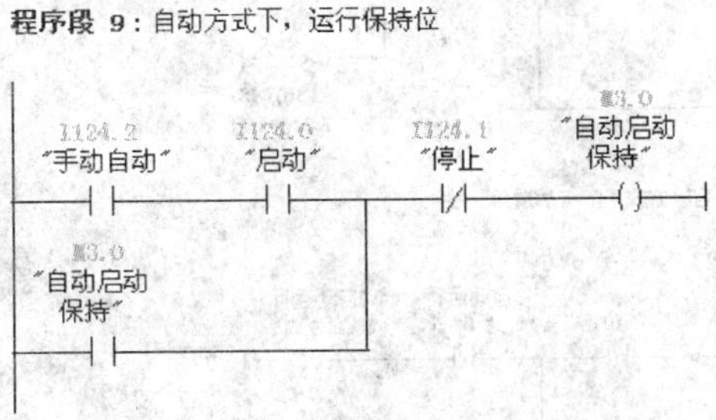

程序段 9：自动方式下，运行保持位

I124.2 "手动自动"　I124.0 "启动"　I124.1 "停止"　M3.0 "自动启动保持"

M3.0 "自动启动保持"

图 7.34　**自动方式下标志位**

自动模式下，按下启动按钮，开始执行第一步，碰到中限位开关后，自动执行第二步，一个周期结束后，若整个周期内按下过停止按钮，则回到原点后自动停止，如图 7.35 所示。

运行到前限位开关时，执行第三步，暂停 4 s 后，开始后退，执行第四步，碰到中限位开关时，执行第五步，如图 7.36 所示。

在执行第一步和第四步时，为低速运行，设置脉冲周期为 2 ms，如图 7.37 所示。

在执行第二步和第五步时，为高速运行，设置脉冲周期为 1 ms，如图 7.38 所示。

无论自动模式还是手动模式，根据运行方向进行相应的显示，如图 7.39 所示。

将程序保存，下载组织块 OB1 和对应的数据块到 S7 - 300 PLC 中后运行调试。

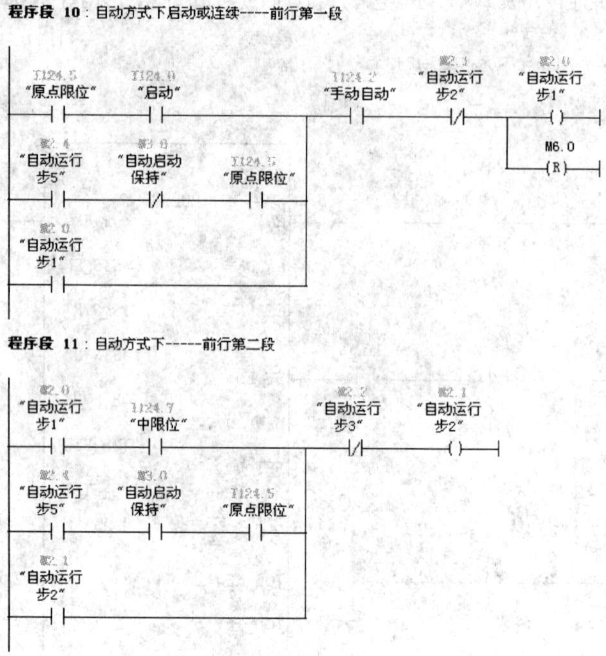

程序段 10：自动方式下启动或连续----前行第一段

程序段 11：自动方式下-----前行第二段

图 7.35　自动模式执行第一步和第二步

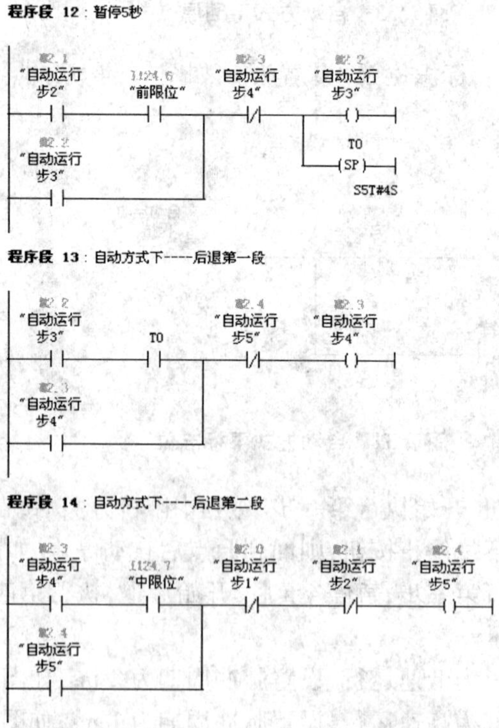

程序段 12：暂停5秒

程序段 13：自动方式下----后退第一段

程序段 14：自动方式下----后退第二段

图 7.36　暂停和后退

程序段 15：低速运行

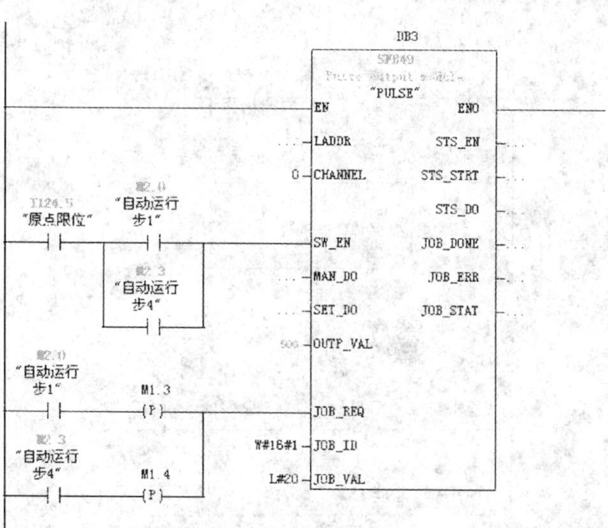

图 7.37　自动方式下低速运行

程序段 16：高速运行

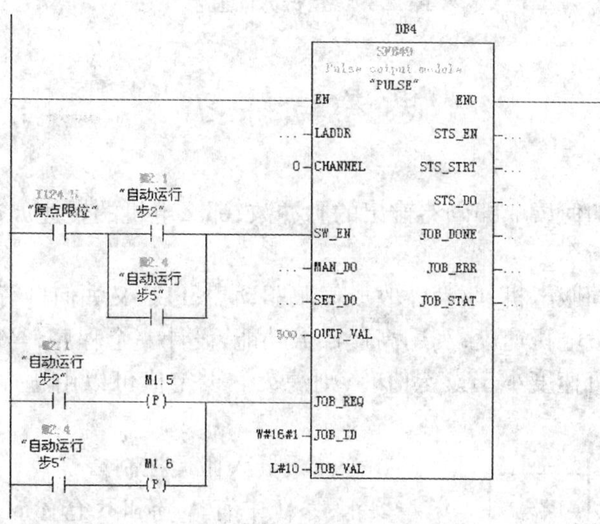

图 7.38　自动方式下高速运行

程序段 17：前行指示

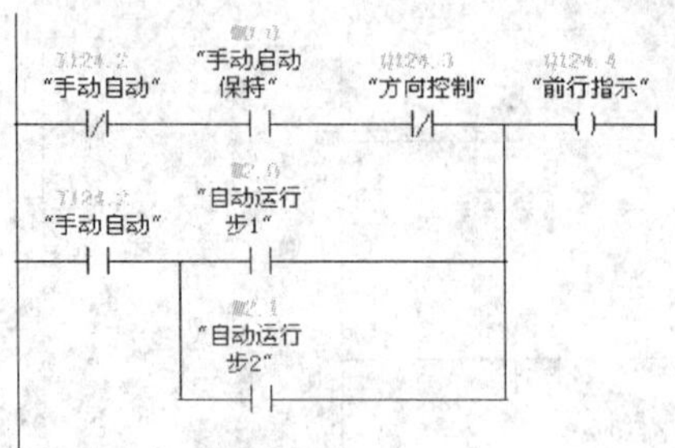

程序段 18：后退指示

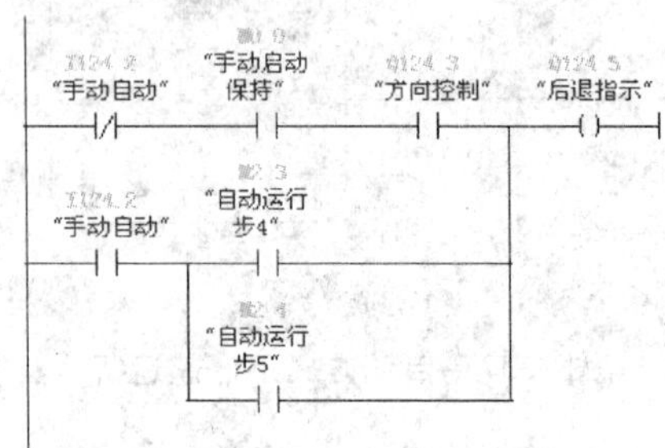

图 7.39　运行方向显示

思考与练习

1. 任务一介绍了如何读取编码器输出的脉冲数，那么电机的转速如何计算呢？（提示：采用定时器和数据处理指令）

2. 如果电机改成伺服电机，驱动器改成伺服驱动器，PLC 又如何进行控制呢？

3. 使用编码器测量电机速度，利用高速计数功能，设计一个程序，当电机速度超过设定值时，指示灯点亮；当电机速度小于设定值时，则熄灭。设定值可以由程序给定，或由上位机组态软件给定。

4. 仓储机器人搬运控制。

要求：系统中有 A 仓和 B 仓存放工件，每个仓有三层，如图 7.40 所示。当 K1 信号有效时，把 A 仓二层工件搬运到 B 仓三层；若 K2 信号有效时，把 B 仓二层的工件搬运到 A 仓的三层；假设机械手初始位置在 A 仓的一层，自行选择步进电机及驱动器，A 仓和 B 仓的距离及层高自行设计。另外，要求系统中采用编码器对位置进行检测和定位。

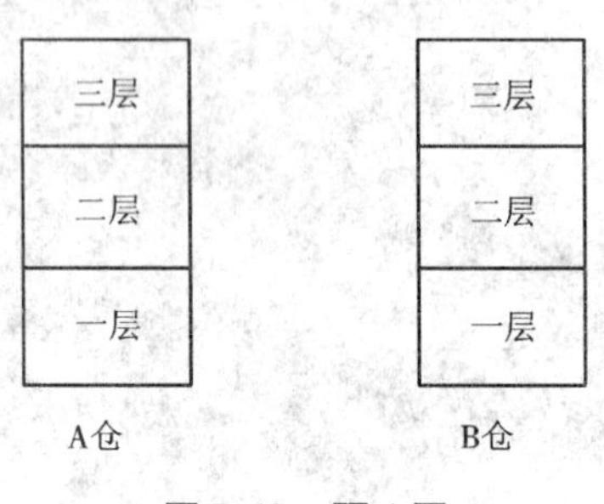

图 7.40　题 4 图

模块八 S7－300 PLC 工业网络组态与编程

学习目标：

学习了本模块之后，你将会

☞ 了解西门子工业通信的相关知识；

☞ 熟悉 MPI 通信方式；

☞ 掌握 PLC 之间的 MPI 通信的组态与编程；

☞ 熟悉 PROFIBUS 通信方式；

☞ 掌握 PLC 之间的 DP 通信的组态与编程；

☞ 熟悉以太网通信方式；

☞ 掌握 PLC 之间的以太网通信的组态与编程。

随着计算机技术、网络技术、生产技术的发展，工业中网络通信的应用越来越广泛，本模块主要介绍 S7－300 PLC 的网络通信技术，其中包括西门子工业网络的概述，S7－300 PLC 支持的几种通信协议，以案例的形式详细地介绍 MPI 方式、DP 方式和以太网通信组态的方法。通过本模块的学习，能够达到工业网络组建和使用的目的。

任务一 西门子工业网络的概述

PLC 的应用由独立控制向生产全集成自动化过渡，要求各种 PLC 之间、PLC 与计算机之间、PLC 和其他控制设备之间能够迅速、准确、及时地进行通信，以达到准确无误和实时的控制与管理。

一、SIMATIC 网络结构

现代大型工业企业的控制系统多采用分级网络管理，其结构如图 8.1 所示，有工厂管理层、生产控制层和自动化层三层。最下层负责现场的监测与控制，中间层负责生产过程的监控和优化，最上层负责生产管理。在工厂自动化系统中，不同的 PLC 厂家的网络结构的层数及各层的功能都有所不同，但各层之间均在通信的基础上，起到协调、控制生产的作用。

（一）自动化层

自动化层又称为现场设备层，主要用来连接现场设备，例如分布式 I/O、传感器、驱动器、执行机构和开关设备等，完成现场信号采集和设备控制。主站（PLC、PC 或其他控制器）负责总线通信管理及与从站的通信，由主站负责整个设备的生产工艺的执行。

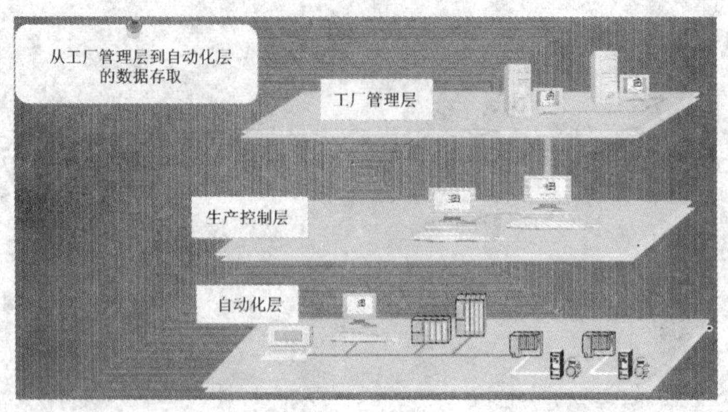

图 8.1　工业网络结构

自动化层主要采用 PROFIBUS 通信协议,并将执行器 - 传感器单独分为一层,主要使用 AS - i(执行器 - 传感器接口)网络。

(二)生产控制层

生产控制层又称为车间监控层或单元层,主要用来完成车间主生产设备之间的连接,实现车间级设备的监控。车间级监控包括生产设备状态的在线监控、设备故障报警与维护等。

生产控制层主要采用 PROFIBUS - FMS 或工业以太网,前者基本被工业以太网替代。

(三)工厂管理层

工厂管理层主要是通过交换机等将车间生产数据传送到车间管理层,然后再传送到工厂管理层。

工厂管理层通常采用的是 IEC 802.3 标准的以太网。

二、西门子工业通信协议

S7 - 300 PLC 具有很强的通信功能,CPU 模块本身集成了 MPI 的通信接口,另外还配有 PROFIBUS - DP 和工业以太网的通信模块以及点对点通信模块。PLC 可以通过现场总线与分布式 I/O 模块进行自动的数据交换。另外,还可以与计算机、人机界面(HMI)、变频器进行通信,从而达到理想的控制方式和目的。

西门子工业通信网络如图 8.2 所示。

通过引入全集成自动化理念,西门子公司成为市场上首家全面实现提供从设备到全集成自动化的解决方案的公司,无论是过程工业还是综合工业,全集成自动化都是一种独特的通用解决方案平台,涵盖所有应用领域。

(一)工业以太网(Industrial Ethernet)

工业以太网是用于工厂管理层和车间监控层的通信系统,符合 IEEE 802.3 和 IEEE 802.11国际标准。工业以太网可用于构建横跨很长一段距离的高性能通信网络,其传输速率为 10/100 Mbps,最多 1 024 个网络节点。

(二)PROFIBUS

工业现场总线是用于车间级和现场层的通信系统,它符合 IEC 61158/EN 50170 标准,具有开放性,符合该标准的厂商生产的设备均可接入同一网络。S7 - 300 PLC 可以通过通信处

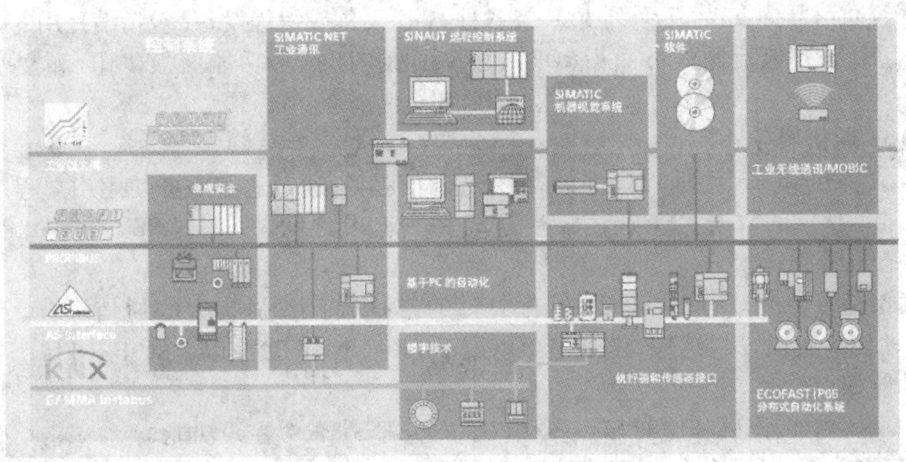

图 8.2　西门子工业通信网络

理器或集成在 CPU 模块上的 PROFIBUS－DP 接口连接到 DP 网络中，通过该接口，可以实现 CPU 高速、方便地控制分布式 I/O。PROFIBUS 的物理层是 RS485，最大传输速率为 12 Mbps，最多可以与 127 个网络上的节点进行数据交换。

（三）执行器－传感器接口（AS－i）

AS－i 是位于自动控制系统最底层的网络，用来连接有 AS－i 接口的现场二进制设备，只能传送少量的数据，例如开关量的状态等。

（四）通用总线系统 KONNEX（KNX）

KNX 是一国际标准，是构成楼宇自动化的基础，通过控件和网络实现网络交换。

（五）多点接口（MPI）

S7－300 PLC 的 CPU 集成了 MPI 通信协议，其物理层是 RS485，最大的传输速率为 12 Mbps。PLC 通过 MPI 可与计算机、人机界面、编程器等通信。

（六）点对点通信（PtP 通信）

PtP 通信可以连接两台 S7 系列 PLC 和 S5 系列 PLC 以及计算机、打印机、扫描仪等设备。使用 CP 340、CP 341 和 CP 441 模块，或通过 CPU 上集成的 PtP 通信接口来实现 PtP 通信。

三、PG/OP 通信服务和 S7 通信服务

（一）PG/OP 通信服务

PG/OP（编程器/操作面板）通信服务是集成的通信功能，用于 SIMATIC PLC 和 SIMOTION（西门子运动控制系统）、编程软件（例如 STEP 7）、人机界面设备之间的通信，下载、上载硬件组态和用户程序，在线监视 S7 站，以进行测试和诊断。工业以太网、PROFIBUS 和 MPI 均支持 PG/OP 通信服务。

由于 S7 通信功能内置在 SIMATIC PLC 的操作系统中，可以用 HMI 设备、PG/PC 访问 PLC 内的数据，不用在通信伙伴（S7 站）的用户程序中编程。也可以用 SFB 和 SFC 来产生用于 HMI 设备的报警信息。

PG/OP 通信服务支持 S7 系列 PLC 与各种 HMI 设备或编程设备(包括编程用的 PC)通信的协议。HMI 设备包括操作员面板(OP)、触摸面板(TP)、多功能面板(MP)和文本显示器(TD)。

(二)S7 通信服务

所有 S7 系列和 C7 系列 PLC 都集成了 S7 通信服务,通过这些服务使用用户程序可以读取或写入通信伙伴的数据。S7 通信服务为 S7 系列 PLC 之间、S7 系列 PLC 与 HMI 和 PG/PC 之间提供通信服务。

S7 通信是专为 SIMATIC S7/C7 优化设计的,提供简明、强有力的通信服务。S7 - 300 PLC 使用功能块实现 S7 通信。S7 通信可以用于 PROFINET、工业以太网、PROFIBUS 和 MPI。

S7 功能如下。

(1)编程、测试、调试和诊断 S7 - 300 PLC 的全部 STEP 7 在线功能。

(2)存取变量、自动传输数据到 HMI 系统。

(3)S7 站之间的数据传输。

(4)读写别的 S7 站的数据、通信伙伴,不需编写通信用户程序。

(5)控制功能,例如通信伙伴 CPU 的停止、预热和热启动。

(6)监视功能,例如监视通信伙伴 CPU 的运行状态。

为了在 PLC 之间传输数据,应在通信的单方或双方用连接表来组态一个 S7 连接,被组态的连接在站启动时建立并一直保持。可以建立与同一个通信伙伴的多个连接。可以随时访问的通信伙伴的个数受到 CPU 或 CP(通信处理器)可用的连接资源数的限制。需要在 S7 - 300 PLC 的用户程序中分别调用 SFB/FB 来实现集成的 S7 通信功能,如表 8.1 所示。

表 8.1 用于 S7 通信数据交换的 FB

块编号	助记符	可传输字节数	描述
FB8	USEND	160 B	与接收方通信功能(URCV)执行序列无次的快速的无须确认的数据交换,例如传送操作与维护信息、对方接收到的信息可能被新的数据覆盖
FB9	USCV		
FB12	BSEND	32 KB	将数据块安全地传输到通信伙伴,直到通信伙伴的接收功能(BRCV)接收完数据,数据传输才结束
FB13	BRCV		
FB14	GET	160 B	程序控制读取远方 CPU 的变量,通信伙伴不需要编写通信程序
FB15	PUT		程序控制与变量到远方 CPU,通信伙伴不需要编写通信程序

任务二 MPI 通信的组态连接

一、任务提出

MPI(多点接口,Multi-Point Interface)通信用于小范围、小点数的现场级通信。MPI 是为

S7/M7 和 C7 系统提供多点接口,它设计用于编程设备的接口,也可用于少数 CPU 之间传递少量数据。MPI 通信方式有全局数据包通信方式、无组态连接通信方式之双边编程通信方式、无组态连接通信方式之单边编程通信方式、组态连接通信方式。那么这几种通信方式各有什么特点?分别应用在什么场合?如何才能实现 S7 - 300 PLC 与 S7 - 400 PLC 之间或 S7 - 300 PLC 与 S7 - 200 PLC 之间的 MPI 通信呢?

二、相关新知识

(一)MPI 概述

MPI 通信是当通信速率要求不高、通信数据量不大时,采用的一种简单经济的通信方式。MPI 通信可使用 S7 - 200、S7 - 300、S7 - 400 系列 PLC,操作面板 TP/OP 及上位机 MPI/PROFIBUS 通信卡,如 CP5512、CP5611、CP5613 等进行数据交换。MPI 网络的通信速率为 19.2 Kbps ~ 12 Mbps,通常默认设置为 187.5 Kbps,只有能够设置为 PROFIBUS 接口的 MPI 网络才支持 12 Mbps 的通信速率。MPI 网络最多可以连接 32 个节点,最大通信距离为 50 m,加中继器后为 1 000 m,使用光纤和星形连接时最长为 23.8 km。

S7 - 300 PLC 的 CPU 集成的第一个通信端口是 MPI 接口,它可以实现 PG/OP、全局数据通信及少量数据交换的 S7 通信功能。MPI 为 RS485 接口,需要使用 PROFIBUS 总线连接器(并带有终端电阻)和 PROFIBUS 电缆,若使用其他电缆和接头,则不能保证通信质量和距离,如图 8.3 所示。

图 8.3 PROFIBUS 电缆和总线连接器

(二)设置 MPI

设置 MPI 可分为两部分:PLC 侧和 PC 侧的 MPI 参数设置。

1. PLC 侧参数设置

在硬件组态时,双击机架上的 CPU,即可弹出如图 8.4 所示的属性对话框,在该对话框中"常规"选项卡中可以看到接口为 MPI,地址为 2,未联网。

在图 8.4 中,点击"属性"按钮,则弹出如图 8.5 所示的对话框,可以修改地址、新建网络及通信速率等。在通常应用中,不要改变 MPI 通信速率,整个 MPI 网络中通信速率必须保持一致,且 MPI 站地址不能冲突。

2. PC 侧参数设置

在 PC 侧同样进行 MPI 参数设置,在 STEP 7 主界面中,点击"选项"→"设置 PG/PC 接

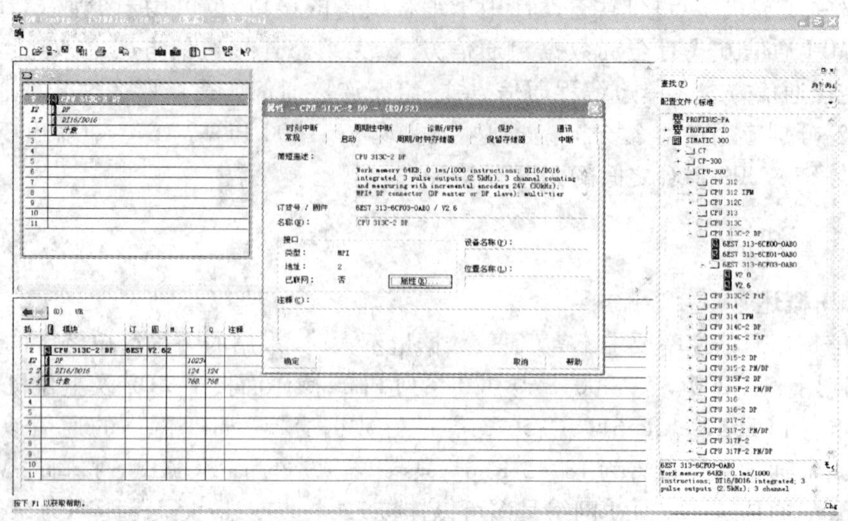

图 8.4　CPU 属性对话框

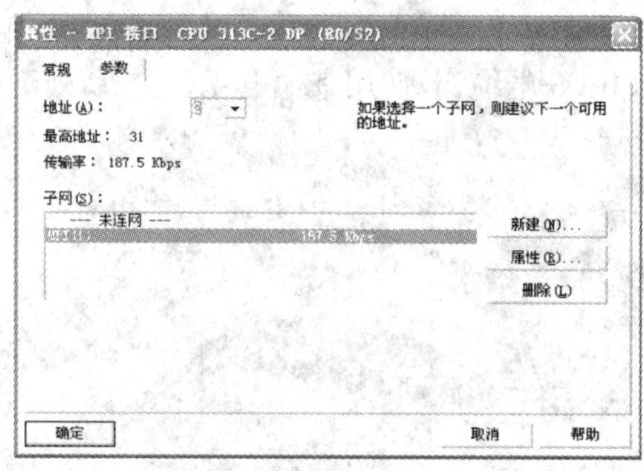

图 8.5　MPI 接口属性对话框

口”，如图 8.6 所示。

选择“PC Adapter(MPI)”作为编程卡，如图 8.7 所示，设置完成后，就可将组态信息下载到 CPU 中。

常用的 MPI 通信卡的类型如下。

(1)PC Adapter(PC 适配器)：一端连接到 PC 机的 RS232 口或通用串行总线(USB)口，另一端连接到 CPU 的 MPI 接口，它没有网络诊断功能，通信速率最高为 1.5 Mbps，价格较低。

(2)CP5511：PCMCIA TYPE Ⅱ卡，用于笔记本电脑编程和通信，具有网络诊断功能，通信速率最高可达 12 Mbps，价格相对较高。

(3)CP5512：PCMCIA TYPE Ⅱ CardBus(32 位)卡，用于笔记本电脑编程和通信，具有网络诊断功能，通信速率最高可达 12 Mbps，价格相对较高。

(4)CP5611：PCI 卡，用于台式电脑编程和通信，具有网络诊断功能，通信速率最高可达 12 Mbps，价格适中。

(5)CP5613：PCI 卡(替代原 CP5412 卡)，用于台式电脑编程和通信，具有网络诊断功能，

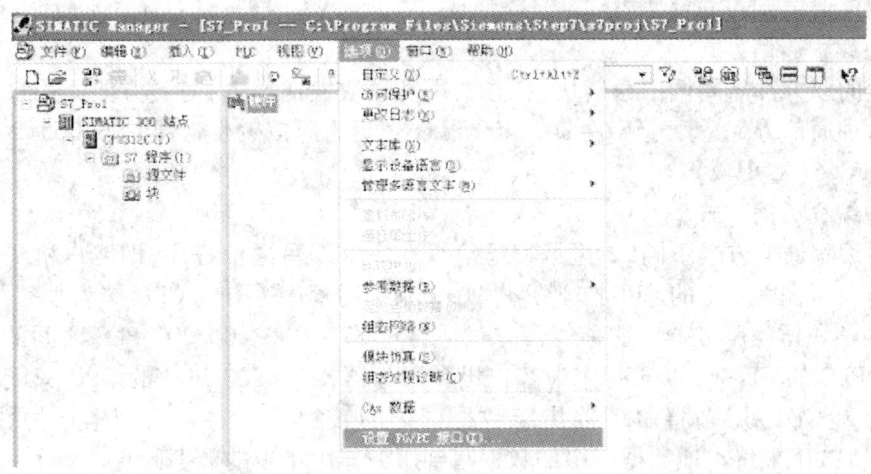

图 8.6　打开设置 PG/PC 接口

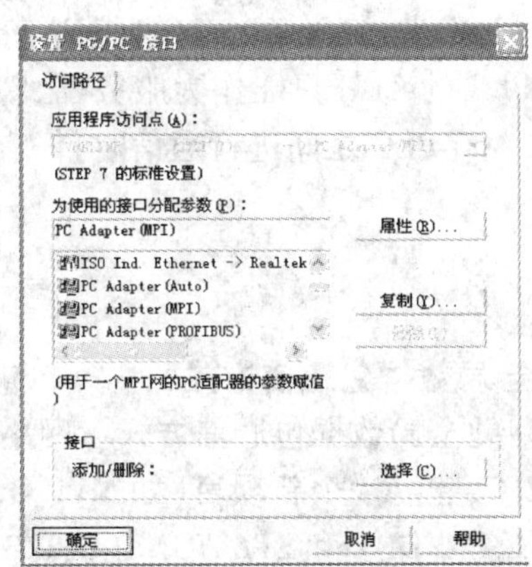

图 8.7　在 PG/PC 中配置 MPI 编程接口

通信速率最高可达 12 Mbps，并带有处理器，可保持大数据量通信的稳定性，一般用于 PROFIBUS 网络，同时也具有 MPI 功能，价格相对最高。

（三）PLC 之间的 MPI 通信

通过 MPI 实现 PLC 之间通信有三种方式：全局数据包通信方式、无组态连接通信方式和组态连接通信方式。

1. 全局数据包通信方式

对于 PLC 之间的数据交换，只需清楚数据的发送区和接收区，全局数据包的通信方式是在配置 PLC 硬件的过程中，组态所要通信的 PLC 站之间的发送区和接收区不需要程序处理。这种方式只适合于 S7－300/400 PLC 之间相互通信。

2. 无组态连接通信方式

无组态的 MPI 通信需要调用系统功能块 SFC65～SFC69 来实现，这种通信方式适合于 S7－300、S7－400 和 S7－200 PLC 之间的通信。通过调用 SFC 来实现的 MPI 通信又可分为两种方式：双边编程通信方式和单边编程通信方式。需要注意的是，调用系统功能通信方式不能和全局数据通信方式混合使用。

1)双边编程通信方式

在通信的双方都需要调用通信块,一方调用发送块发送数据,另一方要调用接收块来接收数据。这种通信方式适用于S7－300/400 PLC之间的通信。发送块是SFC65(X_SEND),接收块是SFC66(X_RCV)。

2)单边编程通信方式

与双边编程通信方式不同,单边编程通信只在一方编写通信程序,即客户机与服务器的访问模式。编写程序一方的CPU作为客户机,无须编写程序一方的CPU作为服务器,客户机调用SFC通信块访问服务器。这种通信方式适合于S7－300/400/200 PLC之间的通信。S7－300/400 PLC的CPU可以同时作为客户机和服务器,S7－200 PLC的CPU只能作为服务器。SFC67(X_GET)用来将服务器指定数据区中的数据读回并存放到本地的数据区中,SFC68(X_PUT)用来将本地数据区中的数据写到服务器中指定的数据区。

3.组态连接通信方式

如果交换的信息量较大时,可以选择组态连接通信方式,这种通信方式只能在S7－300 PLC与S7－400 PLC或S7－400 PLC与S7－400 PLC之间进行。在S7－300 PLC与S7－400 PLC之间进行通信时,S7－300 PLC的CPU只能作为服务器,S7－400 PLC的CPU只能作为客户机;在S7－400 PLC与S7－400 PLC之间进行通信时,任意一个CPU都可以作为服务器或客户机。

三、任务解决方案

(一)S7－300 PLC之间的全局数据包通信方式

下面介绍S7－300 PLC之间的全局数据包通信方式。网络组态步骤如下。

(1)首先打开编程软件STEP7,建立一个新项目(如MPI_GD),在此项目下插入两个PLC站分别为STATION1(CPU 315－2 PN/DP)和STATION2(CPU 313C－2 DP),并分别插入CPU完成硬件组态,配置MPI的站号和通信速率,在本例中MPI的站号分别设置为3号站和4号站,通信速率为187.5 Kbps。

(2)组态数据的发送区和接收区。点击项目名MPI_GD后出现STATION1,STATION2和MPI网,点击“MPI”,再点击菜单“选项”→“定义全局数据”,如图8.8所示,弹出如图8.9所示的对话框。

(3)插入所有需要通信的PLC站CPU。双击“全局数据(GD)ID”右边的CPU栏,弹出如图8.10所示的对话框,选择需要通信PLC,分别添加两个站的CPU,如图8.11所示。CPU栏总共有15列,这就意味着最多有15个CPU能够参与通信。

(4)定义数据发送区和接收区。选中CPU 315－2 PN/DP对应列的第一行,输入MB10:10,选中CPU 313C－2 DP对应列的第一行,输入MB100:10,如图8.12所示。MB10:10表示MB10作为起始地址的连续10个字节,MB100:10表示MB100作为起始地址的连续10个字节。

选中“MB10:10”所在区域,点击菜单“编辑”→“发送器”,如图8.13所示,表示CPU 315－2 PN/DP的以MB10开始的10个字节作为发送区。选中“MB100:10”所在区域,点击菜单“编辑”→“接收器”,则CPU 313C－2 DP的以MB100开始的10个字节作为接收区。

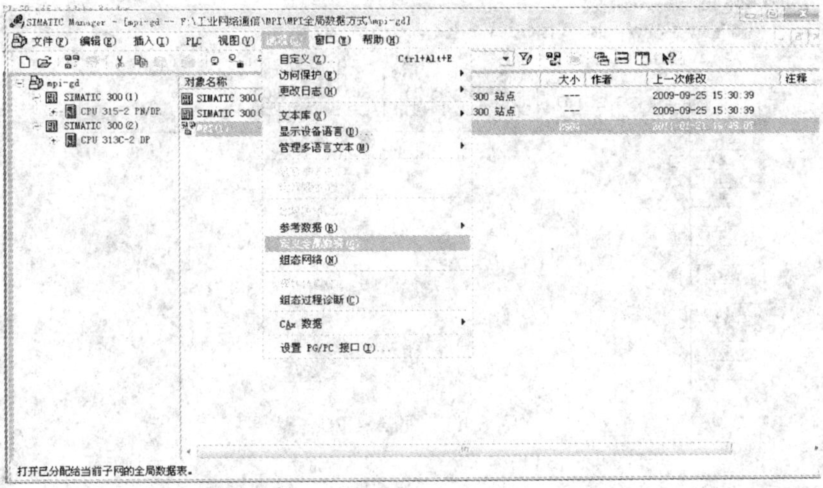

图 8.8　定义全局数据

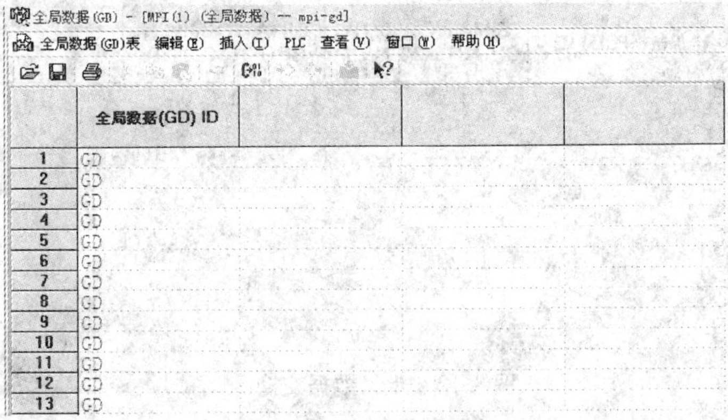

图 8.9　全局数据组态画面

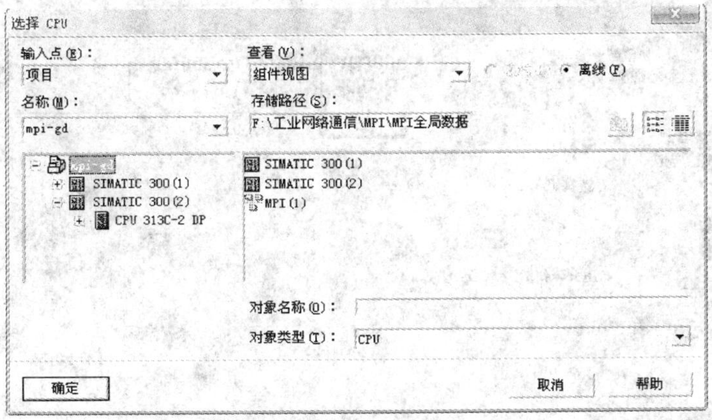

图 8.10　选择 CPU

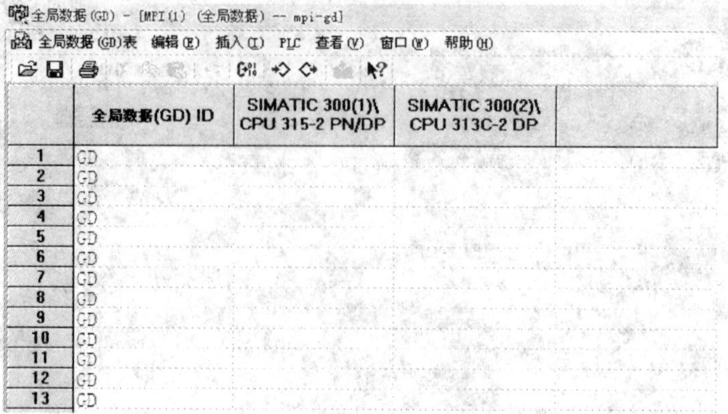

图 8.11 插入 CPU

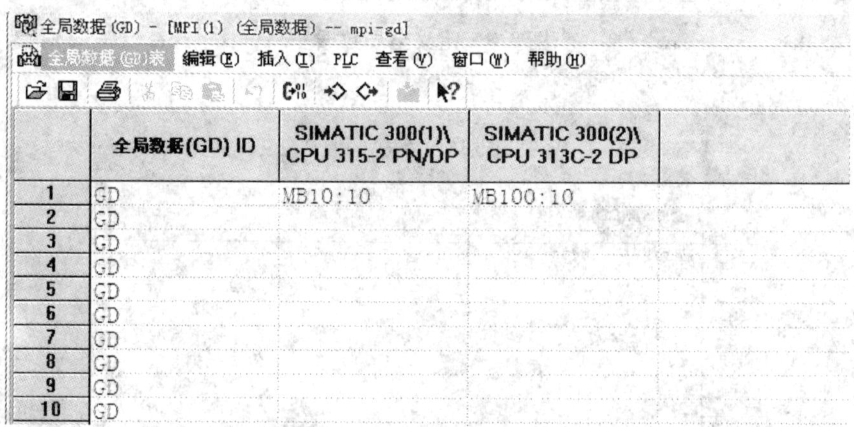

图 8.12 定义数据交换区

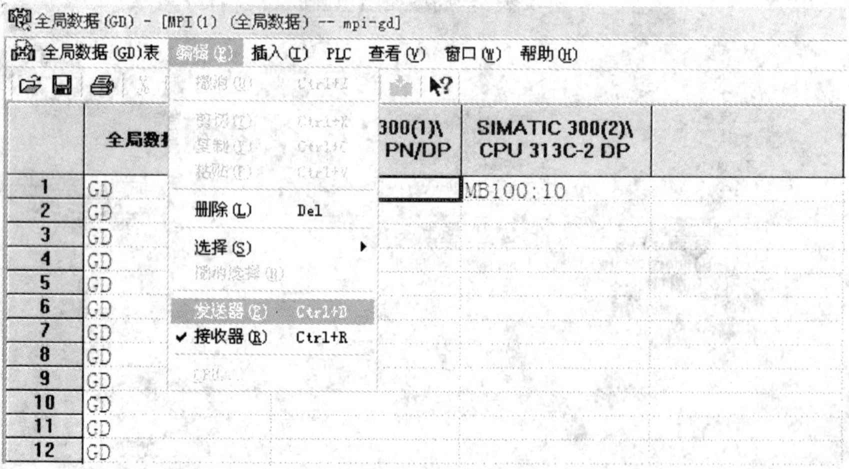

图 8.13 组态第一个数据包

按照同样的方法，设置 CPU 313C－2 DP 的以 MB130 为起始地址的连续 20 个字节作为发送区，CPU 315－2 PN/DP 的以 MB30 为起始地址的连续 20 个字节作为接收区，如图 8.14 所示。

全局数据(GD) - [MPI(1) (全局数据) -- mpi-gd]

全局数据(GD)表　编辑(E)　插入(I)　PLC　查看(V)　窗口(W)　帮助(H)

	全局数据(GD) ID	SIMATIC 300(1)\ CPU 315-2 PN/DP	SIMATIC 300(2)\ CPU 313C-2 DP
1	GD	>MB10:10	MB100:10
2	GD	MB30:20	>MB130:20
3	GD		
4	GD		
5	GD		
6	GD		
7	GD		
8	GD		
9	GD		
10	GD		

图 8.14　组态第二个数据包

编译存盘后，把组态数据分别下载到 CPU 中，这样数据就可以相互交换了，如图 8.15 所示。地址区可以为 DB、M、I、Q 区，长度 S7－300 PLC 最大为 22 个字节，S7－400 PLC 最大为 54 个字节。发送区与接收区的长度应一致，所以在上例中通信区最大为 22 个字节。

全局数据(GD) - [MPI(1) (全局数据) -- mpi-gd]

全局数据(GD)表　编辑(E)　插入(I)　PLC　查看(V)　窗口(W)　帮助(H)

	全局数据(GD) ID	SIMATIC 300(1)\ CPU 315-2 PN/DP	SIMATIC 300(2)\ CPU 313C-2 DP
1	GD 1.1.1	>MB10:10	MB100:10
2	GD 1.2.1	MB30:20	>MB130:20
3	GD		
4	GD		
5	GD		
6	GD		
7	GD		

图 8.15　组态数据发送区和接收区

(5) GD ID 参数：编译以后，每行通信区都会有 GD ID 号，如图 8.16 所示。

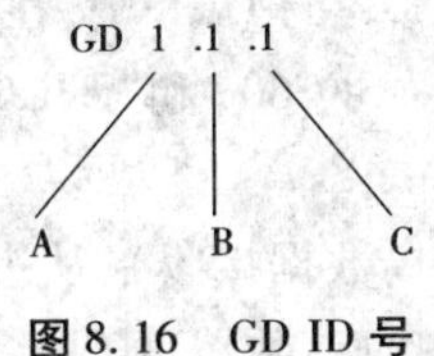

图 8.16　GD ID 号

A：全局数据包的循环数，每一循环数表示和一个 CPU 通信，例如两个 S7－300 PLC 的 CPU 通信，发送与接收是一个循环，S7－400 PLC 中 3 个 CPU 之间的发送与接收是一个循环，循环数与 CPU 有关，S7－300 PLC 的 CPU 最多为 4 个，所以最多和 4 个 CPU 通信；S7－400

PLC 的 CPU 414 -2 DP 最多为 8 个;S7 -400 PLC 的 CPU 416 -2 DP 最多为 16 个。

B:全局数据包的个数,表示一个循环有几个全局数据包。例如两个 S7 站相互通信,一个循环有两个数据包,如图 8.17 所示。

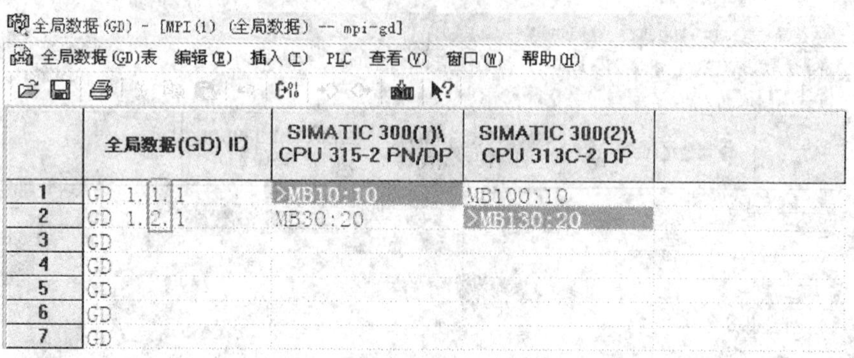

全局数据 (GD) - [MPI(1) (全局数据) -- mpi-gd]

全局数据 (GD)表 编辑(E) 插入(I) PLC 查看(V) 窗口(W) 帮助(H)

	全局数据(GD) ID	SIMATIC 300(1)\ CPU 315-2 PN/DP	SIMATIC 300(2)\ CPU 313C-2 DP	
1	GD 1.1.1	>MB10:10	MB100:10	
2	GD 1.2.1	MB30:20	>MB130:20	
3	GD			
4	GD			
5	GD			
6	GD			
7	GD			

图 8.17 一个循环有两个数据包

C:一个数据包里的数据区数。如图 8.18 所示,CPU 315 -2 DP 发送 4 组数据到 CPU 416 -2 DP,4 个数据区是一个数据包,从上面可以知道一个数据包最大为 22 个字节,在这种情况下每个额外的数据区占用两个字节,所以数据量最大为 16 个字节。

GD Table Edit Insert PLC View Window Help

	GD ID	STATION2\ CPU 315-2 DP	STATION1\ CPU 416-2 DP	
1	GD 1.1.1	>DB1.DBB20	DB1.DBB20	
2	GD 1.1.2	>MB20	MB20	
3	GD 1.1.3	>QB0:10	QB0:10	
4	GD 1.1.4	>DB1.DBW40	DB1.DBW40	
5	GD			
6	GD			

图 8.18 一个数据包里的数据区数

对于 A,B,C 参数的介绍只是为了优化数据的接收区和发送区,减少 CPU 的通信负载,简单应用可以不用考虑这些参数,GD ID 编译后会自动生成。

(6)事件触发的数据传送。通过调用 CPU 的系统功能 SFC60 (GD_SND)和 SFC61(GD_RCV)来完成。打开 CPU 315 -2 PN/DP 的 OB1 块,在左侧"程序元素"→"库"→"Standard Library"→"System Function Blocks"→"SFC60"和"SFC61"(如图 8.19 所示),添加到 OB1 块中,如图 8.20 所示。

其中,通过 SFC61"GD_RCV"(全局数据接收),从进入的 GD 帧中为单个 GD 信息包提取数据,然后输入接收到的 GD 信息包中。参数"CIRCLE_ID"表示将输入进入的 GD 信息包的 GD 环编号,在通过 STEP 7 组态全局数据期间指定该编号,允许使用的数值为 1 ~ 16。参数"BLOCK_ID"表示将输入进入数据选定的 GD 环中的 GD 信息包的编号,在通过 STEP 7 组态全局数据期间指定该编号,允许使用的数值为 1 ~3。"RET_VAL"为故障信息,参考表 8.2。

图 8.19　添加 SFC60 和 SFC61

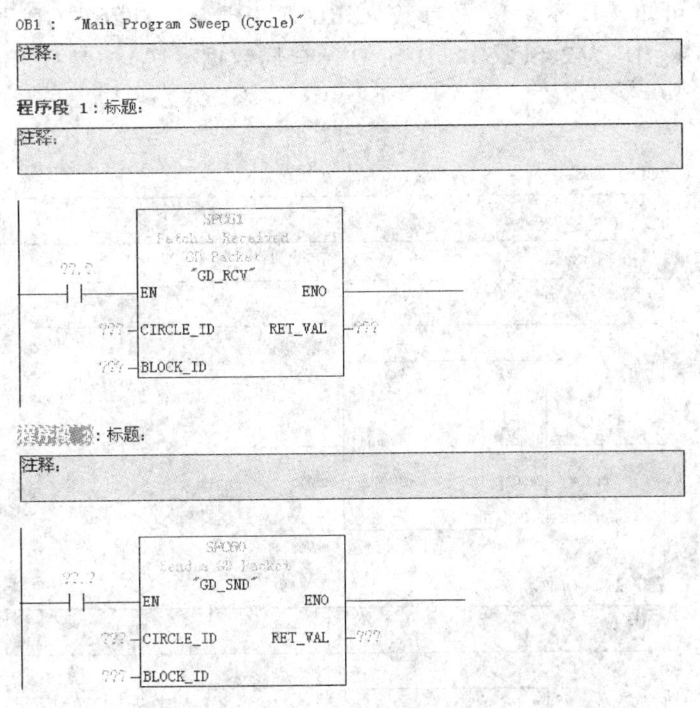

图 8.20　调用 SFC60 和 SFC61

通过 SFC 60“GD_SND”(全局数据发送),采集 GD 信息包的数据,并通过在 GD 信息包中指定的路径发送。参数“CIRCLE_ID”表示待发送 GD 信息包所在的 GD 环编号,在使用 STEP 7 组态全局数据时指定该编号,允许使用的数值为 1 ~ 16。参数“BLOCK_ID”表示要在选定 GD 环中发送的 GD 信息包的编号,在通过 STEP 7 组态全局数据时设置该编号,允许使用的数值为 1 ~ 3。“RET_VAL”为故障信息,参考表 8.2。

表 8.2　故障信息

错误代码(W#16#...)	说　明
0000	未产生故障

续表

错误代码(W#16#...)	说　明
8081	没有组态使用参数 CIRCLE_ID 和 BLOCK_ID 选定的 GD 信息包
8082	参数 CIRCLE_ID 或 BLOCK_ID 的数值非法或这两个参数的数值都非法
8083	执行 SFC 时出错。在为状态信息组态的变量中输入该错误类型。这可通过程序进行判断
8084	由于为较高优先级的同一个 GD 信息包再次调用 SFC 61,终止 SFC 的执行(参见“中断能力”)
8085	在将状态信息输入到所组态的变量中时出错
8xyy	一般错误信息,请参见使用输出参数 RET_VAL 判断故障

根据图 8.17 可知,GD 环为 1，故参数“CIRCLE_ID”为 1,SFC61“GD_RCV”(全局数据接收)的参数“BLOCK_ID”为 2,SFC60“GD_SND”(全局数据发送)的参数“BLOCK_ID”为 1,程序如图 8.21 所示。

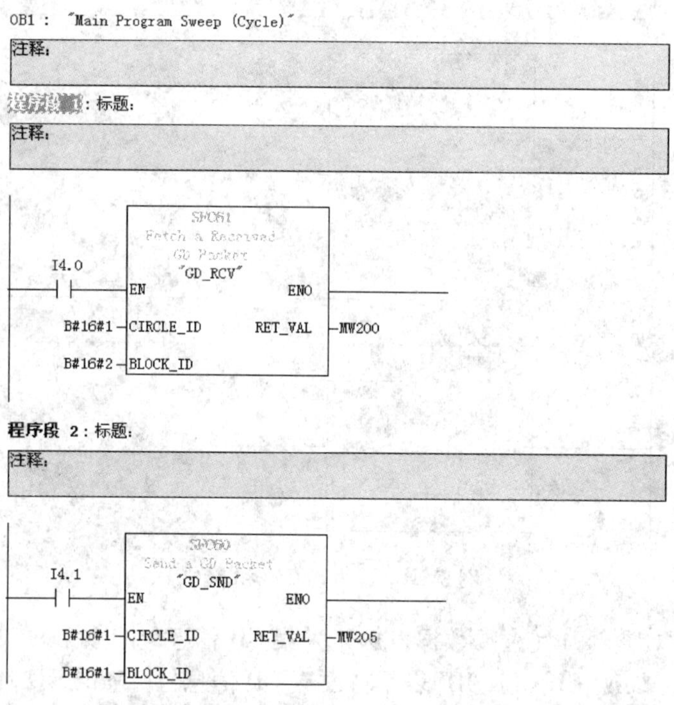

图 8.21　调用 SFC61 和 SFC60

将硬件组态和程序分别下载到两个 PLC 中,运行后,即可实现 MPI 通信。

(二)无组态连接通信方式之双边编程通信方式

全局数据包通信的组态必须是在一个项目下,非常不灵活,有一些用户喜欢调用系统功能(SFC65 ~ SFC69)来实现 PLC 之间的 MPI 通信,这种通信方式适合于 S7 - 300、S7 - 400、S7 - 200 PLC 之间的通信,一些非常老的 S7 - 300/400 PLC 的 CPU 不含有 SFC65 ~ SFC69,所以不能用这种方式通信,只能用全局数据包的方式来通信。判断一个 CPU 是否含通信用的

SFC,可以在联机的情况下,在线查看所用的程序块,看一看是否包含通信用的 SFC65 ~ SFC69。通过调用 SFC 来实现的 MPI 通信又可分为两种方式:双向通信方式和单向通信方式。调用系统功能通信方式不能和全局数据通信方式混合使用。本例中所需硬件为 CPU 315 - 2 PN/DP 和 CPU 313C - 2 DP,所需软件为 STEP 7 V5.2 SP1 版本或以上。

在通信的双方都需要调用通信块,一方调用发送块,另一方就要调用接收块来接收数据。这种通信方式适用 S7 - 300/400 PLC 之间通信,发送块是 SFC65(X_SEND),接收块是 SFC66(X_RCV)。下面将以举例的形式说明怎样调用系统功能来实现通信,在 STEP 7 中创建两个站:STATION1, CPU 为 CPU 315 - 2 PN/DP, MPI 站号为 3;TATION2, CPU 为 CPU 313C - 2 DP,MPI 站号为 4。

3 号站发送 1 包数据给 4 号站,4 号站判断后放在相应的数据区中。在 3 号站 OB35 中须调用 SFC65(其参数说明见表 8.3),如果扫描时间太短、发送频率太快、对方没有响应,将加重 CPU 的负荷,在 OB35 中调用发送块,发送任务将间隔 100 ms 执行一次,编写发送程序如图 8.22所示。

OB35 : "Cyclic Interrupt"

程序段 1:标题:

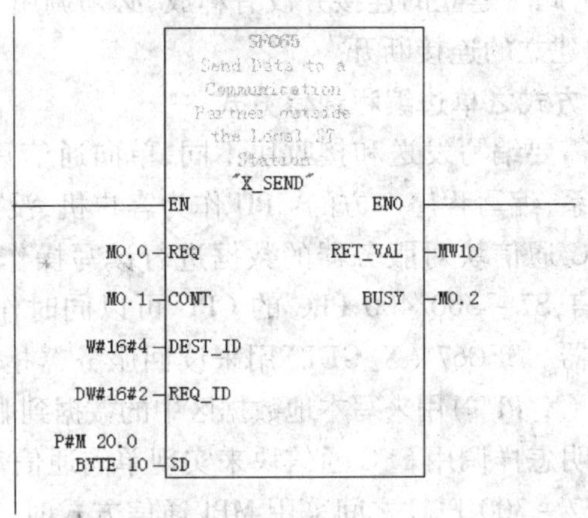

程序段 2:标题:

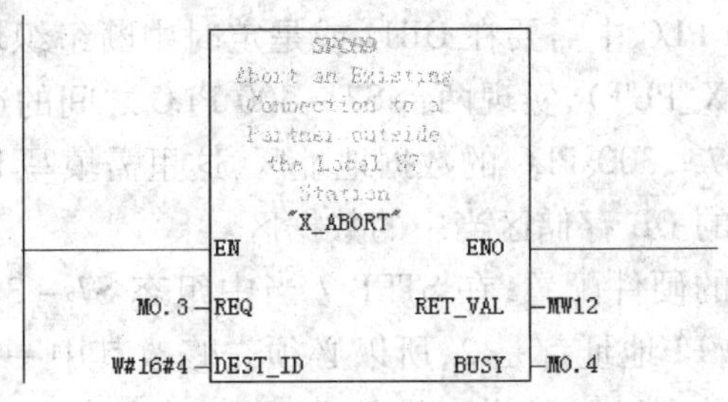

图 8.22　调用 SFC65 和 SFC69

表 8.3 SFC65 参数说明

参 数	说 明
REQ	发送请求,该参数为 1 时发送
CONT	为 1 时表示发送数据是连续的一个整体
DEST_ID	对方的 MPI 地址
REQ_ID	表示一包数据的标识符,标识符自己定义,例子中两包数据的标识符分别为"1","2"
SD	表示发送区,以指针的格式表示,例子中第一包数据为 DB1 中 DBX0.0(DBB0)以后的 76 个字节数据,发送区最大为 76 个字节
RET_VAL	表示发送的状态
BUSY	为 1 时表示发送中止

一个 CPU 究竟可以和几个 CPU 通信? 这和 CPU 的通信资源有关系,这也决定 SFC 的调用的次数,在选项手册中,常常可以看到"动态连接",这个术语与 SFC 的调用有关,以上例作说明,M0.0 和 M0.1 为 1 时,与 4 号站的连接就建立起来了;反之,4 号站发送,3 号站接收同样要建立一个连接,也就是说两个站通信时,若都需要发送和接收数据,则须占用两个动态连接。M0.0 和 M0.1 为 0 时,此时建立的连接并没有释放,必须调用 SFC69 来释放连接,在上例中 M0.3 为 1 时,与 4 号站建立的连接断开。

(三)无组态连接通信方式之单边编程通信方式

与双向通信时两方都需要编写发送和接收块不同,单向通信只在一方编写通信程序,这也是客户机与服务器的关系,编写程序一方的 CPU 作为客户机,没有编写程序一方的 CPU 作为服务器,客户机调用 SFC 通信块对服务器的数据进行读写操作,这种通信方式适合 S7 - 300/400/200 PLC 之间通信,S7 - 300/400 PLC 的 CPU 可以同时作为客户机和服务器,S7 - 200 的 CPU 只能作为服务器。SFC67 (X_GET)用来读回服务器指定数据区中的数据并存放到本地的数据区中,SFC68 (X_PUT)用来写本地数据区中的数据到服务器中指定的数据区中。

下面以举例的方式说明怎样调用 SFC 通信块来实现单向通信。

(1)S7 - 300 PLC 与 S7 - 300 PLC 之间采用 MPI 通信方式时,其中一台 S7 - 300 PLC 中不需要编写任何与通信有关的程序,只需要将要交换的数据整理到一个连续的 DB 存储区当中即可,而另一台 S7 - 300 PLC 中需要在 OB1(或是定时中断组织块 OB35)中调用系统功能 SFC67(X_GET)和 SFC68(X_PUT),实现两台 S7 - 300 PLC 之间的通信,调用 SFC67 和 SFC68 时,VAR_ADDR参数填写 S7 - 300 PLC 的数据地址区,这里需填写 P#DB1. ××× BYTE n 对应的就是对方 S7 - 300 PLC 的 DB 存储区当中的数据区。

根据 CPU 315 - 2 DP 的硬件配置,在 STEP 7 当中组态 S7 - 300 PLC 站并且下载,注意 S7 - 300 PLC出厂默认的 MPI 地址都是 2,所以必须先修改其中一个 PLC 的站地址,图 8.23 程序中将 CPU 315 - 2 DP 的 MPI 地址设定为 2,CPU 314C 的 MPI 地址设定为 3,另外要分别将 S7 - 300 PLC 的通信速率设定一致,可设为 9.6 Kbps,19.2 Kbps,187.5 Kbps 三种波特率,例子程序当中选用了 187.5 Kbps。

如果对 CP5611 的速率属性设定的不对,在 Set PG/PC Interface 和 STEP 7 上会出现如图 8.24 所示报错信息。

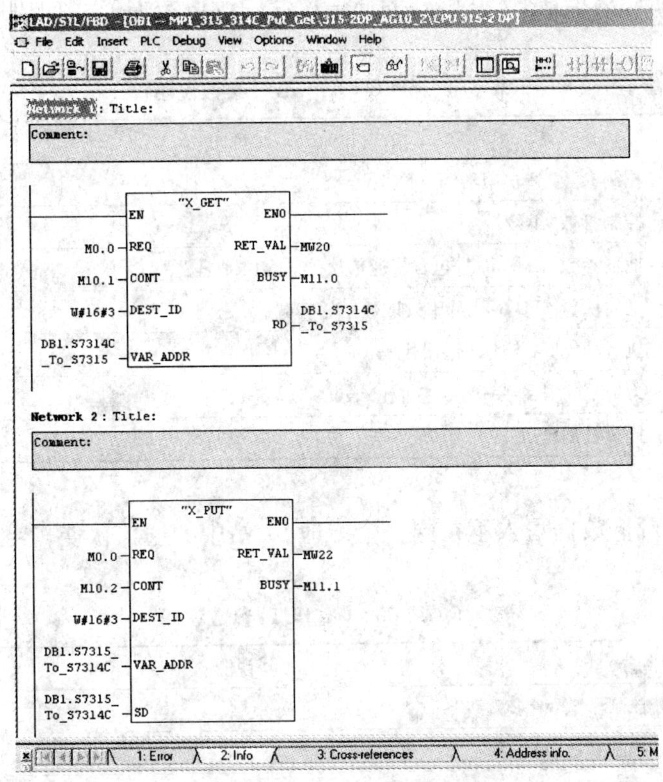

图 8.23　调用 SFC67 和 SFC68

如果通信方式和速率设定正确,Set PG/PC Interface 窗口中的界面如图 8.25 所示。

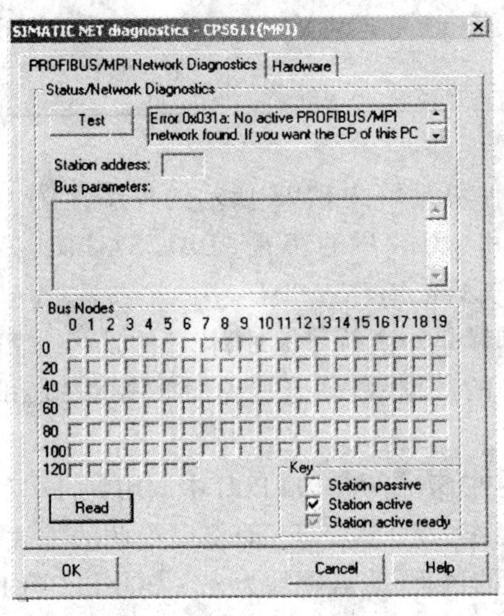

图 8.24　CP5611 网络诊断

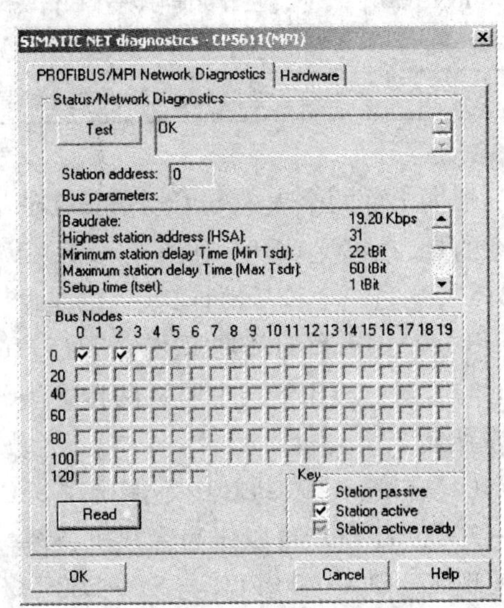

图 8.25　网络通信正常

站地址 0 代表的是进行编程的 PG,即当前连接 PLC 的 PC。例子程序在 OB1 当中调用数据读写功能块 SFC67 和 SFC68,如图 8.23 所示。

SFC67（X_GET），从本地 S7 站以外的通信伙伴中读取数据，参数说明见表 8.4。

表 8.4　SFC67（X_GET）参数说明

参数	说明
REQ	控制参数“请求激活”
CONT	控制参数“继续”
DEST_ID	地址参数“目标 ID”，包含了通信伙伴的 MPI 地址
VAR_ADDR	指向伙伴 CPU 上要从中读取数据的区域
RET_VAL	执行功能时，产生的错误代码
BUSY	为 1，接收未结束；为 0，接收已结束
RD	接收数据区

SFC68（X_PUT），将数据写入不在同一个本地 S7 站中的通信伙伴，参数说明见表 8.5。

表 8.5　SFC68（X_PUT）参数说明

参数	说明
REQ	控制参数“请求激活”
CONT	控制参数“继续”
DEST_ID	地址参数“目标 ID”，包含了通信伙伴的 MPI 地址
VAR_ADDR	指向伙伴 CPU 上要写入数据的区域
RET_VAL	执行功能时，产生的错误代码
BUSY	为 1，接收未结束；为 0，接收已结束
RD	指向本地 CPU 中包含要发送数据的区域

根据上面两个表中 SFC67 和 SFC68 的参数说明，便可理解图 8.23 所示的程序含义。需注意的是，在“X_GET”中两个参数“VAR_ADDR”和“RD”写的都是“DB1. S7314C_To_S7315”，这是一个符号地址，代表的是两个 PLC 不同的区域；在“X_PUT”中两个参数“VAR_ADDR”和“RD”写的都是“DB1. S7315_To_S7314C”，同样是一个符号地址，代表的是两个 PLC 不同的区域。STEP7 当中监视两台 S7－300 PLC 当中的数据，数据监视界面如图 8.26 和图 8.27 所示。

（2）在 S7－200 PLC 中不能调用 SFC 通信块，只能在 S7－300/400 PLC 中调用，所以只有 S7－300/400 PLC 可以作为客户机，S7－200 PLC 才能作为服务器。下面将以举例的方式介绍实现 S7－300/400 PLC 与 S7－200 PLC 之间的通信的过程，所需硬件为 S7－300 PLC（CPU 315－2 DP），S7－200 PLC（CPU 224）和通信卡 CP5611；所需软件为 STEP 7 V5.2 SP1，STEP 7 MicroWIN V4.0。

S7－200 PLC 与 S7－300 PLC 之间采用 MPI 通信方式时，S7－200 PLC 中不需要编写任何与通信有关的程序，只需要将要交换的数据整理到一个连续的 V 存储区当中即可，而 S7－

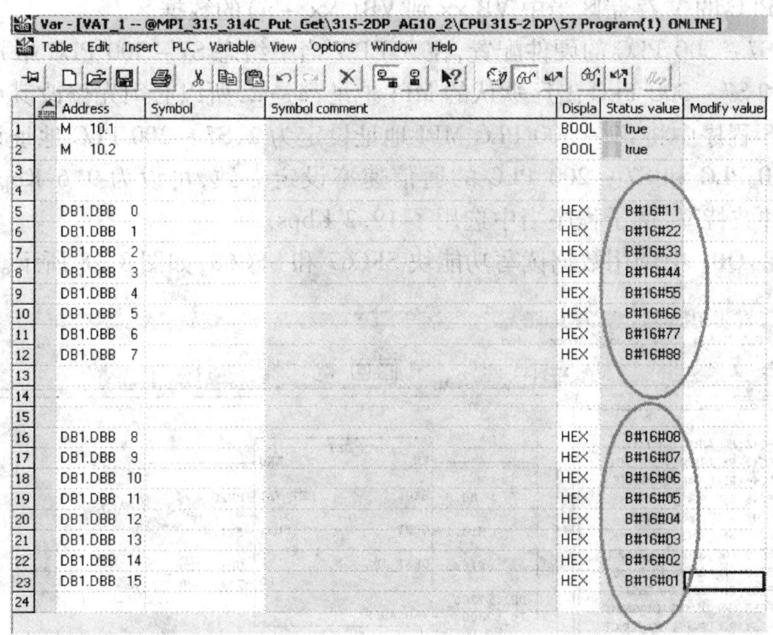

Var - [VAT_1 -- @MPI_315_314C_Put_Get\315-2DP_AG10_2\CPU 315-2 DP\S7 Program(1) ONLINE]

Table Edit Insert PLC Variable View Options Window Help

	Address	Symbol	Symbol comment	Displa	Status value	Modify value
1	M 10.1			BOOL	true	
2	M 10.2			BOOL	true	
3						
4						
5	DB1.DBB 0			HEX	B#16#11	
6	DB1.DBB 1			HEX	B#16#22	
7	DB1.DBB 2			HEX	B#16#33	
8	DB1.DBB 3			HEX	B#16#44	
9	DB1.DBB 4			HEX	B#16#55	
10	DB1.DBB 5			HEX	B#16#66	
11	DB1.DBB 6			HEX	B#16#77	
12	DB1.DBB 7			HEX	B#16#88	
13						
14						
15						
16	DB1.DBB 8			HEX	B#16#08	
17	DB1.DBB 9			HEX	B#16#07	
18	DB1.DBB 10			HEX	B#16#06	
19	DB1.DBB 11			HEX	B#16#05	
20	DB1.DBB 12			HEX	B#16#04	
21	DB1.DBB 13			HEX	B#16#03	
22	DB1.DBB 14			HEX	B#16#02	
23	DB1.DBB 15			HEX	B#16#01	
24						

图 8.26　CPU 315 运行监控

LAD/STL/FBD - [@DB1 -- MPI_315_314C_Put_Get\314C-2DP_6CF00_3\CPU 314C-2 DP O

File Edit Insert PLC Debug View Options Window Help

Address	Name	Type	Initial value	Actual value	Com
0.0	DB_VAR[0]	BYTE	B#16#0	B#16#11	Tem
1.0	DB_VAR[1]	BYTE	B#16#0	B#16#22	
2.0	DB_VAR[2]	BYTE	B#16#0	B#16#33	
3.0	DB_VAR[3]	BYTE	B#16#0	B#16#44	
4.0	DB_VAR[4]	BYTE	B#16#0	B#16#55	
5.0	DB_VAR[5]	BYTE	B#16#0	B#16#66	
6.0	DB_VAR[6]	BYTE	B#16#0	B#16#77	
7.0	DB_VAR[7]	BYTE	B#16#0	B#16#88	
8.0	DB_VAR[8]	BYTE	B#16#0	B#16#08	
9.0	DB_VAR[9]	BYTE	B#16#0	B#16#07	
10.0	DB_VAR[10]	BYTE	B#16#0	B#16#06	
11.0	DB_VAR[11]	BYTE	B#16#0	B#16#05	
12.0	DB_VAR[12]	BYTE	B#16#0	B#16#04	
13.0	DB_VAR[13]	BYTE	B#16#0	B#16#03	
14.0	DB_VAR[14]	BYTE	B#16#0	B#16#02	
15.0	DB_VAR[15]	BYTE	B#16#0	B#16#01	
16.0	DB_VAR[16]	BYTE	B#16#0	B#16#00	
17.0	DB_VAR[17]	BYTE	B#16#0	B#16#00	

图 8.27　CPU 314C－2 DP 运行监控

300 PLC 中需要在 OB1（或是定时中断组织块 OB35）当中调用系统功能 SFC67（X_GET）和 SFC68（X_PUT），实现 S7－300 PLC 与 S7－200 PLC 之间的通信，调用 SFC67 和 SFC68 时 VAR_ADDR参数填写 S7－200 PLC 的数据地址区，这里需填写 P#DB1. ××× BYTE n 对应的

就是 S7 - 200 PLC 的 V 存储区当中 VB ×× 到 VB(×× + n)的数据区。

首先根据 S7 - 300 PLC 的硬件配置，在 STEP 7 当中组态 S7 - 300 PLC 站并且下载，注意 S7 - 200 PLC 和 S7 - 300 PLC 出厂默认的 MPI 地址都是 2，所以必须先修改其中一个 PLC 的站地址，图 8.28 程序中将 S7 - 300 PLC MPI 地址设定为 2，S7 - 200 PLC 地址设定 3，另外要分别将 S7 - 300 PLC 和 S7 - 200 PLC 的通信速率设定一致，可设为 9.6 Kbps，19.2 Kbps，187.5 Kbps三种波特率，例子程序当中选用了 19.2 Kbps。

例子程序在 OB1 中调用数据读写功能块 SFC67 和 SFC68，如图 8.28 所示。

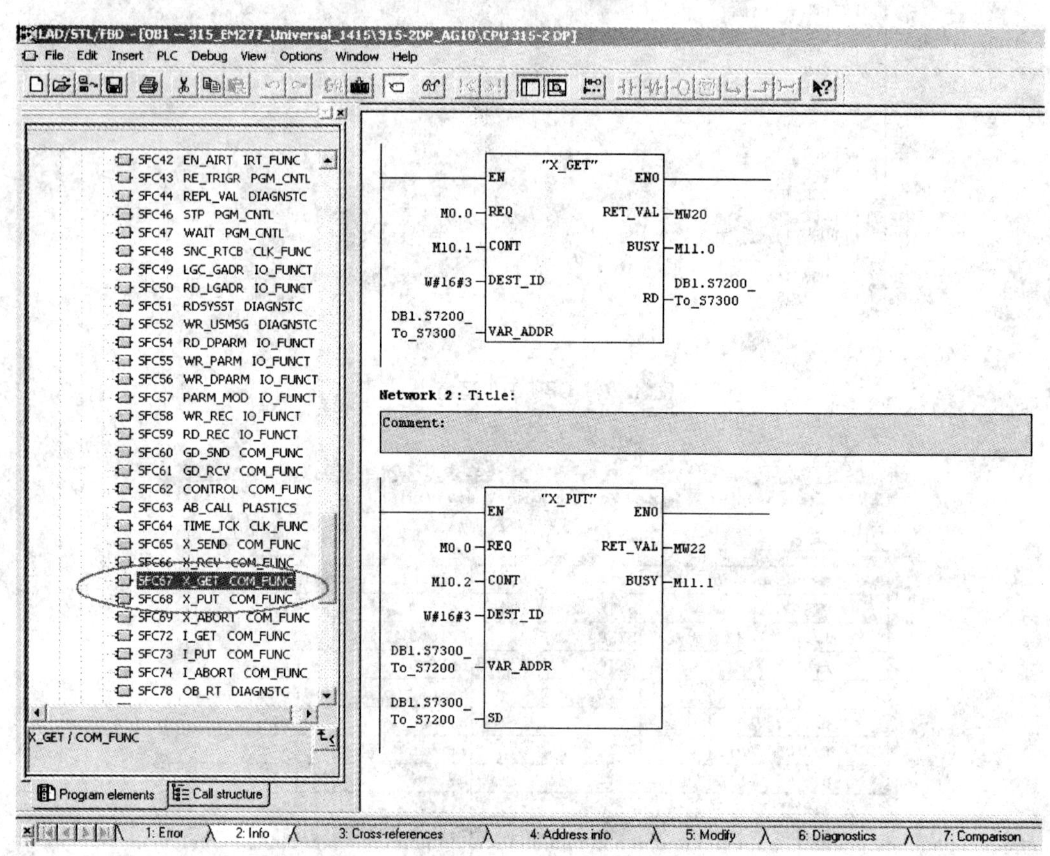

图 8.28 调用 SFC67 和 SFC68

STEP 7 MicroWin4.0 和 STEP 7 V5.4 中监视 S7 - 200 PLC 和 S7 - 300 PLC 当中的数据，数据监视界面如图 8.29 和图 8.30 所示。

通过 CP5611，STEP 7 MicroWin4.0，Set PG/PC Interface 可以读取 S7 - 200 PLC 和 S7 - 300 PLC 的站地址，如图 8.31 和图 8.32 所示。

站地址 0 代表的是进行编程的 PG，即当前连接 PLC 的 PC。另外还可以通过 S7 - 200 PLC 的 PROFIBUS - DP 模块 EM 277 与 S7 - 300/400 PLC 的 MPI 口通信，其设置更为简单，在 S7 - 300/400 PLC 侧调用 SFC67/68，与上例参数相同，地址变成 EM 277 的 MPI 地址就可以了，在 S7 - 200 侧，用拨位开关设定 EM 277 的站地址而不用软件下载设定，连接好以后，重新上电，通信速率就可以自动匹配。

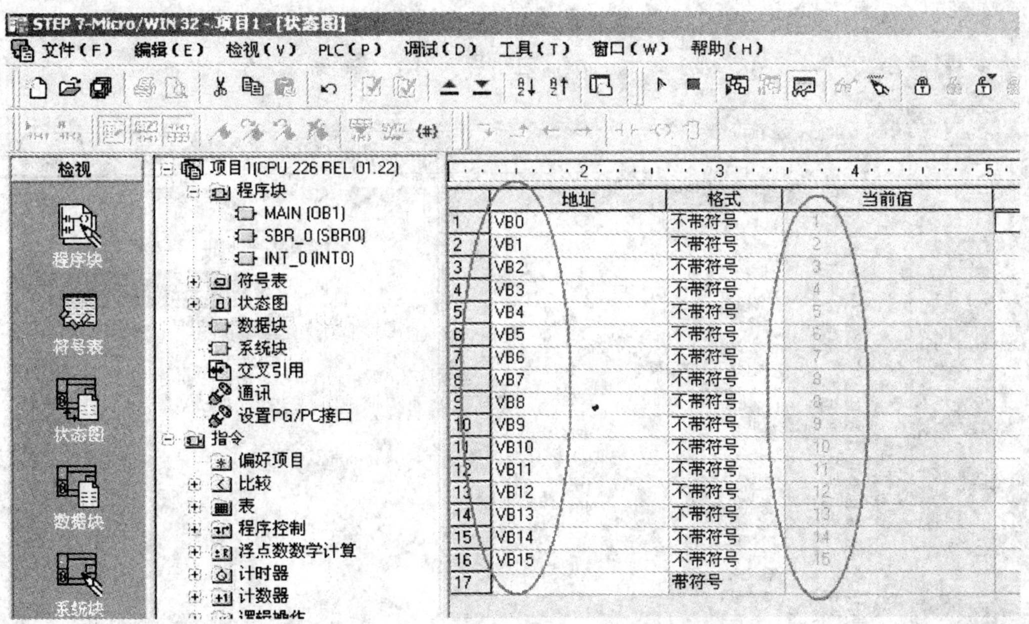

图 8.29　S7－200 PLC 中的监控数据

Var - [VAT_1 -- @315_EM277_Universal_1415\315-2DP_AG10\CPU 315-2 DP\S7 Program(1) ONLINE]

Table　Edit　Insert　PLC　Variable　View　Options　Window　Help

	Address	Symbol	Symbol comment	Displa	Status value	Modify value
1	M 10.1			BOOL	true	
2	M 10.2			BOOL	true	
3						
4						
5	DB1.DBB 0			HEX	B#16#01	
6	DB1.DBB 1			HEX	B#16#02	
7	DB1.DBB 2			HEX	B#16#03	
8	DB1.DBB 3			HEX	B#16#04	
9	DB1.DBB 4			HEX	B#16#05	
10	DB1.DBB 5			HEX	B#16#06	
11	DB1.DBB 6			HEX	B#16#07	
12	DB1.DBB 7			HEX	B#16#08	
13						
14						
15						
16	DB1.DBB 8			HEX	B#16#08	B#16#08
17	DB1.DBB 9			HEX	B#16#09	B#16#09
18	DB1.DBB 10			HEX	B#16#0A	B#16#0A
19	DB1.DBB 11			HEX	B#16#0B	B#16#0B
20	DB1.DBB 12			HEX	B#16#0C	B#16#0C
21	DB1.DBB 13			HEX	B#16#0D	B#16#0D
22	DB1.DBB 14			HEX	B#16#0E	B#16#0E
23	DB1.DBB 15			HEX	B#16#0F	B#16#0F
24						

图 8.30　S7－300 PLC 中的监控数据

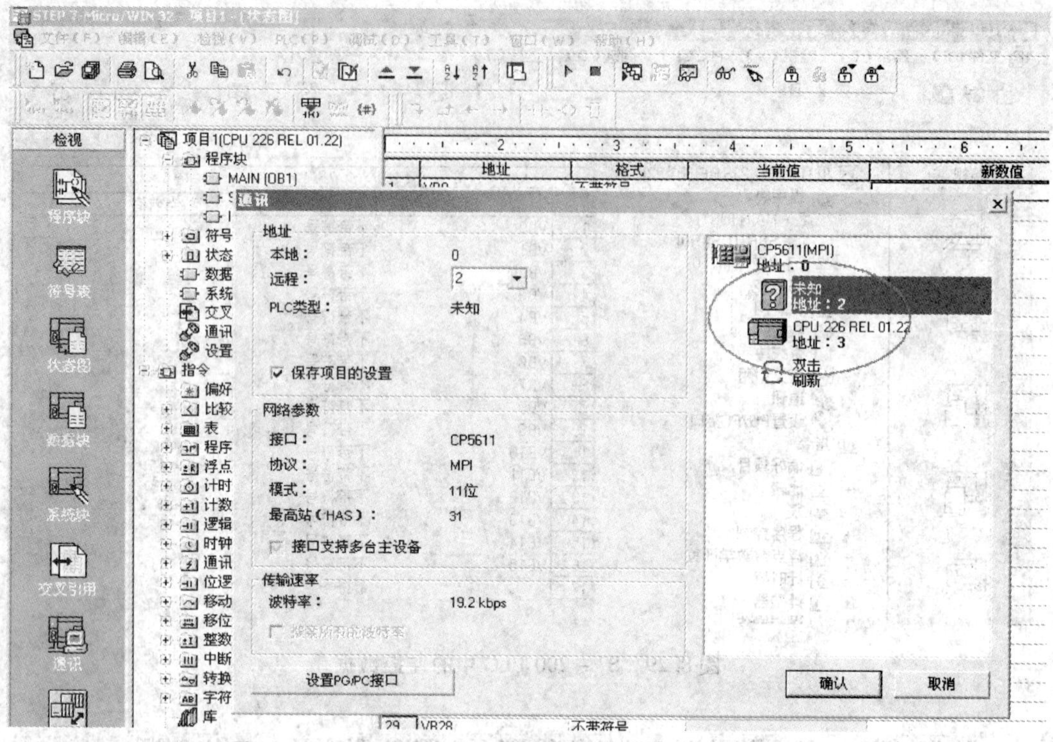

图 8.31　通信刷新

SIMATIC NET diagnostics - CP5611(MPI)

PROFIBUS/MPI Network Diagnostics | Hardware

Status/Network Diagnostics

Test　OK

Station address: 0

Bus parameters:

Baudrate:	19.20 Kbps
Highest station address (HSA):	31
Minimum station delay Time (Min Tsdr):	22 tBit
Maximum station delay Time (Max Tsdr):	60 tBit
Setup time (tset):	1 tBit

Bus Nodes

0 1 2 3 4 5 6 7 8 9 10 11 12 13 14 15 16 17 18 19

0, 20, 40, 60, 80, 100, 120

Read

Key
Station passive
Station active
Station active ready

OK　Cancel　Help

图 8.32　MPI 网络诊断

(四)组态连接通信方式

对于 MPI 网络,调用系统功能块进行 PLC 站之间的通信只适合于 S7 - 300/400 PLC,S7 - 400/400 PLC 之间的通信。S7 - 300/400 PLC 通信时,由于 S7 - 300 PLC 的 CPU 中不能调用 SFB12(BSEND)、SFB13 (BRCV)、SFB14(GET)、SFB15(PUT),所以不能主动发送和接收数据,只能进行单向通信,所以 S7 - 300 PLC 只能作为一个数据的服务器,S7 - 400 PLC 可以作为客户机对 S7 - 300 PLC 的数据进行读写操作。

S7 - 400/400 PLC 通信时,S7 - 400 PLC 可以调用 SFB14、SFB15,既可以作为数据的服务器,同时也可以作为客户机进行单向通信,还可以调用 SFB12、SFB13,发送和接收数据进行双向通信,在 MPI 网络上调用系统功能块通信,数据包最大不能超过 160 个字节,在这里将介绍 S7 - 300/400 PLC 之间的单向通信。

先建立两个 S7 的 PLC 站,STATION1(CPU 416 - 2 DP)站地址为 2,STATION2(CPU 315 - 2 DP)站地址为 4,假设 S7 - 400 PLC 把本地数据 DB1 中字节 0 以后的 20 个字节写到 S7 - 300 PLC 的 DB1 中字节 0 以后的 20 个字节中去,然后再读出 S7 - 300 PLC 的 DB1 中字节 0 以后的 20 个字节中的数据,并将其放到 S7 - 400 PLC 本地数据块 DB2 中字节 0 以后的 20 个字节中去。

(1)首先在硬件组态中建立通信连接表。在 STEP 7 中点击"Options"→"Configure Network"进入网络组态画面,如图 8.33 所示。

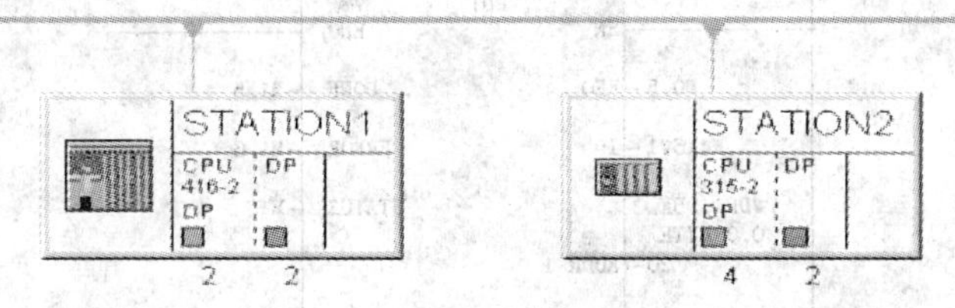

图 8.33 网络组态连接

(2)点击 STATION1 的 CPU,出现连接表,双击连接表选择连接类型"S7 connection",并选择所需要连接的 CPU 名,在本例中选择 CPU 315 - 2 DP,如图 8.34 所示。

点击"Apply"后连接表建立完成,还可以查看连接表的详细属性,如图 8.35 所示。

组态完成以后编译存盘下载连接表信息。

(3)在 PLC 中调用通信所需的系统功能块,由于是单向通信 S7 - 300 PLC 是数据的服务器,所以只能在 S7 - 400 PLC 侧编程。

调用 SFB15 写数据到 S7 - 300 PLC 中,如图 8.36 所示。REQ 为上升沿触发,每一个上升沿触发一次。ADDR_1 对应 S7 - 300 PLC 中的数据,SD_1

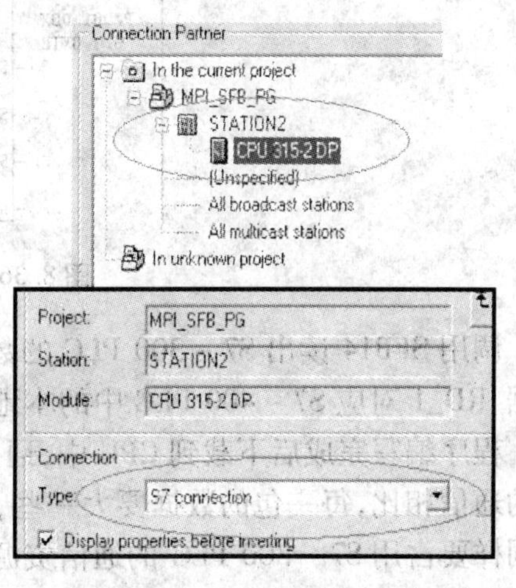

图 8.34 S7 连接

对应 S7 - 400 PLC 中的本地数据。

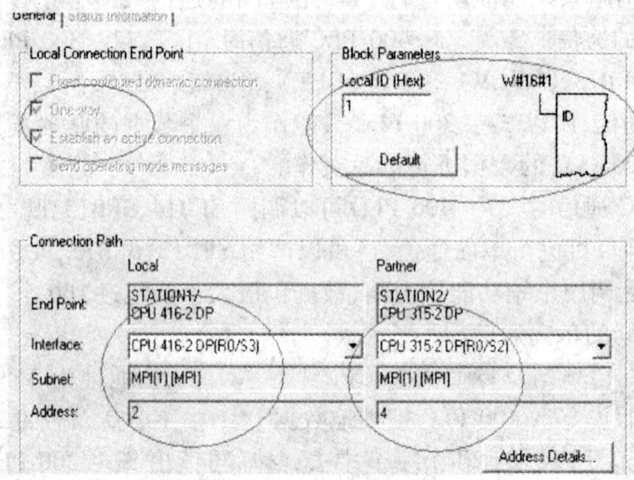

图 8.35　连接属性

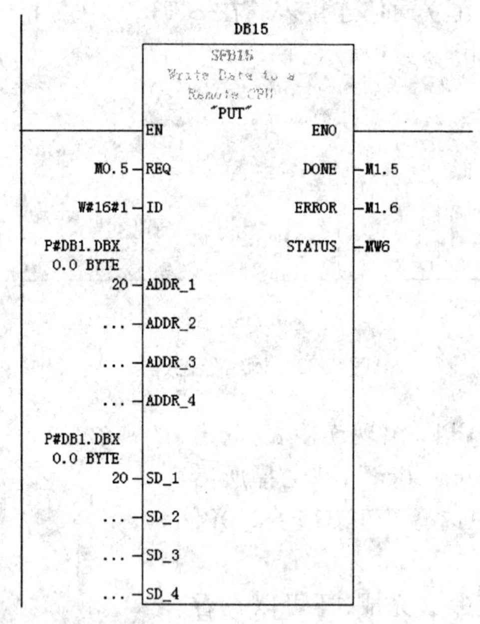

图 8.36　调用 SFB15 进行发送

调用 SFB14 读出 S7 - 300 PLC 的数据如图 8.37 所示。ADDR_1 对应 S7 - 300 PLC 中的数据,RD_1 对应 S7 - 400 PLC 中的本地数据。

程序编写完成后下载到 CPU 中,通信就可以建立了。调用系统功能块通信与调用系统功能的通信相比,每一包的数据要大一些,但是要在硬件组态中建立连接表,配置烦琐一些,并且同样要占用 S7 - 300 PLC 的通信资源。

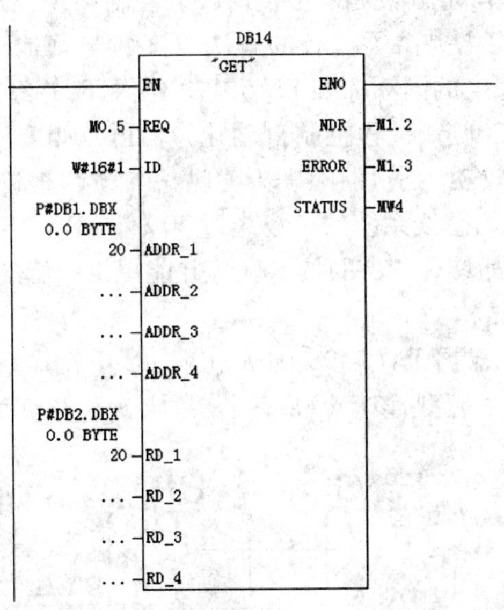

图 8.37 调用 SFB14 进行接收

任务三 PROFIBUS 通信的组态连接

一、任务提出

PROFIBUS 是目前国际上通用的现场总线标准之一，具备独特的技术特点、严格的认证规范、开放的标准，被众多厂商支持，已被纳入现场总线的国际标准 IEC 61158，并于 2006 年 10 月成为我国首个现场总线国家标准（GB/T 20540—2006）。PLC 与 PLC、变频器、触摸屏、PC 机等其他智能设备之间采用 PROFIBUS 的通信越来越广泛，尤其是 PROFIBUS - DP 通信方式。在本任务中，将重点介绍如何实现 S7 - 300 PLC 之间的 DP 通信。

二、相关新知识

PROFIBUS 是一种国际化、开放式、不依赖于设备生产商的现场总线标准。广泛适用于制造业自动化，流程工业自动化和楼宇、交通电力等其他领域。

PROFIBUS 由 3 个兼容部分组成，即 PROFIBUS - DP（Decentralized Periphery）、PROFIBUS - PA（Process Automation）、PROFIBUS - FMS（Fieldbus Message Specification）。PROFIBUS - DP 是一种高速低成本通信，用于设备级控制系统与分布式 I/O 的通信。使用 PROFIBUS - DP 可取代 DC 24 V 或 4 ~ 20 mA 信号传输。PORFIBUS - PA 专为过程自动化设计，可使传感器和执行机构连在一根总线上，并有本征安全规范。PROFIBUS - FMS 用于车间级监控网络，是一个令牌结构、实时多主网络。

PROFIBUS 是一种用于工厂自动化车间级监控和现场设备层数据通信与控制的现场总线

技术,可实现现场设备层到车间级监控的分散式数字控制和现场通信网络,从而为实现工厂综合自动化和现场设备智能化提供了可行的解决方案。与其他现场总线系统相比,PROFIBUS 的最大优点在于具有稳定的国际标准 EN 50170 作保证,并经实际应用验证具有普遍性。目前已应用的领域包括加工制造、过程控制自动化等。PROFIBUS 的开放性和不依赖于厂商通信的设想,已在 10 多万成功的应用中得以实现。市场调查确认,在德国和欧洲市场中 PROFIBUS 占开放性工业现场总线系统的市场超过 40%。PROFIBUS 有国际著名自动化技术装备的生产厂商支持,它们都具有各自的技术优势并能提供广泛的优质新产品和技术服务。

(一)PROFIBUS 协议结构

PROFIBUS 协议结构是根据 ISO 7498 国际标准,以开放式系统互联网络(Open System Interconnection,OSI)作为参考模型,该模型共有七层,如图 8.38 所示。

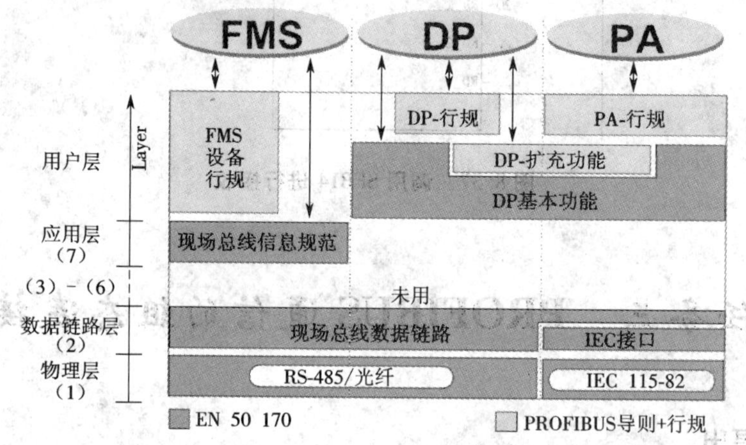

图 8.38 PROFIBUS 协议符合 ISO/OSI 的开放系统参考模型

(1)PROFIBUS-DP:定义了第一、二层和用户接口,对第三至七层未加描述。用户接口规定了用户及系统以及不同设备可调用的应用功能,并详细说明了各种不同 PROFIBUS-DP 设备的设备行为。

(2)PROFIBUS-FMS:定义了第一、二、七层,第七层包括现场总线信息规范(Fieldbus Message Specification,FMS)和低层接口(Lower Layer Interface,LLI)。FMS 包括了应用协议并向用户提供了可广泛选用的强有力的通信服务。LLI 协调不同的通信关系并提供不依赖设备的第二层访问接口。

(3)PROFIBUS-PA:PA 的数据传输采用扩展的 PROFIBUS-DP 协议。另外,PA 还描述了现场设备行为的 PA 行规。根据 IEC 1158—2 标准,PA 的传输技术可确保其本征安全性,而且可通过总线给现场设备供电。使用连接器可在 DP 上扩展 PA 网络。

注:第一层为物理层,第二层为数据链路层,第三至六层未使用,第七层为应用层。

(二)PROFIBUS 传输技术

PROFIBUS 提供了以下三种数据传输类型。

(1)用于 DP 和 FMS 的 RS485 传输。

(2)用于 PA 的 IEC 1158—2 传输。

(3)光纤。

(三)PROFIBUS - DP

PROFIBUS - DP 用于现场层的高速数据传送。主站周期地读取从站的输入信息并周期地向从站发送输出信息。总线循环时间必须要比主站(PLC)程序循环时间短。除周期性用户数据传输外,PROFIBUS - DP 还提供智能化设备所需的非周期性通信,以进行组态、诊断和报警处理。

(1)传输技术:RS485 双绞线、双线电缆或光缆。波特率从 9.6 Kbps 到 12 Mbps。

(2)总线存取:各主站间令牌传递,主站与从站间为主 - 从传送,支持单主或多主系统,总线上最多站点(主 - 从设备)数为 126。

(3)通信:点对点(用户数据传送)或广播(控制指令)。循环主 - 从用户数据传送和非循环主 - 主数据传送。

(4)运行模式:运行、清除、停止。

(5)同步:控制指令允许输入和输出同步。同步模式为输出同步,锁定模式为输入同步。

(6)功能:DP 主站和 DP 从站之间可进行数据交换传送,主站对从站进行激活、组态、诊断。

(7)可靠性和保护机制:所有信息的传输按海明距离 HD = 4 进行。DP 从站带看门狗定时器(Watchdog Timer)。对 DP 从站的输入/输出进行存取保护。DP 主站上带可变定时器的用户数据传送监视。

(8)设备类型:第二类 DP 主站(DPM2)是可进行编程、组态、诊断的设备;第一类 DP 主站(DPM1)是中央可编程控制器,如 PLC、PC 等。DP 从站是带二进制值或模拟量输入/输出的驱动器、阀门等。

三、任务解决方案

本例以一台 S7 - 300 PLC 作为主站,另外一台 S7 - 300 PLC 作为从站,详细介绍如何实现 PROFIBUS - DP 协议下的通信连接。网络配置如图 8.39 所示。

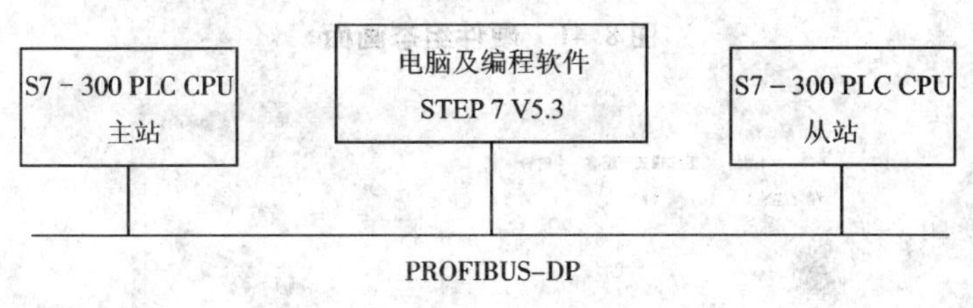

图 8.39　网络配置

组态步骤如下。

(1)先建立项目“S7_300_300dp”,确定项目保存路径,如图 8.40 所示。

(2)插入 S7 - 300 站,根据实际硬件对硬件进行组态,组态画面如图 8.41 所示。

(3)硬件组态完成后,双击槽架 CPU 中的“DP”,出现如图 8.42 所示画面。

此时,还没有建立 PROFIBUS - DP 网络,点击“属性”按钮,出现如图 8.43 所示画面,点击“新建”,出现如图 8.44 所示画面,选择“DP”方式及“187.5 Kbps”,点击“确定”。

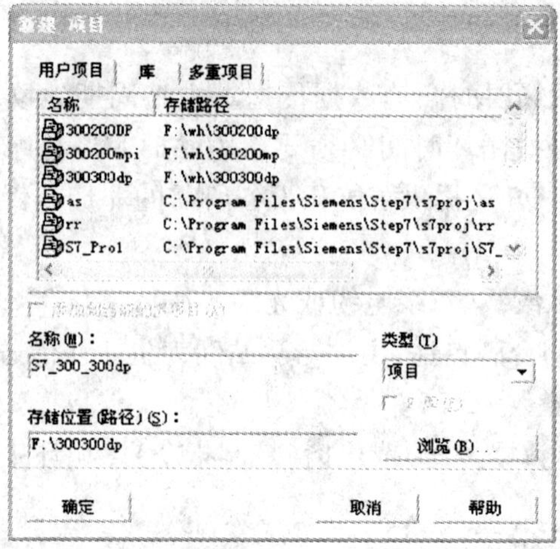

图 8.40　新建 S7－300 项目

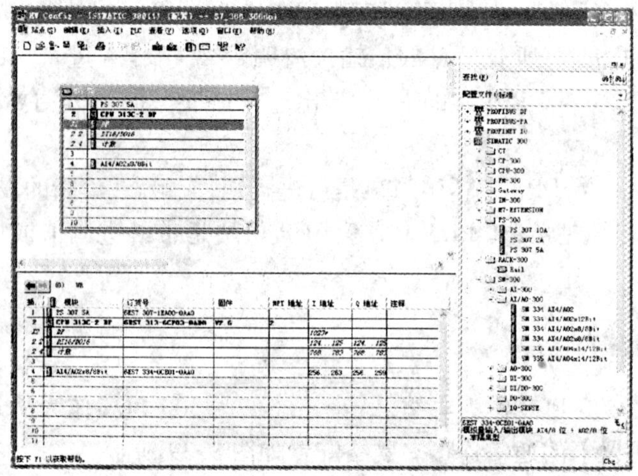

图 8.41　硬件组态画面

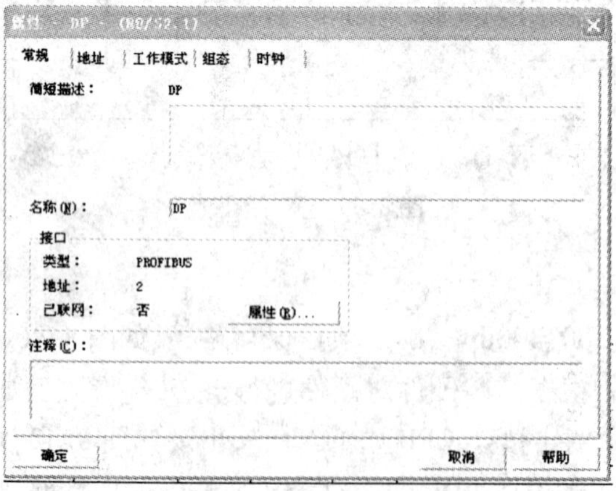

属性 - DP - (R0/S2.1)

常规 | 地址 | 工作模式 | 组态 | 时钟

简短描述：　DP

名称(N)：　DP

接口

类型：　PROFIBUS

地址：　2

已联网：　否　　属性(R)...

注释(C)：

确定　　取消　　帮助

图 8.42　DP 网络组态

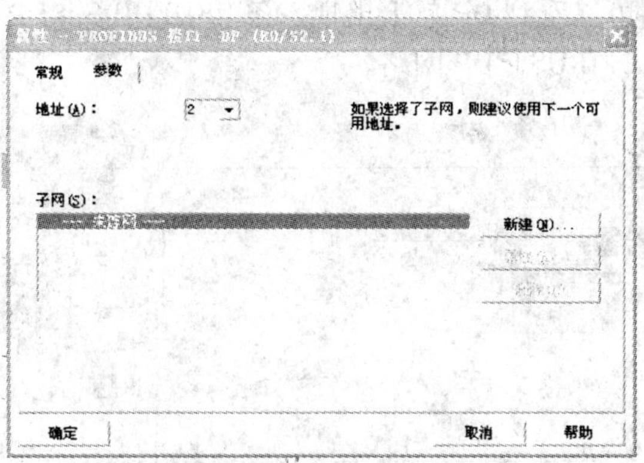

图 8.43　新增网络画面

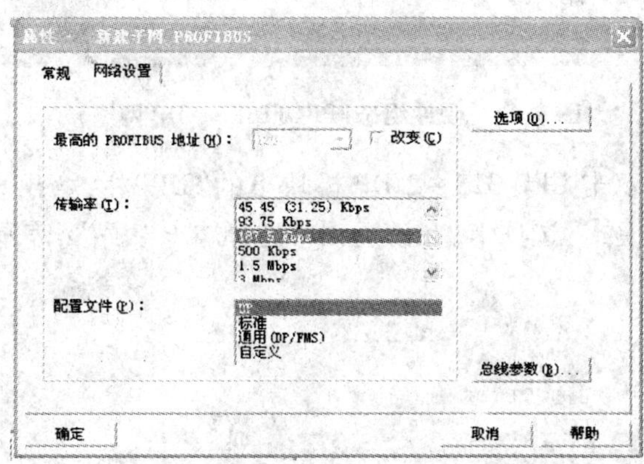

图 8.44　设置网络方式及传输速率

此时，如图 8.45 所示已建立了一个“PROFIBUS - DP”网络，波特率为 187.5 Kbps，地址为 2。

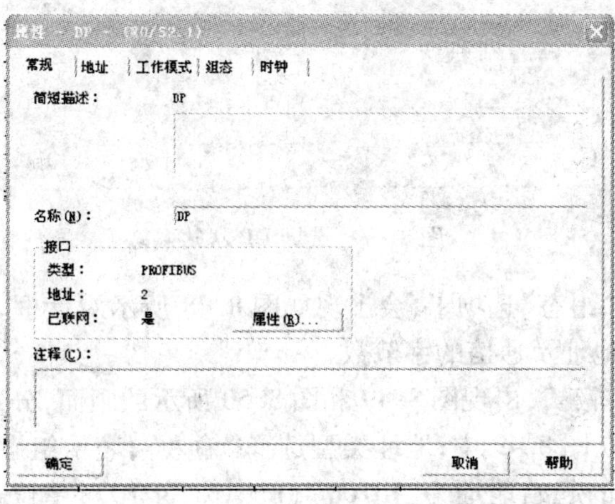

图 8.45　DP 网络参数

在硬件组态中,此时可以看到 DP 口上出现一条 PROFIBUS - DP 的总线,如图 8.46 所示。说明已经建立了一个 PROFIBUS - DP 网络。

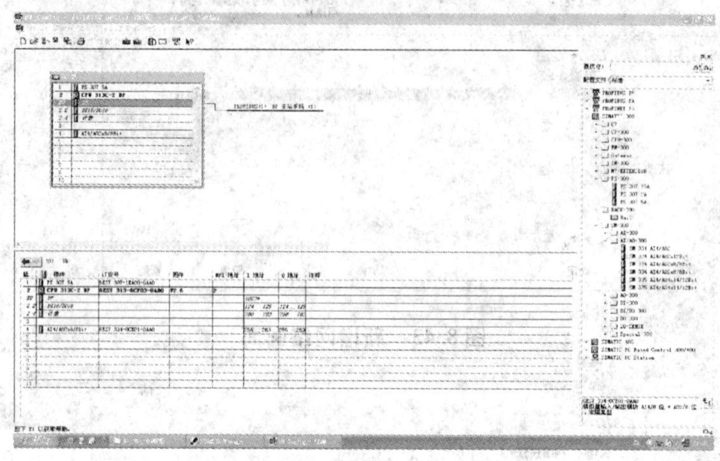

图 8.46 硬件组态(PROFIBUS - DP 网络)

(4)在硬件组态中,双击 CPU 313 -2 DP 模块下的“DP”栏,会出现如图 8.47 所示的 DP 属性对话框,选择“工作模式”选项卡,在该选项中选择“DP 从站”,表示该 CPU 将被组态为从站 CPU。

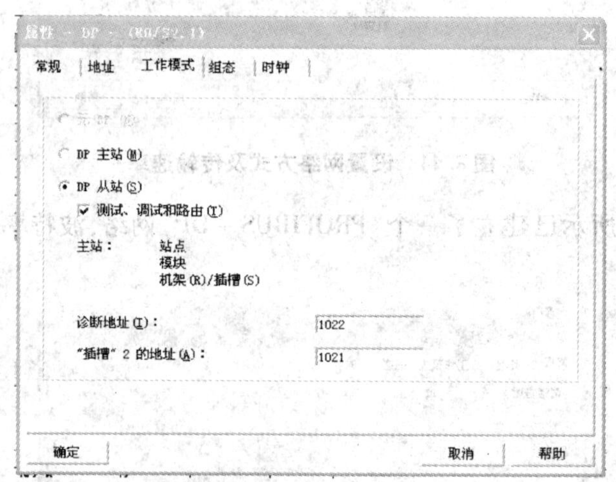

图 8.47 选择 DP 从站

(5)选择图 8.47 中“组态”选项卡,会出现如图 8.48 所示对话框。该对话框中用于组态通信双方的交换数据的地址及通信的字节数。

在图 8.48 中点击“新建”,出现图 8.49 和图 8.50 所示的画面,分别用来组态从站的接收缓冲区和发送缓冲区。在图 8.49 中,地址类型选择“输入”,表示组态输入缓冲区;地址选择“100”,表示输入缓冲区的起始地址为“IB100”;长度选择“10”,单位选择“字节”,表示传送 10 个字节的数据。同理,在图 8.50 中,组态从站输出缓冲区,地址类型选择“输出”,地址选择“100”，表示组态的输出缓冲区的起始地址为“QB100”，输出 10 个字节的数据。

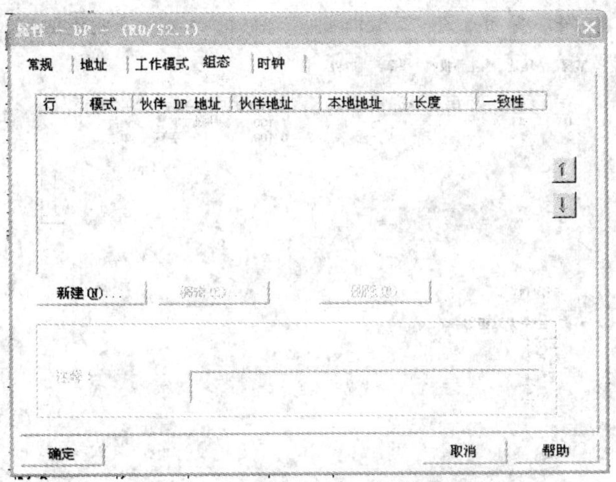

图 8.48　组态通信接口数据区

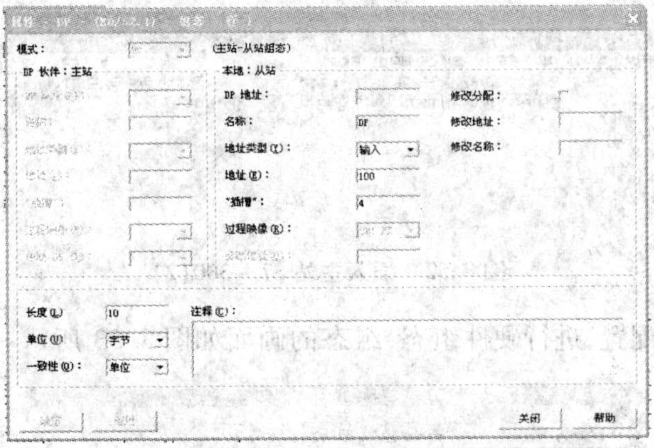

图 8.49　组态接收缓冲区

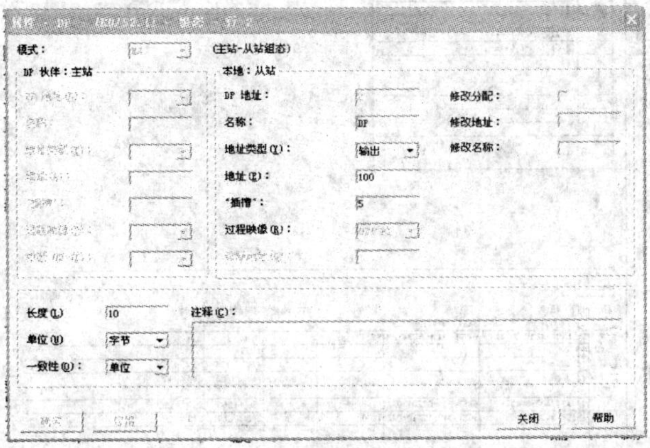

图 8.50　组态输出缓冲区

从站接收和发送缓冲区已经组态完毕,如图 8.51 所示。

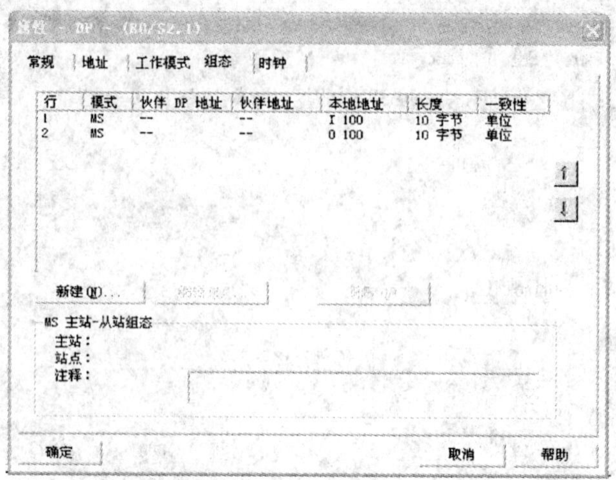

图 8.51 从站组态的接口数据区

(6)下面开始组态主站。在该项目中插入另外一个 S7 - 300 的站点,如图 8.52 所示。

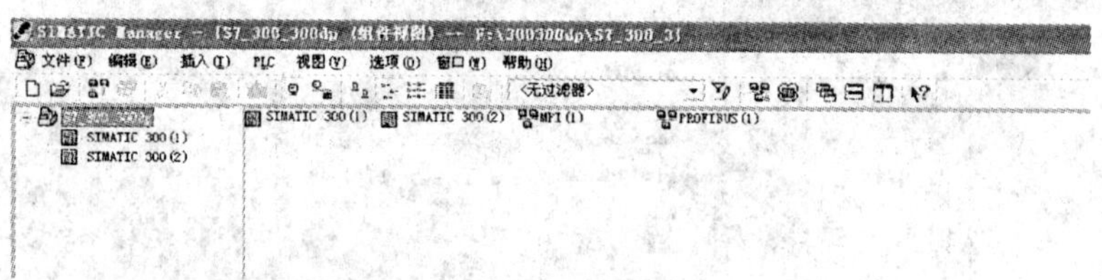

图 8.52 插入主站 S7 - 300(2)

根据实际的硬件配置,进行硬件组态,组态的画面如图 8.53 所示。在选择模块时,一定

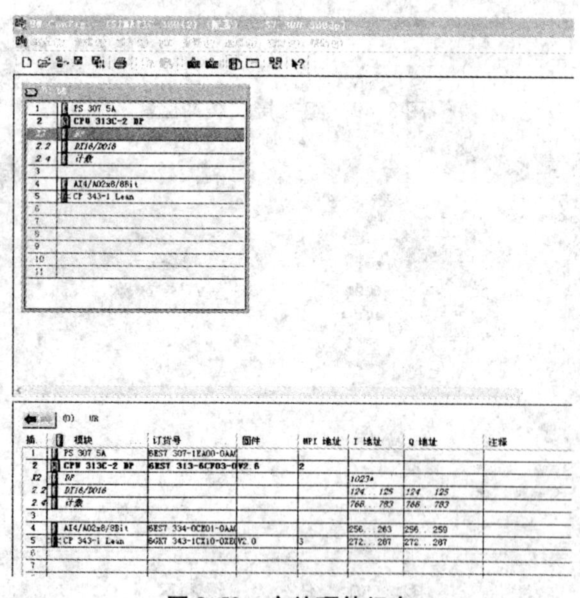

图 8.53 主站硬件组态

要保证模块的订货号和实际的订货号一致。

在硬件组态中，双击 CPU313－2 DP 模块下的“DP”栏，会出现如图 8.54 所示的 DP 属性对话框，此时还没有建立 DP 网络。在图 8.54 中，点击“属性”，对主站 DP 网络的速率和地址进行组态。速率要保证和从站的传输速率一致，均为 187.5 Kbps。另外，地址必须不同，从站地址设为 2，主站地址设置为 3，如图 8.55 所示。

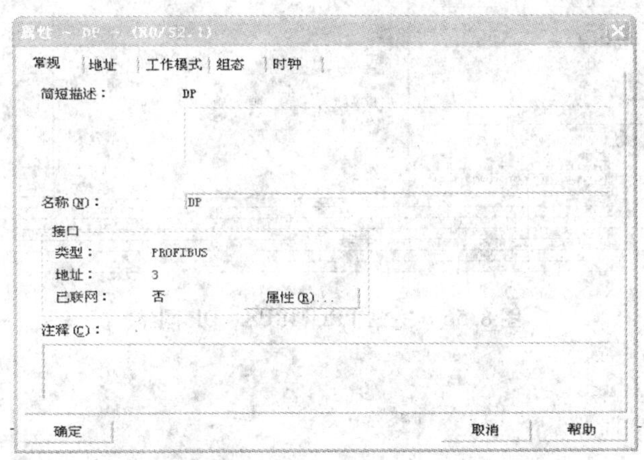

图 8.54 DP 属性对话框

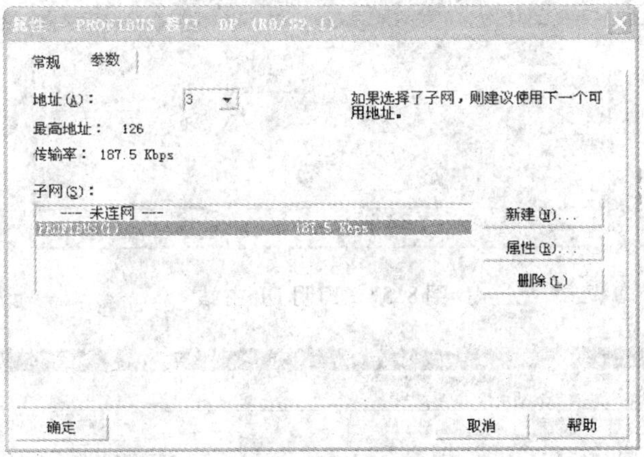

图 8.55 DP 网络速率和地址组态

此时，主站已建立好 PROFIBUS－DP 网络，并已联网，如图 8.56 所示。

(7)在 DP 属性对话框中，点击“工作模式”选项卡，声明为“主站”，如图 8.57 所示。

如图 8.58 所示，在右面的模块菜单中，在“PROFIBUS DP”下面找到“CPU 31x”模块，并把它拖放到主站的 PROFIBUS－DP 网络上，此时会自动弹出如图 8.59 所示的对话框。

(8)在图 8.59 中，显示出从站的信息，地址为 2，名称为“SIMATIC 300(1)”，点击“连接”按钮，弹出如图 8.60 所示窗口。

在图 8.60 中，点击“组态”选项卡，组态主站的通信接口数据区。组态对话框中，分别选中行 1 和行 2，然后点击“编辑”，会出现如图 8.61 和图 8.62 所示的对话框。两个对话框中分

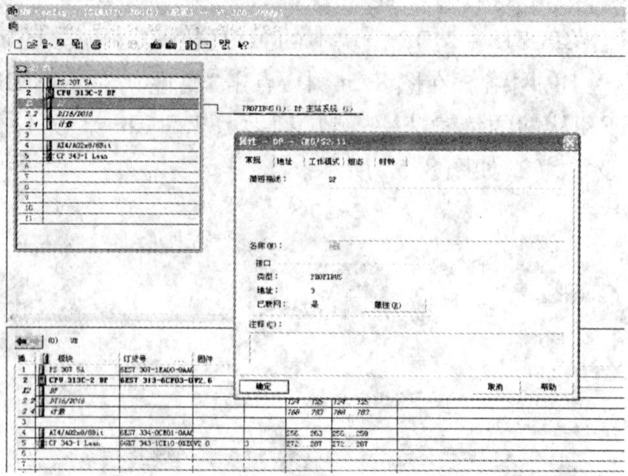

图 8.56　主站 PROFIBUS－DP 网络

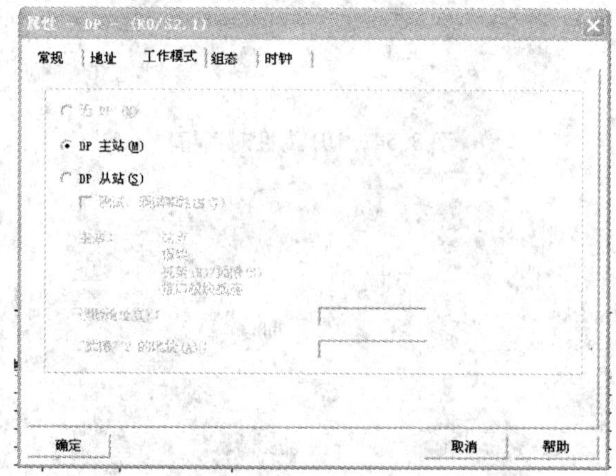

图 8.57　声明 DP 主站

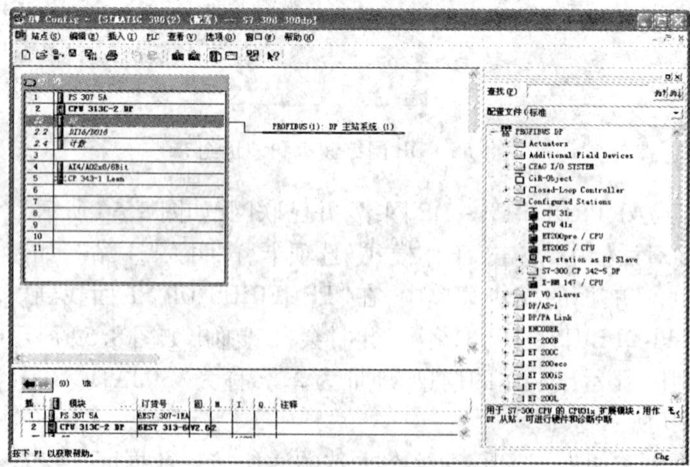

图 8.58　挂从站 CPU

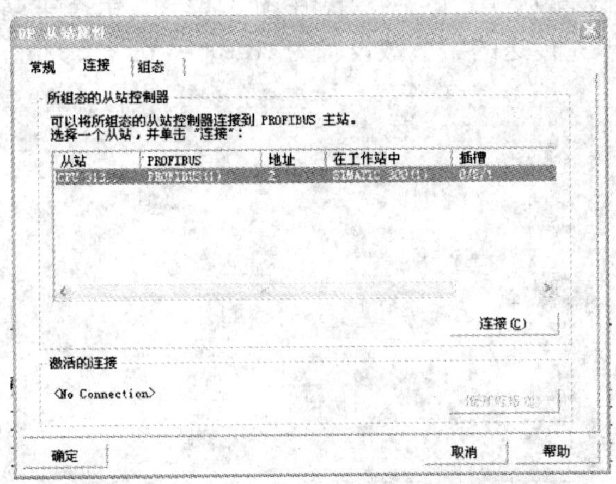

图 8.59　DP 从站属性

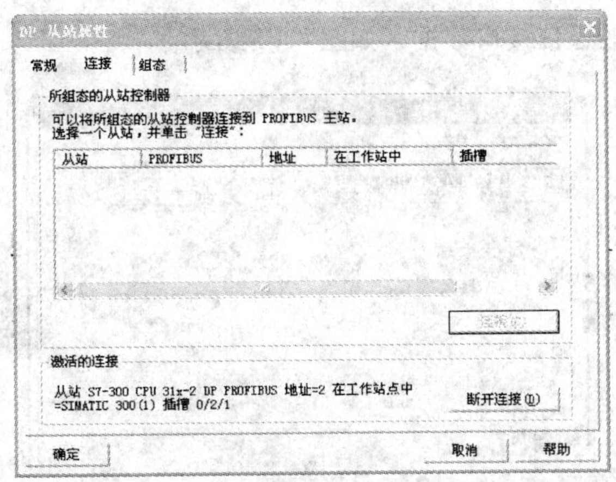

图 8.60　激活网络上的从站

别用来组态主站的数据输出和输入缓冲区。在图 8.61 中，主站的地址类型设置为"输出"，表示组态主站的数据输出缓冲区；地址设置为"50"，表示主站的发送缓冲区的起始地址为

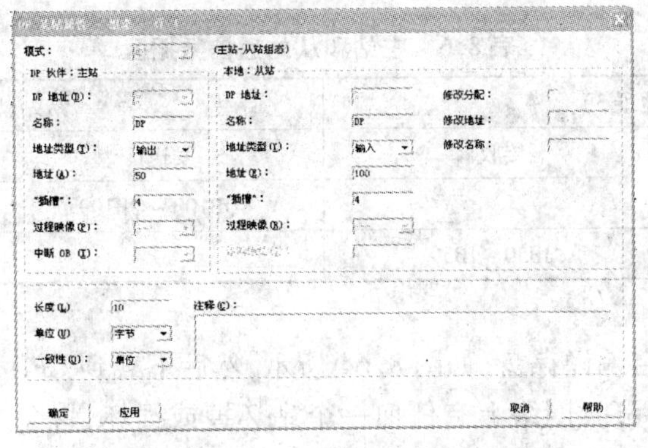

图 8.61　组态主站的数据输出缓冲区

"QB50",传送的字节数设置为"10 个字节"。在图 8.62 中,组态主站的数据输入缓冲区,主站的数据接收区为"IB50",传送的字节数设置为"10 个字节"。

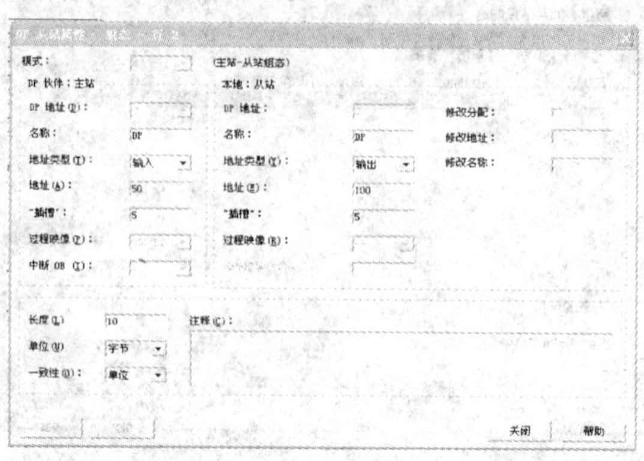

图 8.62　组态主站的数据输入缓冲区

组态完成后,主站的通信接口数据区如图 8.63 所示。

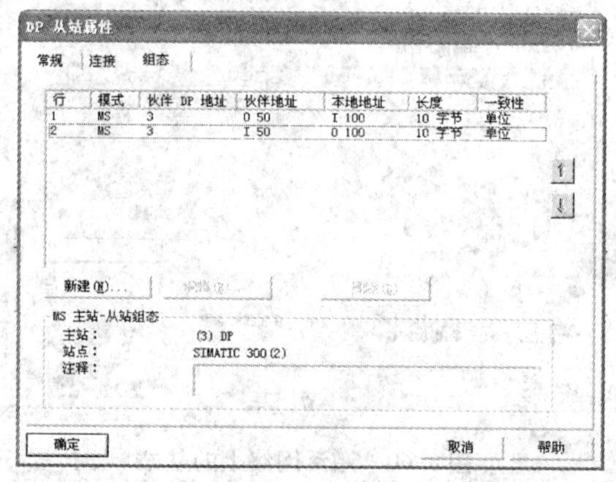

图 8.63　组态主站的通信接口数据区

组态后,主站和从站通信接口数据区对应关系如表 8.6 所示。

表 8.6　主站和从站通信数据区

主站(地址 3)		从站(地址 2)	
发送区	接收区	发送区	接收区
QB50 ~ QB59		QB100 ~ QB109	
	IB50 ~ IB59		IB100 ~ IB109

(9)硬件组态完成后编译存盘,如图 8.64 所示,然后下载到 CPU 中。

如果在 PROFIBUS - DP 网络上有任何一个站坏掉或损坏,将会产生不同的中断,并且调用不同的 OB 块,如果在程序中没有这些块,CPU 将会停止运行程序。如果允许,当出现这些

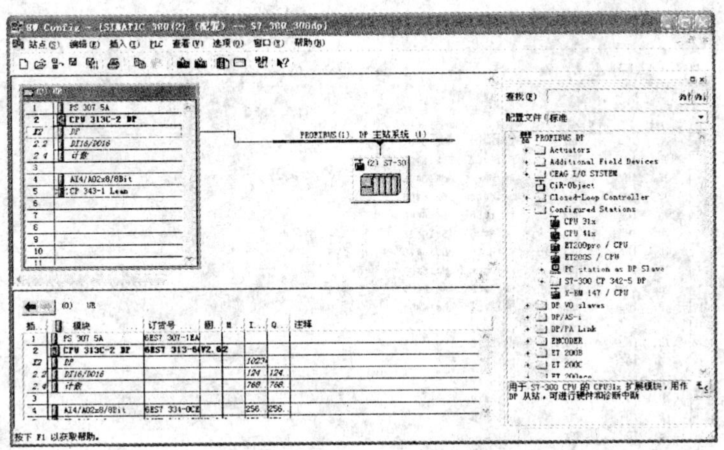

图 8.64　硬件组态完成

问题时让 CPU 不停止运行，应该调用相关 OB 块，如图 8.65 和图 8.66 所示。

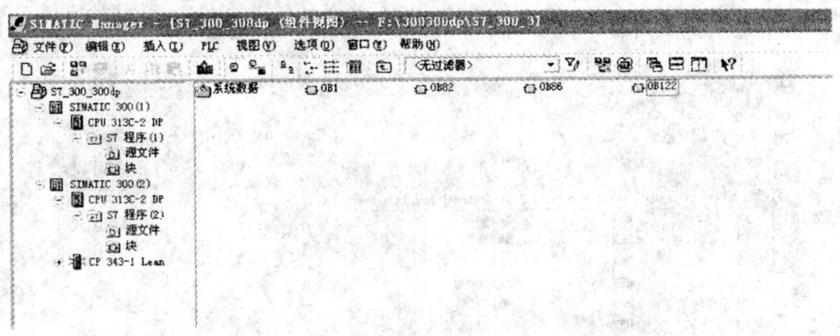

图 8.65　从站中插入相关的 OB 块

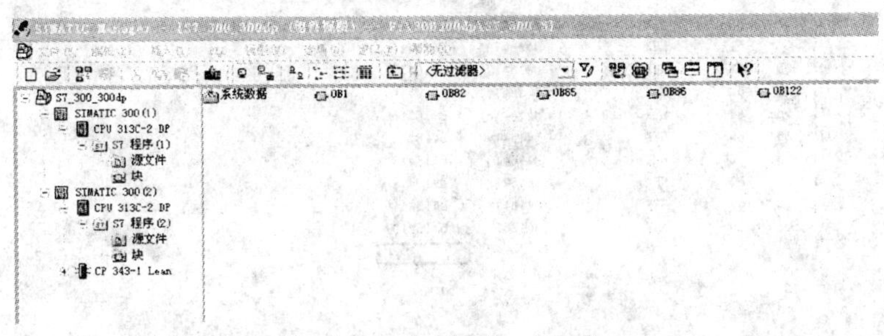

图 8.66　主站中插入相关的 OB 块

运行后，监控从站和主站的数据发送和接收缓冲区，如图 8.67 和图 8.68 所示。从站的数据发送区 QB100～QB109 对应的主站的数据接收区 IB50～IB59，主站的数据发送区 QB50～QB59 对应的从站的数据接收区 IB100～IB109。

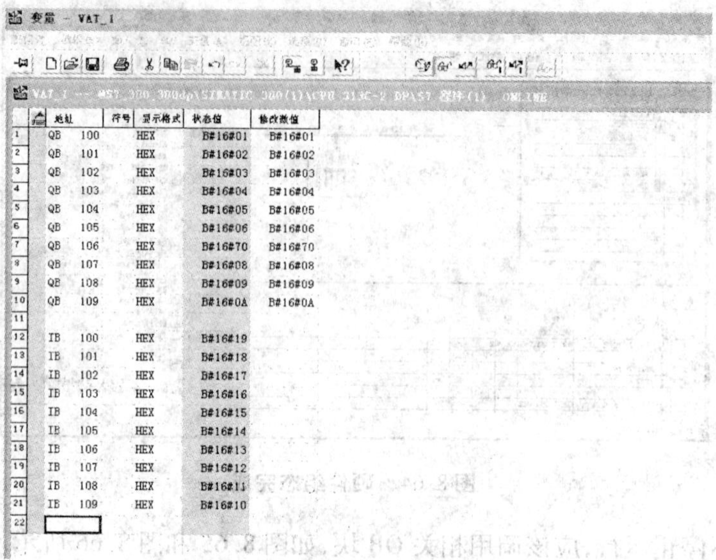

	地址	符号	显示格式	状态值	修改数值
1	QB 100		HEX	B#16#01	B#16#01
2	QB 101		HEX	B#16#02	B#16#02
3	QB 102		HEX	B#16#03	B#16#03
4	QB 103		HEX	B#16#04	B#16#04
5	QB 104		HEX	B#16#05	B#16#05
6	QB 105		HEX	B#16#06	B#16#06
7	QB 106		HEX	B#16#70	B#16#70
8	QB 107		HEX	B#16#08	B#16#08
9	QB 108		HEX	B#16#09	B#16#09
10	QB 109		HEX	B#16#0A	B#16#0A
11					
12	IB 100		HEX	B#16#19	
13	IB 101		HEX	B#16#18	
14	IB 102		HEX	B#16#17	
15	IB 103		HEX	B#16#16	
16	IB 104		HEX	B#16#15	
17	IB 105		HEX	B#16#14	
18	IB 106		HEX	B#16#13	
19	IB 107		HEX	B#16#12	
20	IB 108		HEX	B#16#11	
21	IB 109		HEX	B#16#10	
22					

图 8.67 从站数据区监控

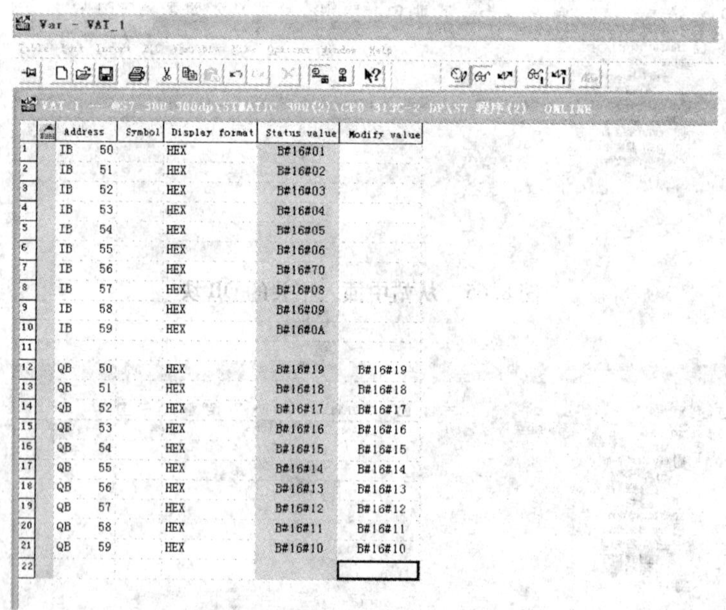

	Address	Symbol	Display format	Status value	Modify value
1	IB 50		HEX	B#16#01	
2	IB 51		HEX	B#16#02	
3	IB 52		HEX	B#16#03	
4	IB 53		HEX	B#16#04	
5	IB 54		HEX	B#16#05	
6	IB 55		HEX	B#16#06	
7	IB 56		HEX	B#16#70	
8	IB 57		HEX	B#16#08	
9	IB 58		HEX	B#16#09	
10	IB 59		HEX	B#16#0A	
11					
12	QB 50		HEX	B#16#19	B#16#19
13	QB 51		HEX	B#16#18	B#16#18
14	QB 52		HEX	B#16#17	B#16#17
15	QB 53		HEX	B#16#16	B#16#16
16	QB 54		HEX	B#16#15	B#16#15
17	QB 55		HEX	B#16#14	B#16#14
18	QB 56		HEX	B#16#13	B#16#13
19	QB 57		HEX	B#16#12	B#16#12
20	QB 58		HEX	B#16#11	B#16#11
21	QB 59		HEX	B#16#10	B#16#10
22					

图 8.68 主站数据区监控

任务四　工业以太网通信的组态连接

一、任务提出

工业以太网是基于 IEEE 802.3（Ethernet）的强大的区域和单元网络。利用工业以太网，SIMATIC NET 提供了一个无缝集成到新的多媒体世界的途径。企业内部互联网（Intranet）、外部互联网（Extranet）以及国际互联网（Internet）提供的广泛应用不但已经进入今天的办公室领域，而且还可以应用于生产和过程自动化。继 10 Mbps 以太网成功运行之后，具有交换功能，全双工和自适应的 100 Mbps 快速以太网（Fast Ethernet，符合 IEEE 802.3u 的标准）也已成功运行多年。采用何种性能的以太网取决于用户的需要。通用的兼容性允许用户无缝升级到新技术。那么对于 PLC 与 PLC 之间又如何实现以太网通信呢？

二、相关新知识

（一）工业以太网的特点与组成

工业以太网是基于国际标准 IEEE 802.3 的开放式、多供应商、高性能的区域和单元网络。它已广泛地应用于控制网络的最高层，并且有向控制网络的中间层和底层（现场层）发展的趋势。

1. 工业以太网的特点

（1）适用于现场环境。用标准导轨安装，抗干扰、抗辐射能力强。

（2）可以实现管理控制网络一体化。工业以太网提供的 IT（Information Technology，信息技术）服务允许用户在办公室访问生产数据，实现管理控制网络一体化。同时，通过广域网（例 ISDN 或 Internet）可以实现全球的远程通信。

（3）交换技术与全双工模式。在交换式局域网中，用交换模块将一个网络分成若干个网段，可以实现在不同的网段中的并行通信。PROFINET 使用点对点连接的交换式以太网，其中每个设备直接与一个其他设备相连。使用具有全双工功能的交换机，在两个节点之间可以同时发送和接收数据，全双工快速以太网的数据传输速率增大到 200 Mbps。

（4）自适应与自协商功能。网络节点可以自动识别信号传输速率（10 Mbps 或 100 Mbps）。自协商是高速以太网的配置协议，可以自动确定站点之间的数据传输速率和工作方式，例如全双工或半双工。

（5）冗余网络与故障诊断。通过双倍的组件（如 CPU、网络、CP 等）实现冗余，如果出现了系统故障或网络断线，交换模块会将通信切换到冗余的后备系统或后备网络，以保证系统正常运行。发生故障时，可以迅速发现故障，并实现故障的定位和诊断，为故障的快速排除提供保障。

2. 工业以太网的构成

西门子以太网的传输速率为 10 Mbps 或 100 Mbps，最多 1 024 个网络节点，网络的最大范围为 150 km。典型的工业以太网由四类网络器件组成。

(1)网络组件:包括 FC 快速连接插座、SCALANCE X 交换机、电气交换模块(ESM)、光纤交换模块(OSM)和光纤电气转换模块(MC TP11)、中继器、PN/PD 链接器。无线网络的接入点和 IWLAN/PB 链接器用于将工业以太网无线耦合到 DP 网络。

(2)通信媒体:可以采用普通双绞线、工业屏蔽双绞线、光纤和无线通信。

(3)SIMATIC PLC 通信处理器:CP 343 - 1,全双工、通信速率 10 Mbps 或 100 Mbps。CP 343 - 1 IT 可以实现 IT 通信,例如作为 Web 服务器和发送 E-mail。

(4)PG/PC 通信处理器:用于将 PG/PC 连接到工业以太网。CP1612 和 CP1613 是 PCI 以太网卡,CP1512 是奇偶 PCMCIA 以太网卡,CP1515 是无线以太网卡。

(二)工业以太网的通信服务

1. S5 兼容的通信服务

1)TCP/IP 服务

TCP/IP 译为传输控制协议/网际协议,TCP/IP 是互联网的基础协议,它规范了网络上所有通信设备的数据交换格式和传送方式。TCP/IP 服务用于 S7 - 300 PLC 与 PC 及非西门子系统的通信。可以将最多 8 KB 的连续数据块从一个以太网节点传送到另外一个以太网节点。数据的接收由通信伙伴确认。该协议可以提供可靠的通信连接,需要在 STEP 7 中为通信组态静态连接,在站点启动时,连接被立即建立。

2)ISO 传输服务

ISO 传输服务通过组态连接提供 SEND/RECEIVE interface 服务在以太网上传输数据,必须使用 SIMATIC NET CP 卡。组态的连接自动地被 ISP 传输服务所监视。最大传输数据量为 8 KB。数据自动重发功能和基于第二层的 CRC 校验保证了数据传输的完整性和可靠性,通信方可以进行接收数据的确认。

3)ISO - on - TCP 服务

RFC 1006 标准用于将数据打包,同时实现将 ISO 协议映射到 TCP 协议上,从而使网络连接突破了局域网的限制,可以路由到公网上去。同样,数据自动重发功能和基于第二层的 CRC 校验保证了数据传输的完整性和可靠性,通信方可以进行接收数据的确认。数据的最大传输量为 8 KB。

4)UDP 服务

UDP 是 User Datagram Protocol(用户数据报协议)的简称,UDP 服务可用于工业以太网和 TCP/IP 网络(电话网或互联网),与支持 UDP 通信的 PC 或非西门子系统的通信伙伴通信。

2. IT 通信服务

SIMATIC 通信网络通过工业以太网将 IT(信息技术)功能集成到控制系统中。

SIMATIC 设备支持下述 IT 服务。

1)FTP 通信服务

FTP(File Transfer Protocol,文件传输协议)通信用于不同操作系统的计算机之间程序控制的数据交换。IT - CP/Adv - CP(CP 343 - 1 Advanced)的 FTP 服务功能提供一种交换文件的高效方式。IT - CP/Adv - CP 既可以作为 FTP 服务器,也可以作为 FTP 客户机。

2)通过 SMTP 发送电子邮件

IT - CP/Adv - CP 可以作为电子邮件客户机,通过 SMTP(简单邮件传输协议)服务发送电子邮件,但是不能接收电子邮件。

3)SNMP 服务

SNMP(简单网络管理协议)是以太网的一种开放的标准化网络管理协议。网络管理设备可以在工业环境中对网络进行规划、控制和监视,可以确保网络的正常运行。用户可以用 HTML(超文本标记语言)页面,通过 HTTP(超文本传输协议)和 Web 浏览器,查询重要的系统数据。

3. OPC 通信服务

1)OPC 的基本概念

OLE 是 Object Linking and Embedding(对象链接与嵌入)的缩写,是微软为 Windows 操作系统、应用程序之间的数据交换开发的技术。OPC(OLE for Process Control,用于过程控制的 OLE)是嵌入式过程控制标准,是用于服务器/客户机连接的开放的接口标准和技术规范。

OPC 是一种开放式系统接口标准,用于在自动化和 PLC 应用、现场设备和基于 PC 的应用程序之间,为不同厂家的数据源开发驱动程序和服务程序。通过 OPC 可以在 PC 机上监控、调用和处理 PLC 的数据和事件。

2)OPC 通信服务

SIMATIC NET OPC 服务器支持 PROFINET IO、PROFINET CBA、PROFIBUS－DP、S7 通信、与 IE/S5 兼容的通信和 SNMP。

3)使用 SNMP OPC 服务器进行诊断

SNMP OPC 服务器软件为所有的 SNMP 设备提供了诊断和参数分配功能。所有的信息均可以集成到 OPC 兼容的系统(例如 WinCC HMI 系统)中。

(三)基于工业以太网的 PROFINET

PROFINET 是一个用于工业自动化的革新和开放的工业以太网标准(IEC 61158)。通过 PROFINET,可将现场级的设备一直连接到管理层。使用 PROFINET,可以实现系统范围内的通信,并支持工厂范围内工厂与组态直到现场级均采用 IT 标准。PROFIBUS 等现有现场总线很容易集成,而无须对现有设备进行改动。

1. 现场总线集成

PROFINET 可简单集成到现有总线系统中,为此使用一个代理服务器,一方面,它是 PROFIBUS 或 AS－Interface 系统的主站;另一方面,它又是工业以太网上的一个站,可以支持 PROFINET 通信。

2. 实时通信

PROFINET 基于工业以太网,它使用 TCP/IP 标准来进行参数化、组态和诊断。用于传输有用/过程数据的实时通信在同一条总线上进行。PROFINET 设备支持以下实时功能。

(1)实时(RT):该功能适用于对信号传输时间有严格要求的场合,即用于处理循环数据或者事件触发的报警信号,例如传感器和执行器的数据传输。分布式现场设备通过 PROFINET 可直接连接到工业以太网,与 PLC 等设备通信。典型的更新循环时间为 1～10 ms,完全满足现场级的要求。

(2)等时实时(IRT):用于高性能的同步运动控制,提供了等时执行周期、以确保信息始终以相等的时间间隔进行传输。响应时间为 0.25～1 ms,抖动小于 1 μs。该通信数据传输基于硬件,需要特殊的交换机的支持(例如 SCALANCE X-2001RT)。

3. PROFINET IO

PROFINET IO 具有标准的接口,可以将分布式现场 I/O 设备直接连接到工业以太网。

以下 SIMATIC 产品用于 PROFINET 分布式设备。

(1)IM 151-3 PN:ET 200S 的 PROFINET 接口模块。

(2)CPU 317-2 DP/PN 或 CPU 315-2 DP/PN:用于处理过程信号和直接将现场设备连接到工业以太网。

(3)IE/PB LINK PN IO:将现有的 PROFIBUS 设备直接连接到 PROFINET 的代理设备。

(4)IWLAN/PB LINK PN IO:通过无线的方式将现有的 PROFIBUS 设备透明地连接到 PROFINET 的代理设备。

(5)CP 343-1 Advanced:用于将 S7-300 PLC 连接到 PROFINET。

(6)CP1616:用于将 PC 连接到 PROFINET,是带有集成的四端口交换机的通信处理器。支持同步实时模式,可用于运动控制领域对时间要求严格的同步闭环控制。

(7)SOFT PN IO:作为 IO PLC,在编程器或 PC 上运行的通信软件。

(四)以太网的地址

1. MAC 地址

在 OSI(开发系统互连)七层网络协议参考模型中,第二层(数据链路层)由 MAC(Media Access Control,媒体访问控制)子层和 LLC(逻辑链路控制)子层组成。

MAC 地址也叫物理地址、硬件地址或链路地址。MAC 地址是识别 LAN(局域网)节点的标志,即以太网接口设备的物理地址。它通常由设备生产厂家烧入 E^2PROM 或闪存芯片,在传输数据时,用 MAC 地址标志发送和接收数据的主机地址。在网络底层的物理传输过程中,是通过 MAC 地址来识别主机的。MAC 地址是 48 位二进制数,通常分成 6 段(6 个字节),一般用十六进制数表示,例如 00-05-BA-CE-07-0C,其中的前 6 位十六进制数是网络硬件制造商的编号,由 IEEE(电气与电子工程师协会)分配,后 6 位十六进制数代表该制造商制造的某个网络产品(例如网卡)的系列号。该编号具有全球唯一性。S7-300 PLC 如果使用 ISO 协议,必须输入模块的 MAC 地址。

2. IP 地址

连接到以太网上的每台计算机必须拥有一个唯一的地址,该地址称为 IP 地址。IP 地址由 32 位二进制数组成,是 Internet(国际)协议地址。IP 地址一般用十进制表示,用“.”号分隔,例如 192.168.0.112。

3. 子网掩码

子网掩码(Subnet Mask)是一个 32 位地址,用于将网络分为一个小的子网。IP 地址由子网地址和子网内节点的地址组成,子网掩码用于将这两个地址分开。由子网掩码确定的两个 IP 地址段分别用于寻址子网 IP 和节点 IP。

三、任务解决方案

本例介绍如何通过组态来实现两台 S7-300 PLC 之间的以太网通信。

(1)新建一个项目,如图 8.69 所示。

图 8.69　新建以太网项目

(2)插入两个 S7 - 300 PLC 站点,并进行硬件组态,如图 8.70 和图 8.71 所示。

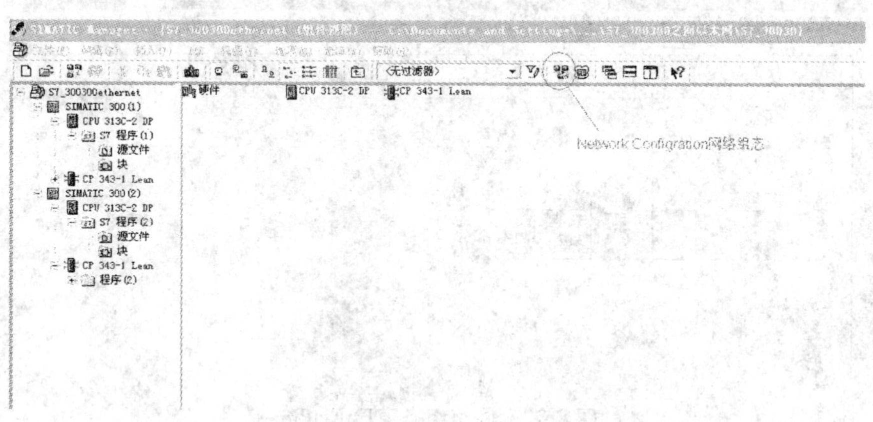

图 8.70　插入 300 站点

分别双击两个站点的 CP 343 - 1 模块,建立以太网网络,并设置相应的 IP 地址,组态完两套系统的硬件模块后,分别进行下载。在图 8.70 中点击“Network Configration”按钮,打开系统的网络组态窗口 NetPro,如图 8.72 所示。然后点击选中“SIMATIC 300(1)CPU 313 - DP”。在窗口的左下方,“本地 ID”处点击右键,会弹出一个菜单,点击“插入新连接”,如图 8.73 所示。

插入一个新的网络链接,并设定链接类型为 ISO - on - TCP connection 或 TCP connection 或 UDP connection 或 ISO Transport connection,如图 8.74 所示。

点击“确定”后,自动弹出图 8.75 所示的对话框,用来设置 ISO - on - TCP 连接的相关信息,均采用默认即可。

两个分站组态后的画面如图 8.76 和图 8.77 所示。

组态完成后,分别对每个分站进行编译下载,如图 8.78 所示。

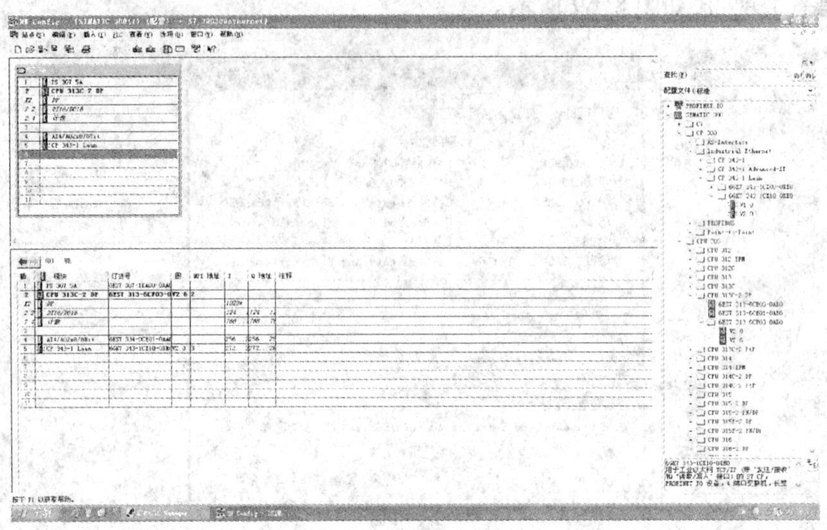

图 8.71　进行硬件组态

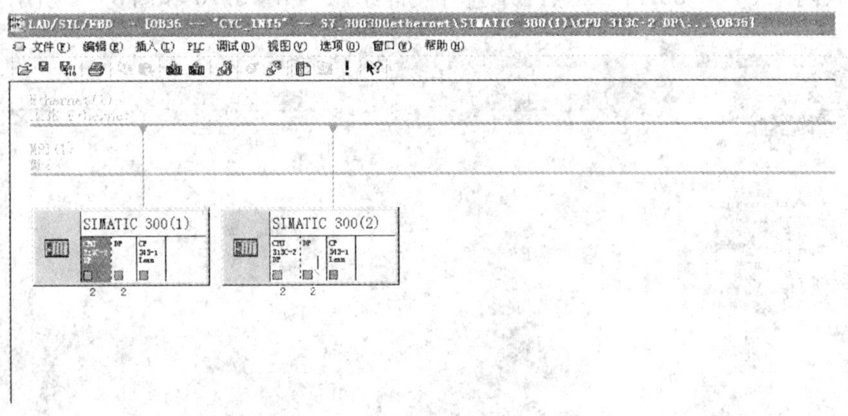

图 8.72　网络组态窗口 NetPro

系统的硬件组态和网络配置已经完成。下面进行系统的软件编制，在 SIMATIC Manager 界面中，分别在两个 CPU 313C－2 DP 中插入 OB35 定时中断程序块和数据块 DB1、DB2，并在两个 OB35 中调用 FC5(AG_Send)和 FC6(AG_Recv)程序块，如图 8.79 和图 8.80 所示。

添加两个数据块 DB1 和 DB2，如图 8.81 和图 8.82 所示。

两个分站的传送起始地址分别是 DB1.DBB0 和 DB2.DBB0，传送的字节数为 50。监控画面如图 8.83 所示。

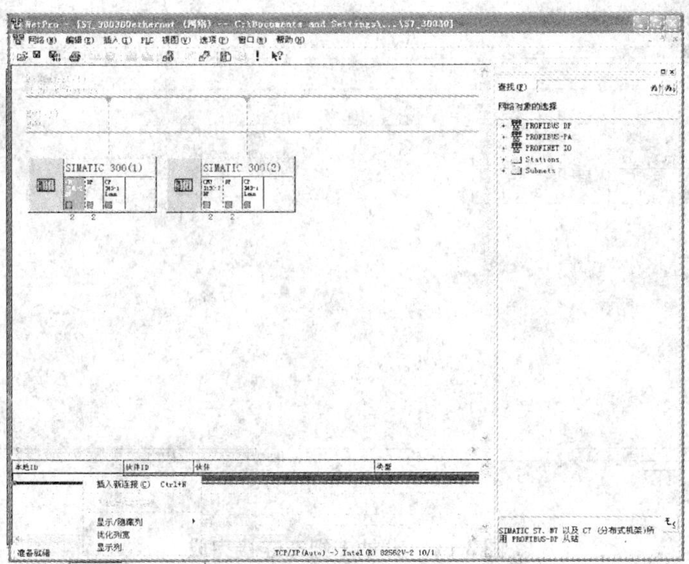

图 8.73　插入新连接

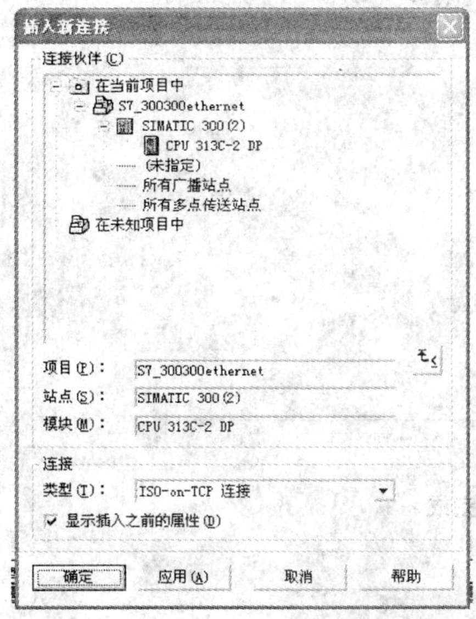

图 8.74　连接类型设置

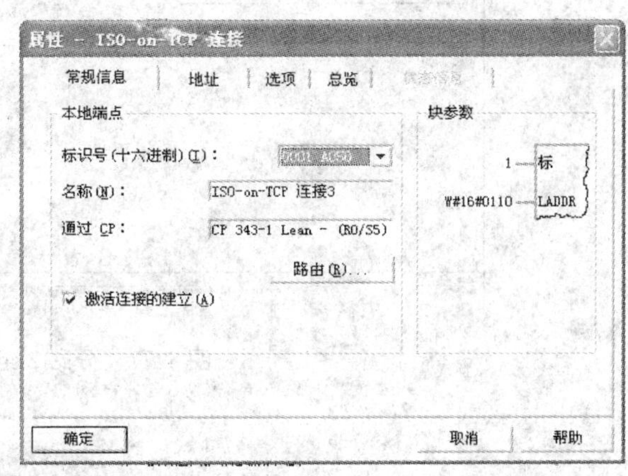

图 8.75　设置 ISO - on - TCP 连接

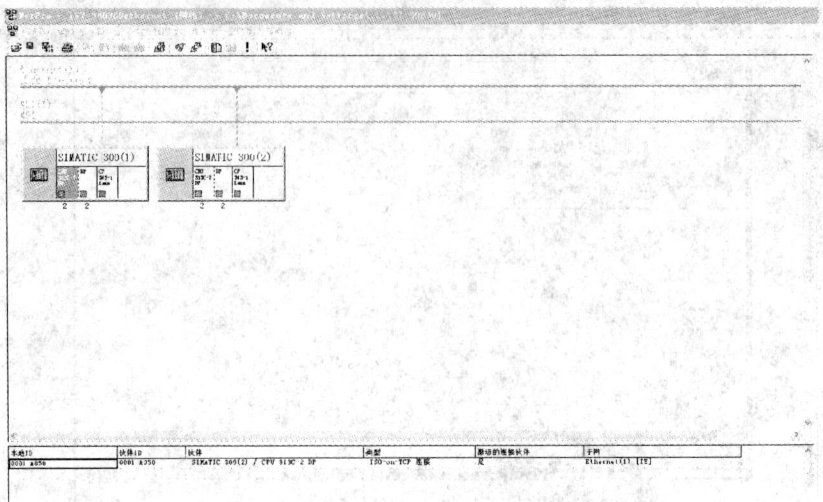

图 8.76　分站 1 组态连接完成

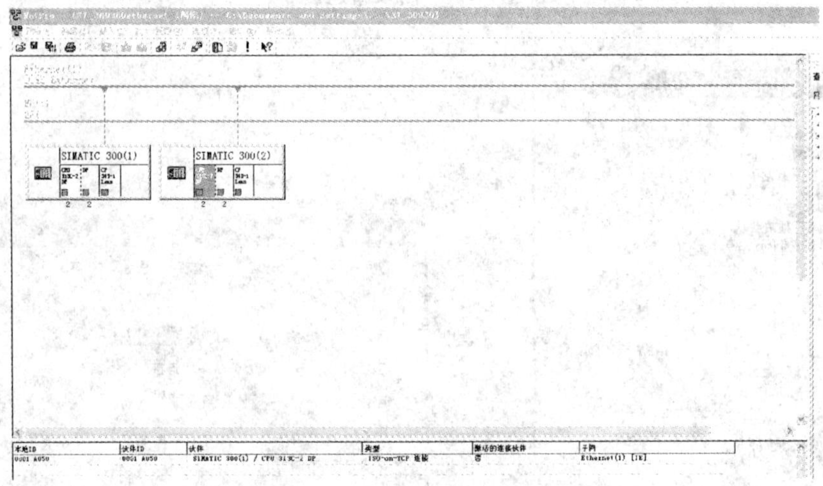

图 8.77　分站 2 组态连接完成

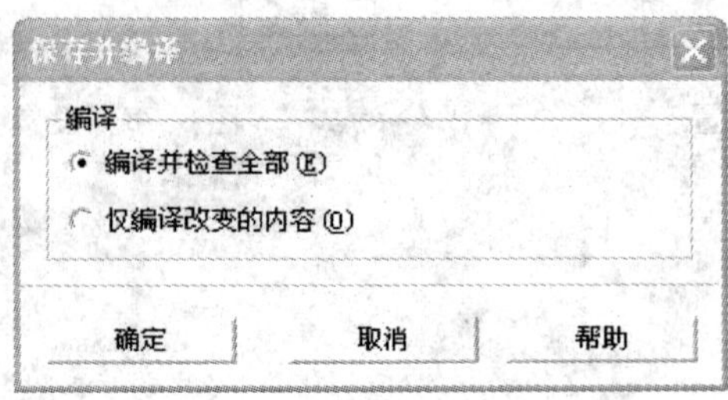

图 8.78　保存编译

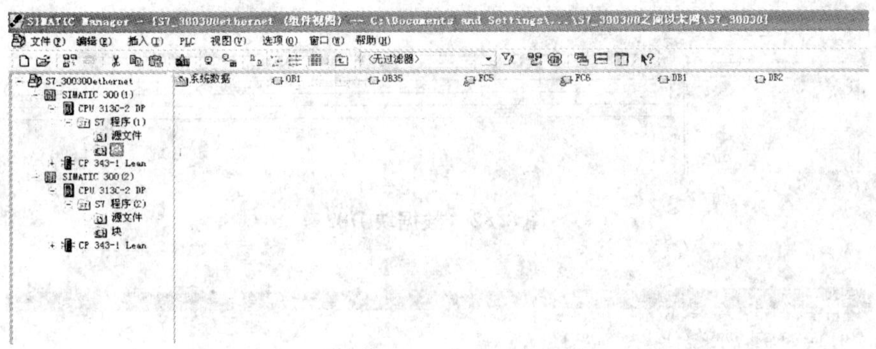

图 8.79　块编写

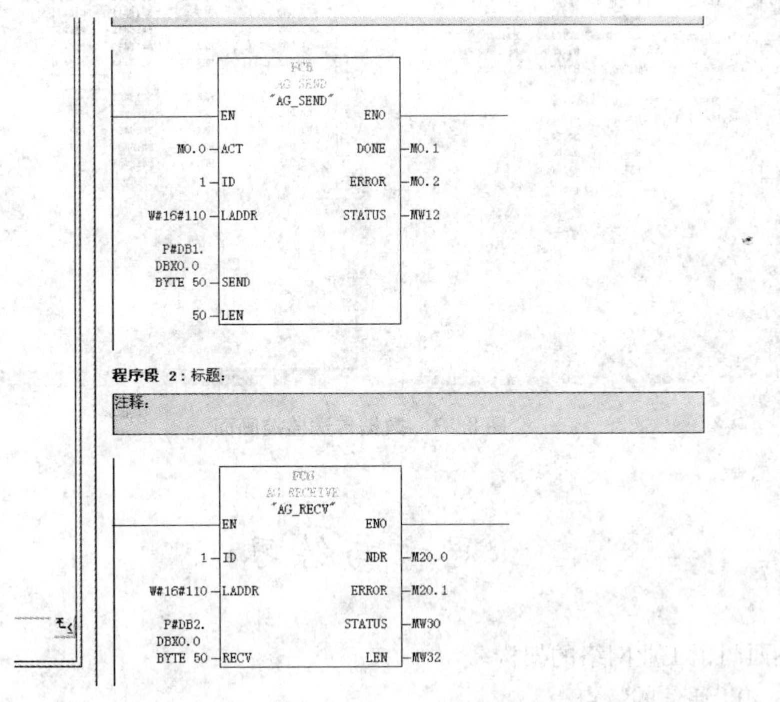

图 8.80　编写 OB35 块

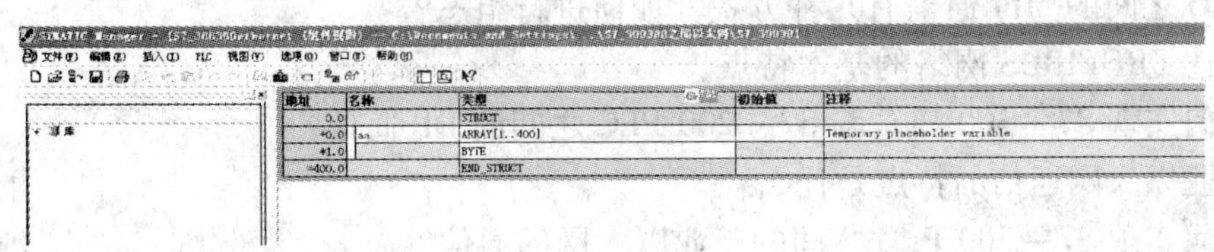

图 8.81　数据块 DB1

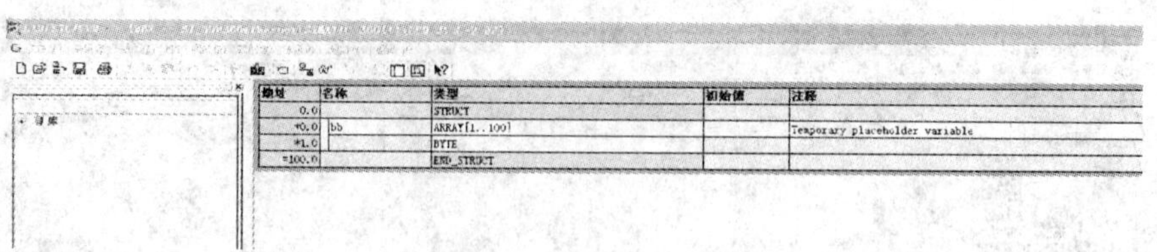

图 8.82　数据块 DB2

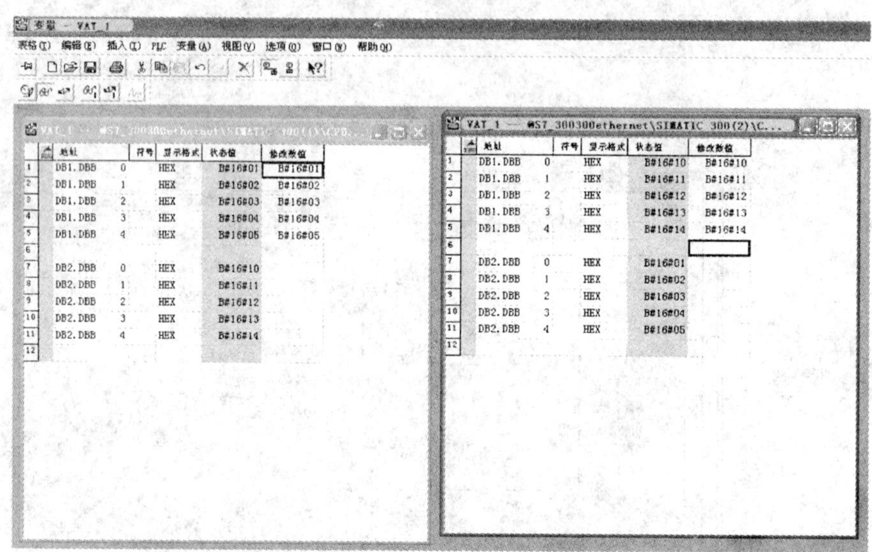

图 8.83　数据传送监控画面

思考与练习

1. 简述西门子工业网络的架构。
2. 简述 MPI 通信的特点。
3. 如何进行 MPI 通信方式设置?
4. PLC 之间的 MPI 通信有几种方式? 如何进行组态?
5. 简述 PROFIBUS 网络的基本特点。
6. 如何实现 S7 - 300 PLC 与 S7 - 200 PLC 之间的 DP 通信?
7. 工业以太网通信的特点是什么?
8. 如何实现 S7 - 300 PLC 之间的工业以太网的通信?

模块九　S7 - 300 PLC 综合案例
——基于 PLC 控制的恒压供水系统

本模块通过 PLC 应用实例，介绍触摸屏、变频器与 PLC 的通信及应用，实例既可以用来学习可编程控制系统的设计方法，也可以为 PLC 课程设计、毕业设计以及实际工程应用提供参考。

一、恒压供水系统控制要求

本案例主要是使用 PLC、触摸屏、变频器实现基于 PLC 的恒压冷热供水系统的控制。具体控制要求如下。

（一）压力控制过程

冷热水管道压力由压力传感器进行检测，并转换成 4 ~ 20 mA 的电流信号，经 A/D 通道传至 S7 - 300 PLC，进行 PID 运算后，通过 PROFIBUS - DP 现场总线将控制值写入 MM440 变频器，控制水泵的转速，保持水管道压力恒定。设备采用两泵并联的供水方式，用户用水量的大小决定了投入运行的水泵的数量，当用水量较小时，单台泵变频工作，当用水量增加，水泵运行频率随之增加，如达到水泵额定输出功率仍无法满足用户供水要求时，工频泵启动运行。反之，当用水量减少，则降低水泵运行频率直至设定下限运行频率，如供水量仍大于用水量，则自动停止工频运行泵同时变频泵转速增加。

（二）温度控制过程

热水管道温度由温度传感器检测，并由温度变送器转换成 4 ~ 20 mA 的电流信号，经 A/D 模块传至 S7 - 300 PLC，进行 PID 运算后，通过 PROFIBUS - DP 现场总线将 PID 输出值经 D/A 模块传给加热器，控制热水温度，保持热水温度恒定。同时，由 OP170/TP170 触摸屏实现整个控制系统的参数设定、过程监控等功能，其与 S7 - 300 PLC 之间采用现场总线 PROFIBUS - DP 进行通信。

基于 PLC 的恒压冷热供水系统的构成如图 9.1 所示。

二、项目完成方案

（一）硬件组态

1. 新建项目

双击 SIMATIC Manager 图标，打开 STEP 7 主画面，新建一个项目，进行硬件组态。根据实际的硬件配置添加各个模块，如图 9.2 所示。

2. 网络设置

建立一个 DP 网络，设置合适的波特率，如图 9.3 所示。

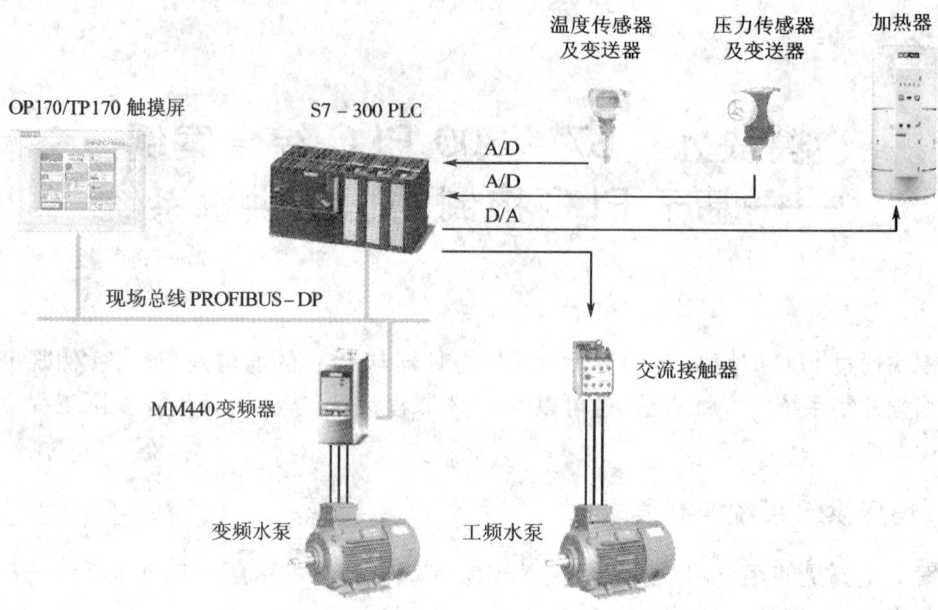

图 9.1　基于 PLC 的恒压冷热供水系统示意图

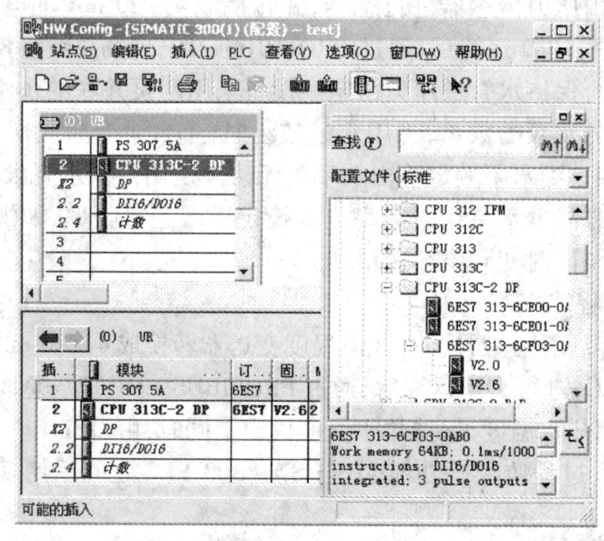

图 9.2　添加模块

3. 组态变频器

在左侧目录中，将“PROFIBUS - DP”→“SIMOVERT”→“MICROMASTER 4”拖放到已建好的 DP 网络上，如图 9.4 所示。将其下拉的 4 PKW，2 PZD(PPO 1)拖入下方地址栏中，系统将自动为其分配地址。

点击工具栏中的 (Save and Compile)图标，存盘并编译硬件组态，完成硬件组态工作。

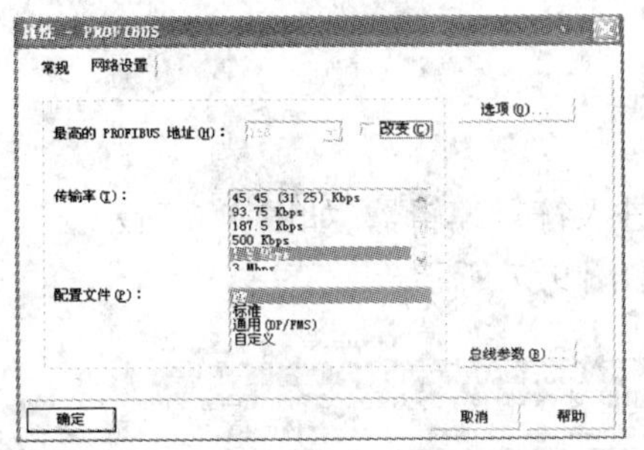

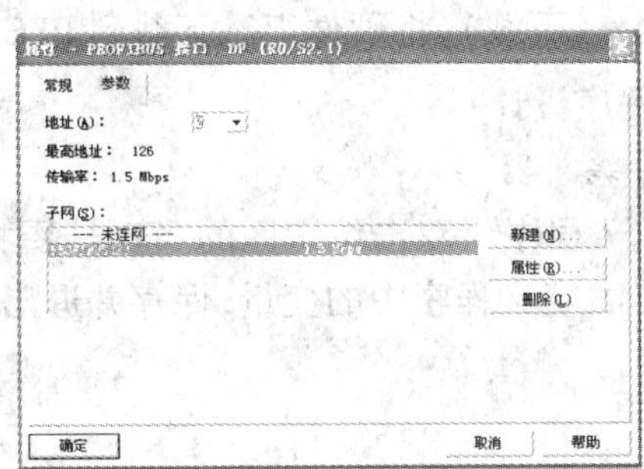

图 9.3　建立 DP 网络

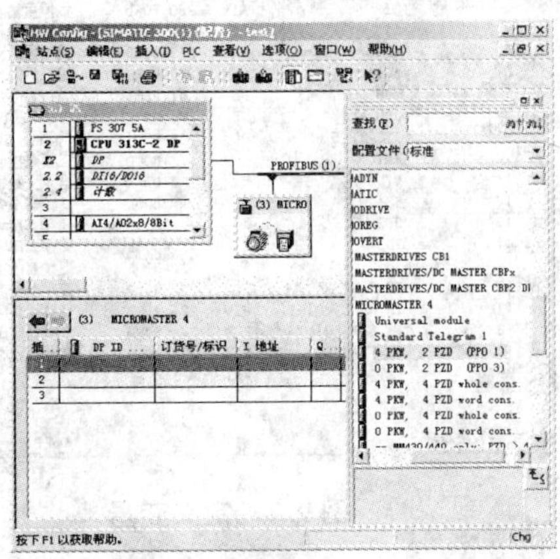

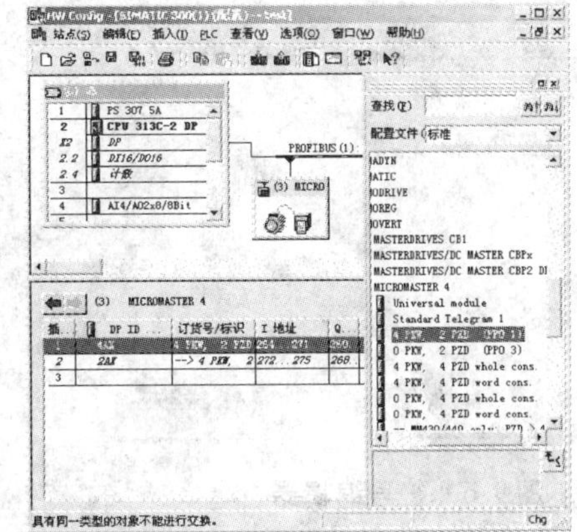

图 9.4　组态变频器

4. 进行通信设置

单击“选项”→“设置 PG/PC 接口”，如图 9.5 所示。在“设置 PG/PC 接口”对话框中，根据使用的通信硬件选择通信方式，如 PC Adapter(Auto)，选择完成后，点击“确定”。

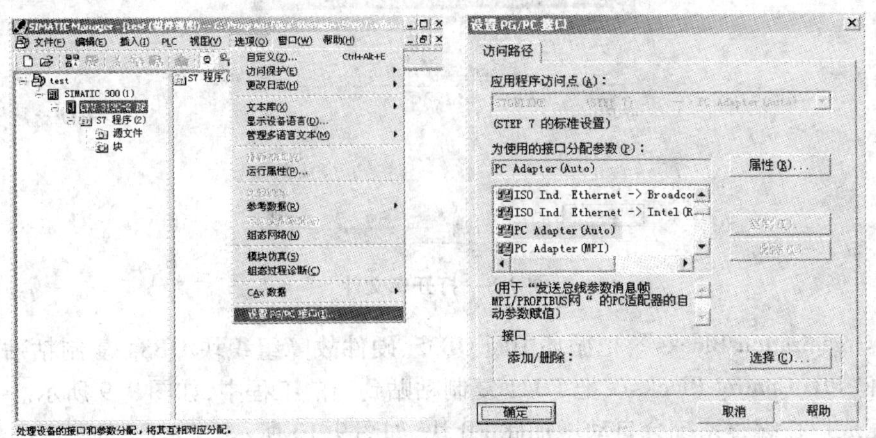

图 9.5　通信接口设置

点击 (下载),将硬件组态下载到 PLC 中。

(二)程序设计

1. 符号编辑器

选择“S7 程序”,双击编辑区的“符号”图标进入符号编辑器,如图 9.6 所示。

在符号表定义程序中的变量,保存并退出,如图 9.7 所示。

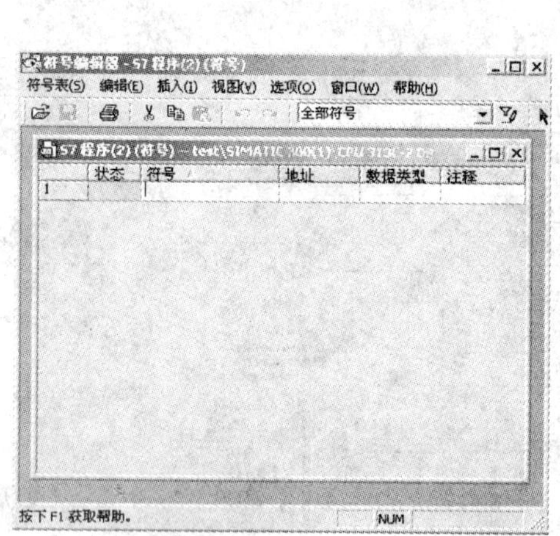

图 9.6　符号编辑器

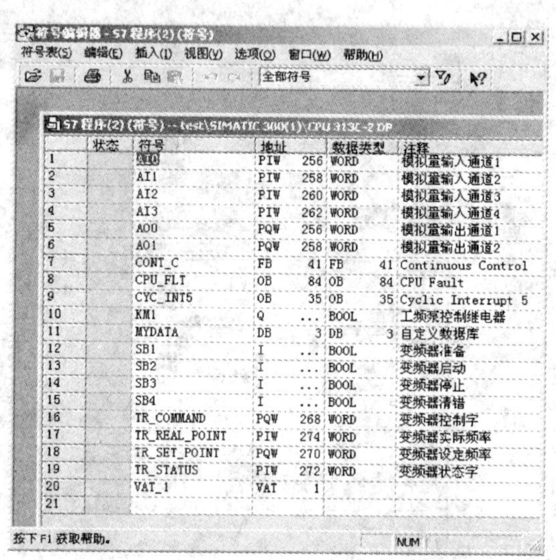

图 9.7　定义变量

2. 添加功能块 FB41

方法一:打开“库”中的“Standard Library”,如图 9.8 所示。

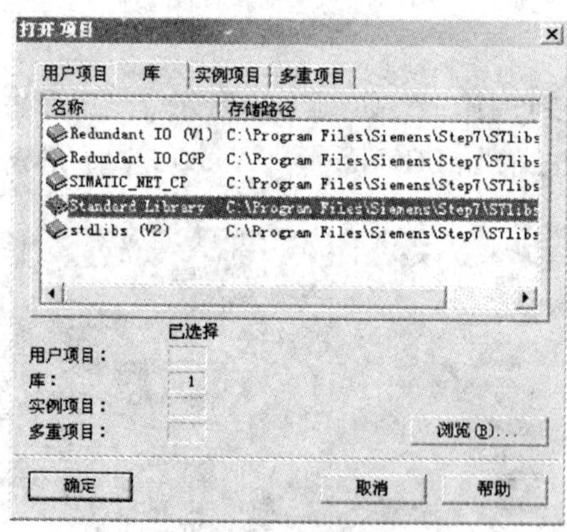

图 9.8　打开库文件

选择“Organization Blocks”,把循环中断 OB35、硬件故障组织块 OB84 复制粘贴到当前工程中。选择“PID Control Blocks”,把 FB41 复制粘贴到当前工程中,如图 9.9 所示。

复制完成后在编程系统会自动增加此 FB 块,如图 9.10 所示。

方法二:打开组织块 OB1,在左边目录中点选“库”→“Standard Library”→“PID Control

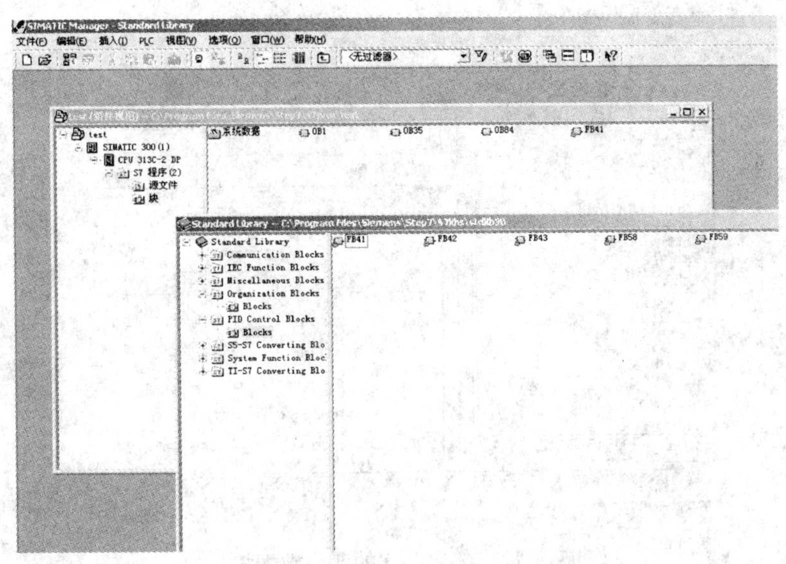

图 9.9　添加组织块和功能块

Blocks”→“FB41 CONT_C ICONT”，将其拖到右边代码区梯形图上，即可添加一个 PID 控制块，如图 9.11 所示。

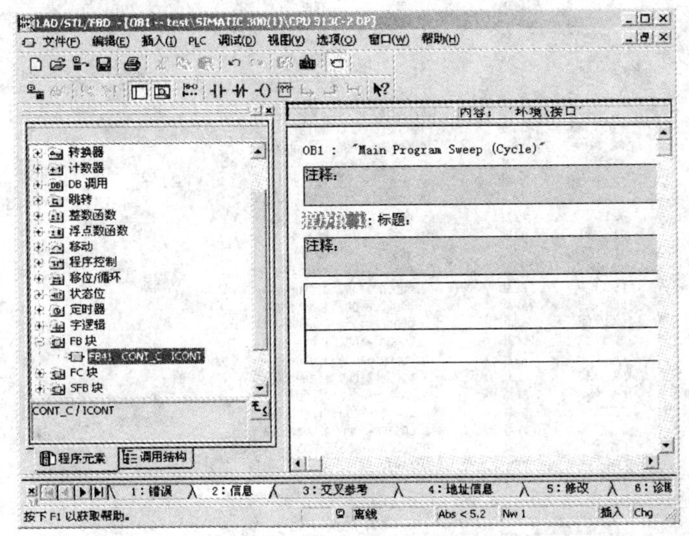

图 9.10　添加 FB41

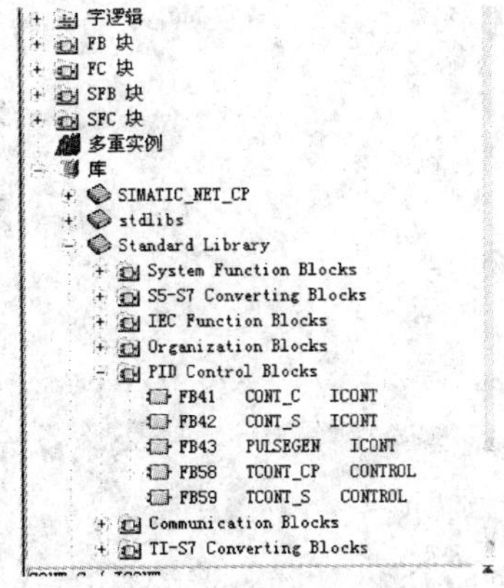

图 9.11　在库中添加 FB41

3. 定义背景数据块

必须要给功能块 FB41 指定一个背景数据块，PID 控制所涉及的所有参数都存放在这个背景数据块中，如图 9.12 所示，指定 DB1 作为 FB41 的背景数据块。

双击 DB1，打开背景数据块，如图 9.13 所示。

PID 的输入/输出、手自动切换、参数、控制功能都能通过 DB1 中的数据进行控制。实际工程应用中，还需要增加手动自动无扰切换控制。在手动时，SP 跟随 MV，MV 等于 MAN（手

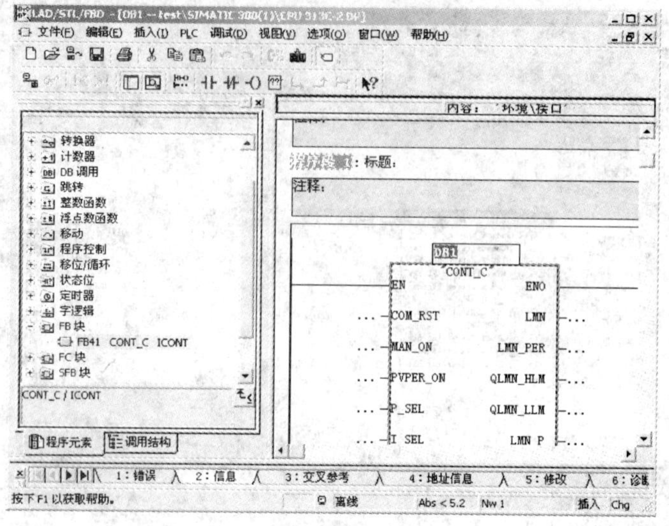

图 9.12　创建 PID 的背景数据块

DB 参数 - [DB1 -- test\SIMATIC 300(1)\CPU 313C-2 DP]

数据块(A)　编辑(E)　PLC(P)　调试(D)　查看(V)　窗口(W)　帮助(H)

	地址	声明	名称	类型	初始值	实际值
1	0.0	in	COM_RST	BOOL	FALSE	FALSE
2	0.1	in	MAN_ON	BOOL	TRUE	TRUE
3	0.2	in	PVPER_ON	BOOL	FALSE	FALSE
4	0.3	in	P_SEL	BOOL	TRUE	TRUE
5	0.4	in	I_SEL	BOOL	TRUE	TRUE
6	0.5	in	INT_HOLD	BOOL	FALSE	FALSE
7	0.6	in	I_ITL_ON	BOOL	FALSE	FALSE
8	0.7	in	D_SEL	BOOL	FALSE	FALSE
9	2.0	in	CYCLE	TIME	T#1S	T#1S
10	6.0	in	SP_INT	REAL	0.000000e+000	0.000000e+
11	10.0	in	PV_IN	REAL	0.000000e+000	0.000000e+
12	14.0	in	PV_PER	WORD	W#16#0	W#16#0
13	16.0	in	MAN	REAL	0.000000e+000	0.000000e+
14	20.0	in	GAIN	REAL	2.000000e+000	2.000000e+
15	24.0	in	TI	TIME	T#20S	T#20S
16	28.0	in	TD	TIME	T#10S	T#10S
17	32.0	in	TM_LAG	TIME	T#2S	T#2S
18	36.0	in	DEADB_W	REAL	0.000000e+000	0.000000e+
19	40.0	in	LMN_HLM	REAL	1.000000e+002	1.000000e+
20	44.0	in	LMN_LLM	REAL	0.000000e+000	0.000000e+
21	48.0	in	PV_FAC	REAL	1.000000e+000	1.000000e+
22	52.0	in	PV_OFF	REAL	0.000000e+000	0.000000e+
23	56.0	in	LMN_FAC	REAL	1.000000e+000	1.000000e+
24	60.0	in	LMN_OFF	REAL	0.000000e+000	0.000000e+
25	64.0	in	I_ITLVAL	REAL	0.000000e+000	0.000000e+
26	68.0	in	DISV	REAL	0.000000e+000	0.000000e+
27	72.0	out	LMN	REAL	0.000000e+000	0.000000e+
28	76.0	out	LMN_PER	WORD	W#16#0	W#16#0

消息

按 F1 获取帮助。　离线　CAPS 键 NUM 键

图 9.13　FB41 的背景数据块 DB1

操作值)，自动时 MAN(手操作值)跟随 MV。

4. 数值转换

压力传感器和温度变送器输出的是 4 ~ 20 mA 的电流信号，经模拟量输入模块转换成数字量 5 530 ~ 27 648，而 PID 控制的输入信号范围是 0 ~ 100 的数据，因此需要编写一个专门用来进行数值转换的功能 FC(类似于函数，可以被其他程序调用)，把 5 530 ~ 27 648 的数据转换成 PID 控制所需的 0 ~ 100 的数据。另外，PID 运算后输出的信号是 0 ~ 100 范围的数据，还需要通过数值转换，将 0～100 的数据转换成数字量，经模拟量输出模块输出电压或电流信号。

如图 9.14 所示，功能 FC201 完成输入的数值转换。将 PIW256（SM 334 输入通道）读取的数字量 5 530～27 648 转换成 0～100 的数，存储到"MYDATA".AI0（DB3.DBD2）中。

如图 9.15 所示，功能 FC202 完成输出的数值转换。将输出的 0～100 范围的标准信号转换成数字量写入模拟量输出地址 PQW256。

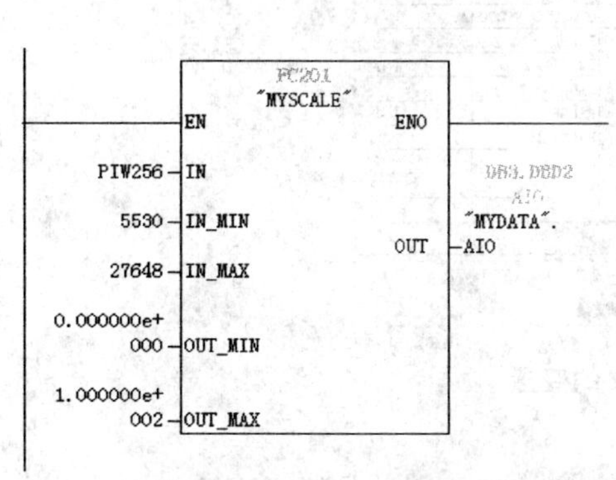

图 9.14 输入数值转换功能 FC201

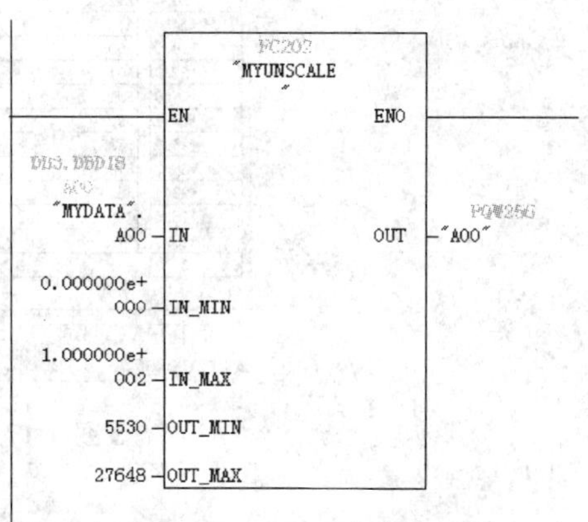

图 9.15 输出数值转换功能 FC202

5.插入数据块

建立一个用户数据存储块，定义一些在编程中要用到的变量。在工作区单击右键，选择"插入新对象"→"数据块"，弹出对话框如图 9.16 所示。该数据块为共享数据块，符号名"MYDATA"。

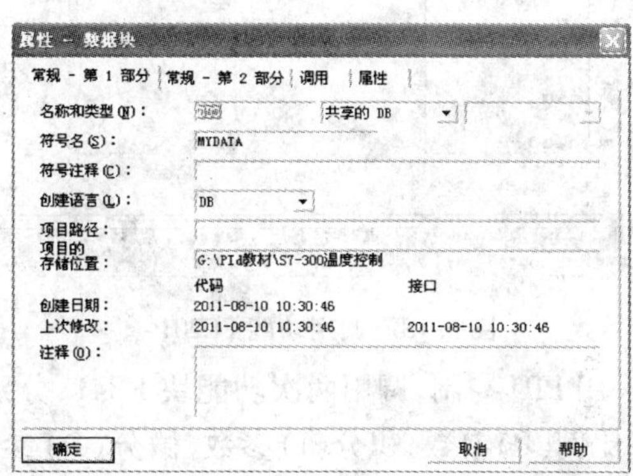

图 9.16 创建共享数据块

双击"DB3"，进入数据块编辑界面。添加程序中用到的变量，也可供组态软件进行监控访问。添加完成后，如图 9.17 所示。

6.编写组织块 OB1

双击打开 OB1，将管道压力和管道水温分别通过 AI0、AI1 两路模拟量输入通道，并转换为 0～100 的实数，再赋值给"MYDATA".AI0（DB3.DBD0）和"MYDATA".AI1（DB3.DBD6），如图 9.18 所示。

地址	名称	类型	初始值	注释
0.0		STRUCT		
+0.0	SET_TRUE	BOOL	TRUE	总是TRUE
+0.1	SET_FALSE	BOOL	FALSE	总是FALSE
+2.0	AI0	REAL	0.000000e+000	AI0
+6.0	AI1	REAL	0.000000e+000	AI1
+10.0	AI2	REAL	0.000000e+000	AI2
+14.0	AI3	REAL	0.000000e+000	AI3
+18.0	AO0	REAL	0.000000e+000	AO0
+22.0	AO1	REAL	0.000000e+000	AO1
+26.0	SN1	BOOL	FALSE	
+26.1	SN2	BOOL	FALSE	
+26.2	START	BOOL	FALSE	
+26.3	STOP	BOOL	FALSE	
+26.4	READY	BOOL	FALSE	
+26.5	CLR	BOOL	FALSE	
+28.0	CTR	REAL	0.000000e+000	
=32.0		END_STRUCT		

图 9.17　DB3 中定义的变量

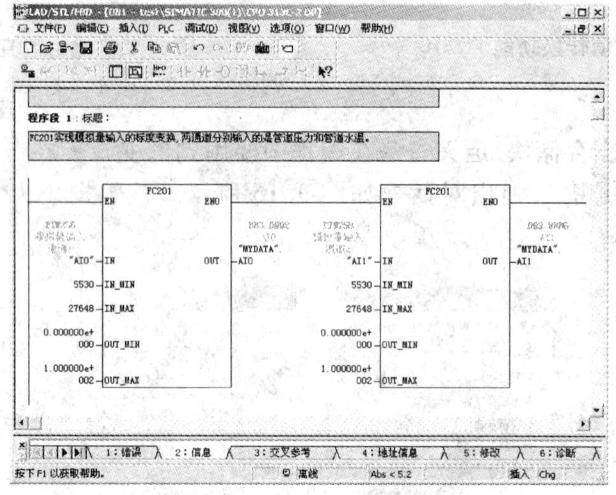

图 9.18　调用功能 FC201

压力和温度控制分别采用 PID 控制，调用两次功能块 FB41，分别定义相应的背景数据块 DB1 和 DB2。在程序中，将比例(P)参数、积分(I)参数、微分(D)参数使能，同时给 PID 周期时间赋值。将 PID 运算输出分别写入共享数据块“AI0”和“AI1”，如图 9.19 所示。

变频器输出频率按 0～50 Hz 变化时，其输出的频率值字为 0000H～4000H，即 0～16 384。由图 9.20 可知，变频器实际频率字的地址为 PIW274，将变频器实际输出值经 FC201 转换成 0～100 的值。

若用水量减少，水泵运行频率降低，当变频器输出转换值小于等于 10 时(转换范围 0～100)，则供水量足以满足用水量，则定时器 T4 定时 10 s 后，DB3. DBX26. 1 为 1，工频泵停止。当压力 PID 控制输出在 10～90 时，将定时器 T4 复位，如图 9.21 所示。

若用水量加大，水泵运行频率增加，当变频器输出转换值大于等于 90 时(转换范围 0～

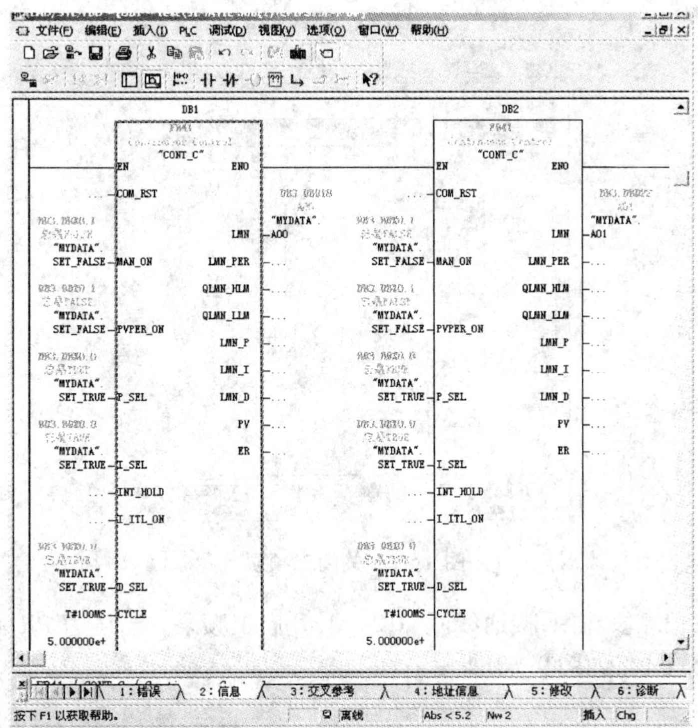

图 9.19　进行 PID 运算

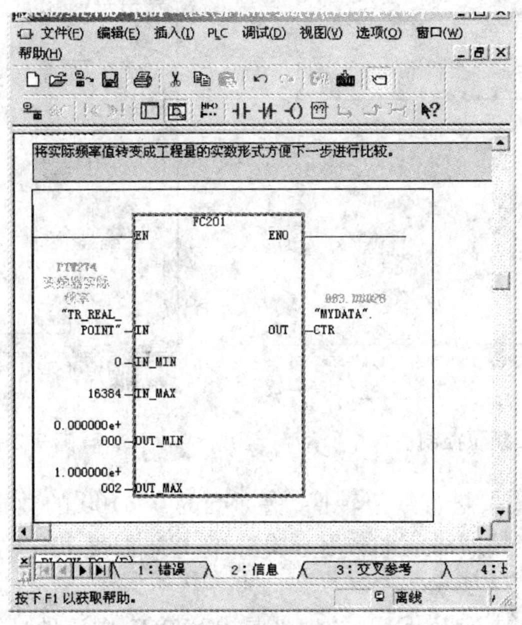

图 9.20　变频器频率值转换

100)，则变频水泵无法满足用户供水要求，则定时器 T5 定时 10 s 后，DB3.DBX26.0 位为 1。

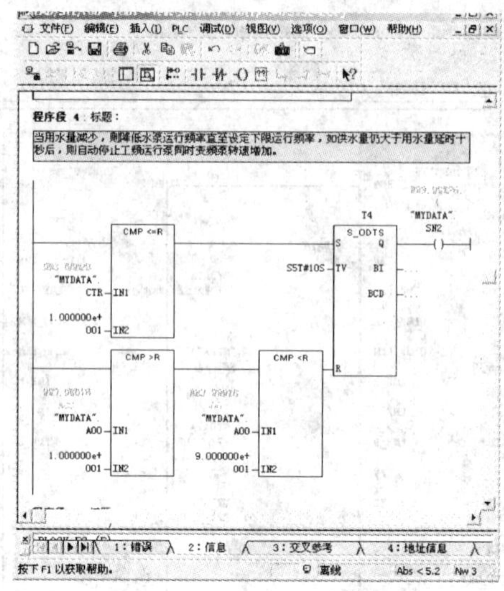

图 9.21　关闭工频泵

如图 9.22 所示，在程序段 6 中，接通线圈 Q124.0，开启工频泵。当压力 PID 控制输出在 10 ~ 90 时，将定时器 T5 复位，如图 9.23 所示。

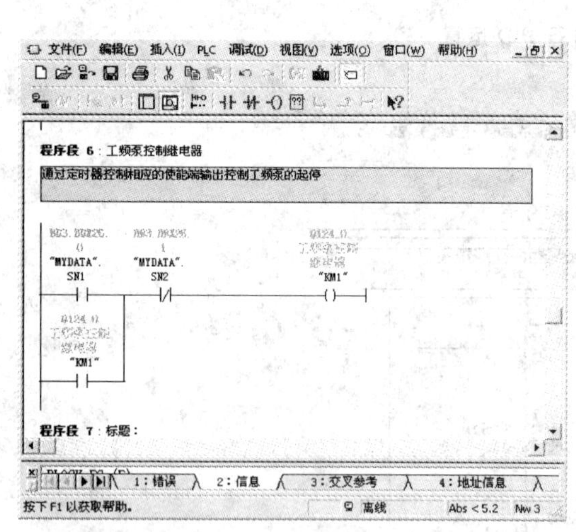

图 9.22　工频泵控制

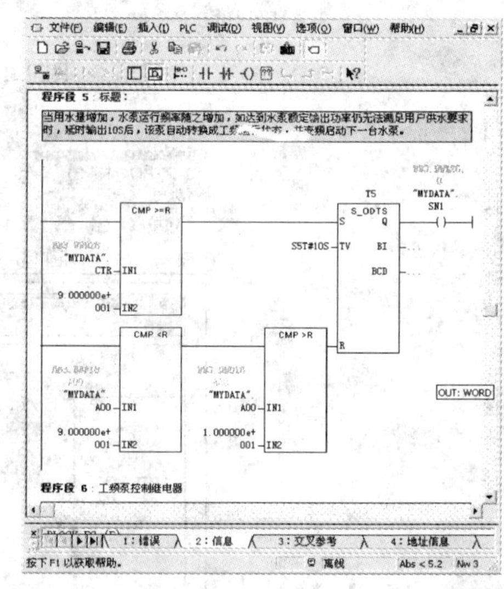

图 9.23　开启工频泵

经 PID 运算，输出值需要进行数值转换，将标准的 0 ~ 100 的数据转换成相应的数字量。压力 PID 输出值转换成变频器对应的数字量 0 ~ 16 384；温度 PID 输出值转换成对应的数字量 5 530 ~ 27 648，如图 9.24 所示。

由组态可知，变频器的控制字 STW 的地址是 PQW268，向该地址写入不同的控制字，来控制变频器的准备、启动、停止和清错，如图 9.25 至图 9.28 所示。

若程序要求准确性较高，则建议把程序段 2 PID 块调用放到 OB35 中。OB35 默认 100 ms 执行一次，可使 PID 按照 100、200、500 ms 等速度运行。OB35 周期可以修改。在 HW 中，选

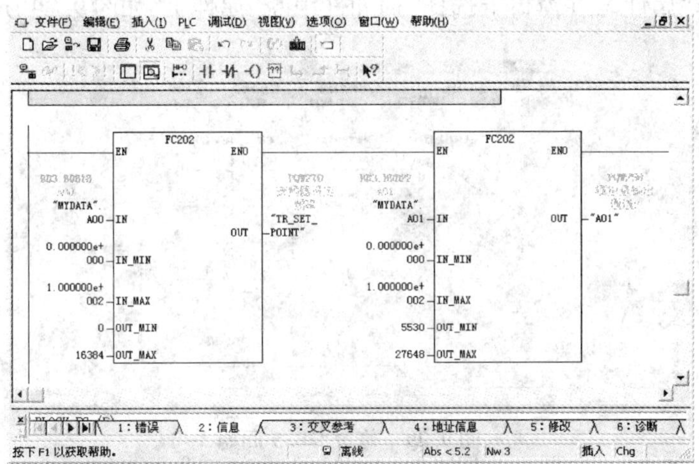

图 9.24　数值输出转换

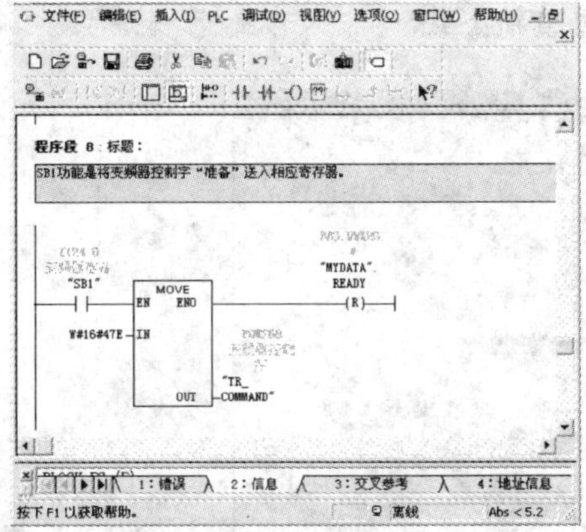

图 9.25　变频器准备

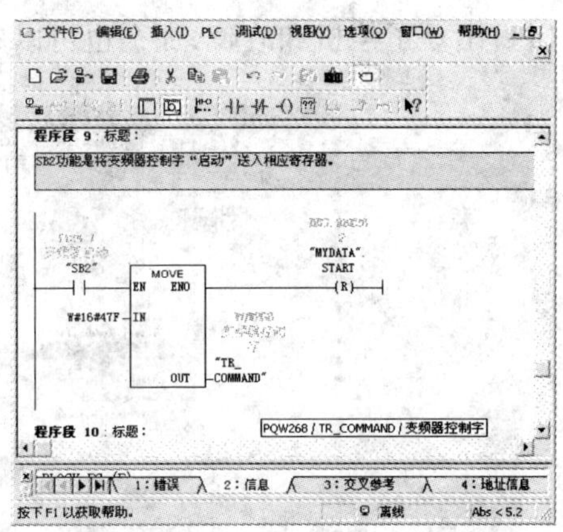

图 9.26　变频器启动

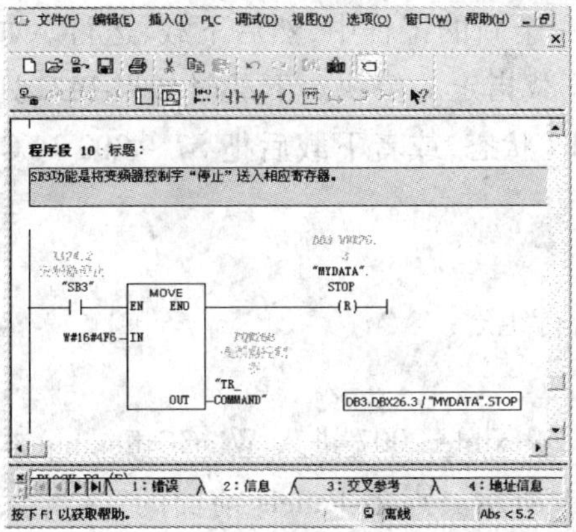

图 9.27　变频器停止

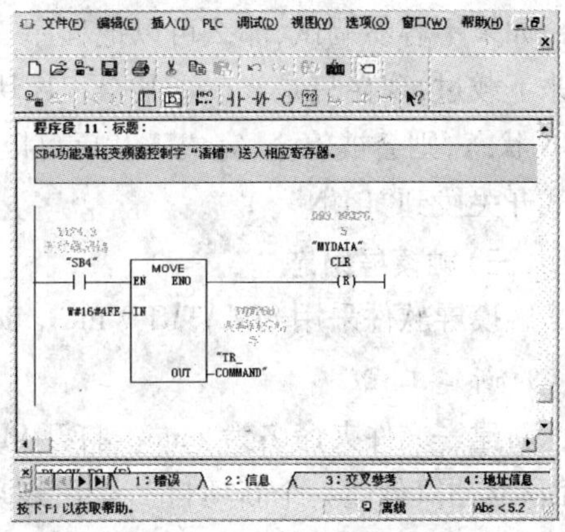

图 9.28　变频器清错

择 CPU,右击选择“属性”,在窗口上选择“周期性中断”属性页,如图 9.29 所示。

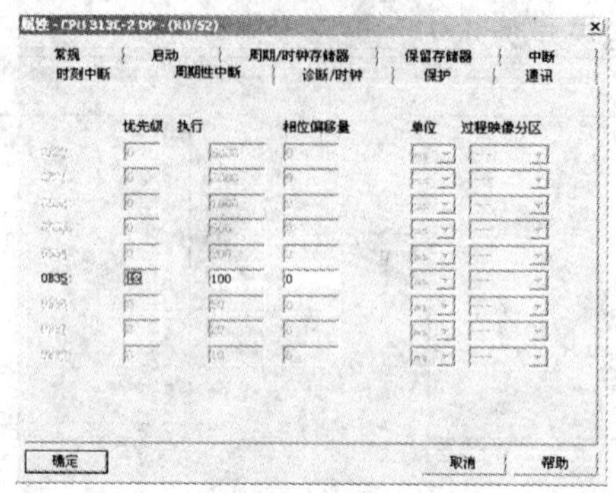

图 9.29 修改 OB35 周期

在 Manager 窗口选择“Blocks”右击,选择快捷菜单“PLC”→“Download”,如图9.30所示。实现整个程序块(包括系统数据以及所有 OB、FB、DB)的下载。下载前最好先清除 CPU。如果 CPU 出现了停机和故障,那么也可以先清除 CPU 再重新下载。

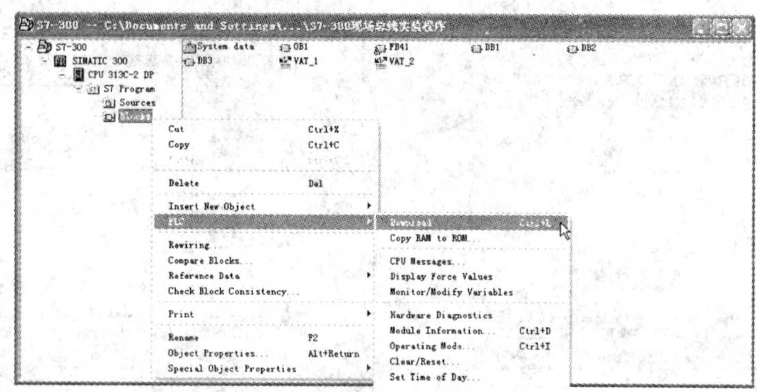

图 9.30 下载程序

如果不容易调试,那么可以把程序一段段复制到一个新的工程中,然后下载、运行。如果原来下载过,现在只是修改了某个程序块,则可以只下载指定的模块。下载时如果 PLC 处于 RUN 状态,则会被停止,完成下载后可以再次进入 RUN 状态,或者下载后把 S7 - 300 PLC 的模式开关拨到“RUN”。

(三)触摸屏组态

触摸屏软件采用 SIMATIC WinCC flexible 2007 进行组态。

1. 新建工程

新建一文件夹命名为 zutai。打开 SIMATIC WinCC flexible 2007 进入 WinCC flexible 欢迎界面。点击“创建一个新项目”,会出现界面如图 9.31 所示。点击 Panels 前面的“ + ”号,选择型号 OP 177B color PN/DP。点击“确定”,进入到新工程中。新建工程默认一个新画面,名称为画面 1,如图 9.32 所示。

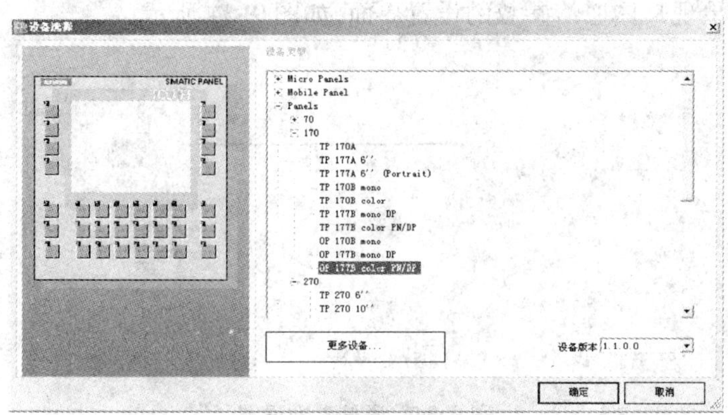

图 9.31　选择触摸屏型号

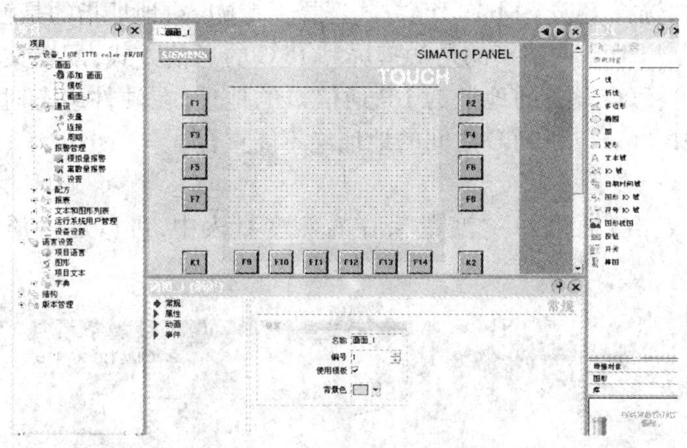

图 9.32　进入工程界面

2. 通信设置

双击“项目”→“通讯”→“连接”，出现对话框如图 9.33 所示。

图 9.33　建立通信连接

本系统的控制器采用 S7 - 300 PLC，点击图 9.33 中“名称”下面的空白格，出现通信设置的窗口。选择“SIMATIC S7 - 300/400”，表示通信对象为 S7 - 300 PLC 和触摸屏。建立好新连接后,则在下方出现具体通信参数的设置界面,如图 9.34 所示。

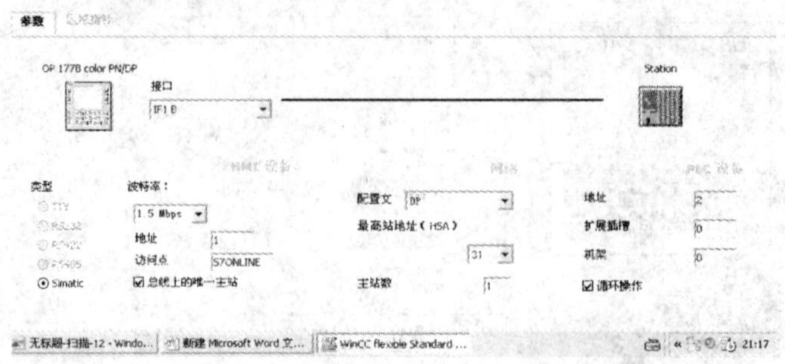

图 9.34 通信参数设置

HMI 设备的接口选项中,选择接口为“IF1B”;类型选择“Simatic”;波特率根据通信要求选择,一般 MPI 方式选择 187.5 Kbps,DP 方式选择 1.5 Mbps;地址指的是触摸屏的地址,一般设定为 1,其他的默认即可;网络指的是触摸屏和 PLC 的通信方式,配置文件中选择 DP 总线通信,其他默认即可;PLC 设备的地址为 DP 通信口的地址,在硬件组态时进行设置,默认为 2。需注意的是,触摸屏、PC 和 PLC 之间的地址绝不能重合。

3. 建立变量

在图 9.35 中,点击“通讯”→“变量”,在右侧变量表中,可以逐一添加变量,如图9.36 所示。

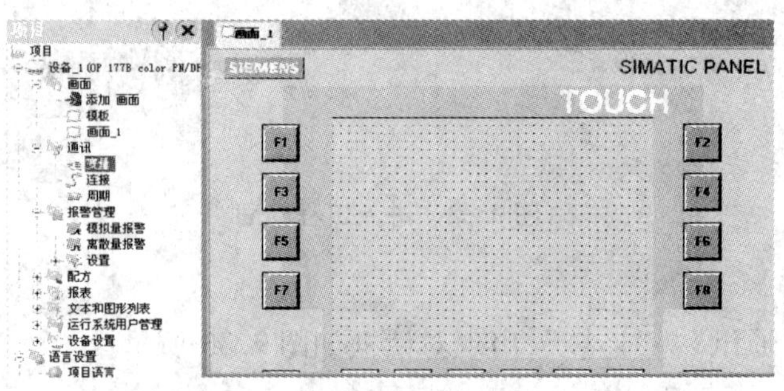

图 9.35 变量建立

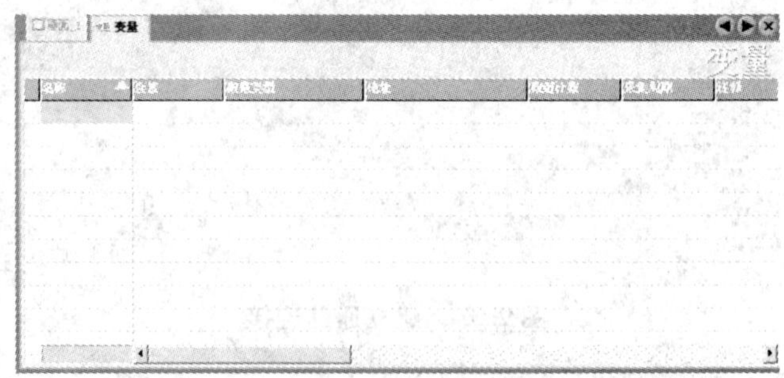

图 9.36 添加变量

名称是变量的名称,可以自行为变量命名,如 PID0_PV;PV 值的数据类型是实数,在数据类型中选择 REAL;连接指的是该变量是建立在哪个通信连接下,选择刚才建立连接;地址是程序中 PID0 的背景数据块 DB1 中的 DB1. DBD20;采集周期最好选择 1 s,因为采集周期太小,触摸屏频繁地扫描会导致触摸屏死机现象;注释是根据需要添加的,只在变量表中显示。

本组态程序用到的变量如表 9.1 所示。

表 9.1　组态变量表

变量名称	地址	数据类型	变量名称	地址	数据类型
“PID0”. GAIN	DB1. DBD20	REAL	“PID1”. MAN	DB2. DBD16	REAL
“PID0”. LMN	DB1. DBD72	REAL	“PID1”. MAN_on	DB2. DBX0. 1	BOOL
“PID0”. MAN	DB1. DBD16	REAL	“PID1”. PV	DB2. DBD92	REAL
“PID0”. MAN_on	DB1. DBX0. 1	BOOL	“PID1”. SP_INT	DB2. DBD6	REAL
“PID0”. PV	DB1. DBD92	REAL	“PID1”. TD	DB2. DBD28	REAL
“PID0”. SP_INT	DB1. DBD6	REAL	“PID1”. TI	DB2. DBD24	REAL
“PID0”. TD	DB1. DBD28	REAL	CHANGE	DB3. DBX10. 4	BOOL
“PID0”. TI	DB1. DBD24	REAL	CLERA	DB3. DBX10. 2	BOOL
“PID1”. GAIN	DB2. DBD20	REAL	INVERTET_0	DB3. DBD36	REAL
“PID1”. LMN	DB2. DBD72	REAL	MV_SEL	DB3. DBW8	INT
PV0_SEL	DB3. DBW4	INT	READY	DB3. DBX10. 0	BOOL
PV1_SEL	DB3. DBW6	INT	START	DB3. DBX10. 1	BOOL
STATUS	DB3. DBD20	REAL	STOP	DB3. DBX10. 3	BOOL
TR_REAL_FREQUENT	DB3. DBD16	REAL	TR_SET_FREQUENT	DB3. DBD12	REAL

4. 画面组态

新工程建立后就默认有一个画面,名称为画面 1,可以重命名该画面的名称。根据项目的需要决定要建立多少画面,在恒温恒压供水系统中需要两个画面,一个是主画面,开机运行后直接进入主画面;另一个画面是操作画面,在主画面中做个链接就可以进入到画面 2 中。

选择画面 1,仔细观察画面的组成,左边、右边和下边都由按键组成,中间是触摸屏的屏,组态就建立在屏上。按键的作用可以和组态画面中的按钮实现共同的功能,在此处先不作介绍。点击右侧工具中简单对象子菜单,此菜单中有需要用的组态工具,可以在此处选择组态中需要的选项。要在组态画面中注释文字,双击文本域,鼠标将变成一个十字光标,当把光标放在编辑区时,出现画面如图 9.37 所示。

画面中出现 Text,当点击下方对话框中的“Text”时,可以对其修改,如“威海职业技术学院机电系”,如果想改变文字的大小和颜色,点击“属性”菜单,第一项是外观的设置,可以修改文字的颜色等,如图 9.38 所示。

点击“文本”菜单,可以修改文字样式和对齐方式,如图 9.39 所示。

I/O 域的设置主要是模拟量的输入和输出,设置 I/O 域用的是同一个标号,通过选择可以决定是输入还是输出,如图 9.40 所示。

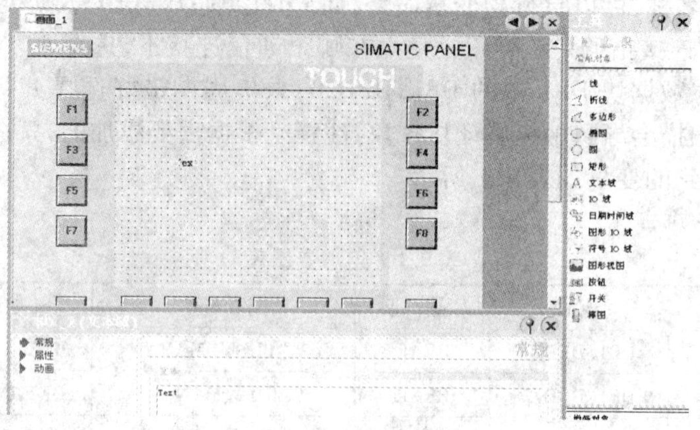

图 9.37　画面组态

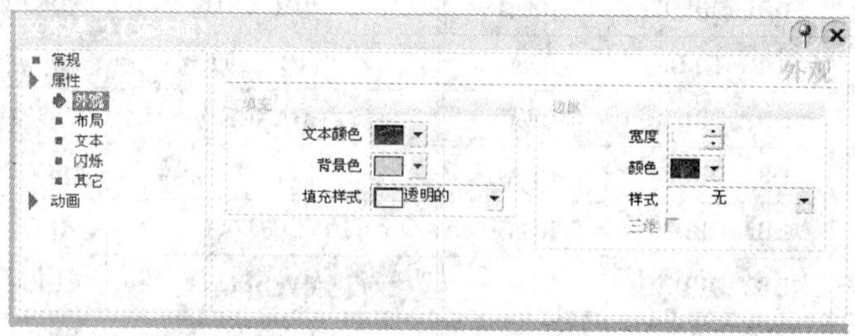

图 9.38　文本外观设置

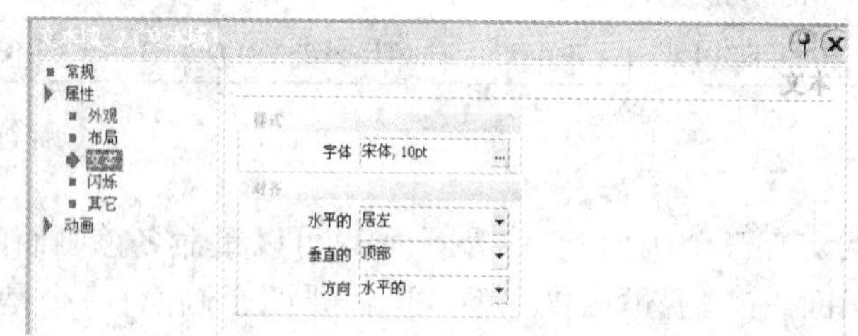

图 9.39　文本样式修改

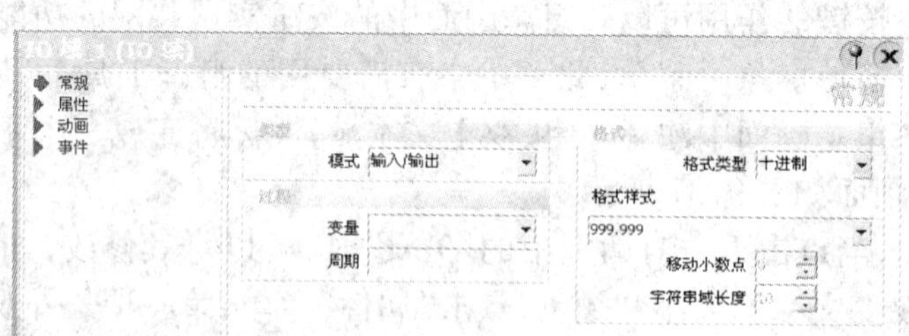

图 9.40　输入/输出域

(1)类型:模式选择输入/输出。

(2)格式:格式类型选择十进制;格式样式选择整数和小数部分各有几位有效数据。

(3)过程:选择连接的变量。

按钮的作用:一种用来和程序对应实现程序控制,一种用来组态画面之间的切换和退出。

按钮控制程序时所表示的意思是对控制器中的某个变量置位和复位。

例如,要实现 PID0 的自动和手动的切换,在程序中 DB1. DBX0. 1 为 1 时程序就进行手动控制,此时可以输入手动值;当 DB1. DBX0. 1 为 0 时就进行自动控制,此时可以设定设定值和调整 P、I、D 参数,最终实现自动控制;在组态里用的是对 DB1. DBX0. 1 置 1 就切换到手动,复位就切换到自动。可以再组态两个按钮,一个按钮用来复位 DB1. DBX0. 1,一个按钮用来置位 DB1. DBX0. 1,这样就实现了自动和手动的切换。

复位 DB1. DBX0. 1 按钮方式如下:在按钮属性对话框中,选择“事件”,如图 9. 41 所示,在第一栏中选择或者输入函数“RESET BIT”,变量中选择 DB1. DBX0. 1,点击组态画面空白处,此按钮就设置完毕;如果要置位的话在选择函数时选择“STET BIT”。

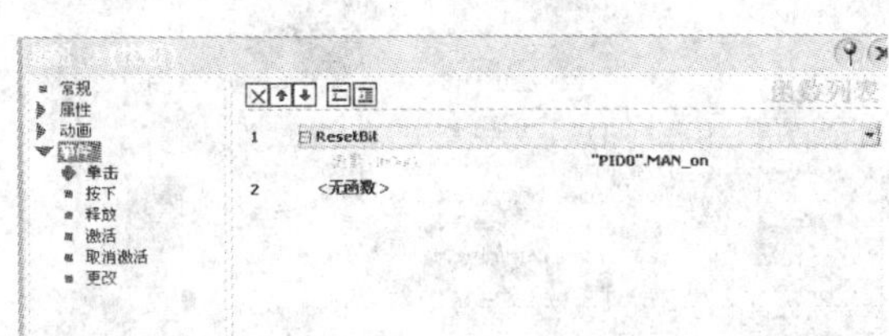

图 9. 41　按钮组态

按钮控制画面的切换:用一个按钮链接上对应的函数和画面变量就可以实现对画面的切换。在按钮属性的函数选择栏中选择函数“Activatescreen”,变量选择要切换的画面,就完成了画面切换的设置;如果要实现退出系统的功能,在函数选择栏中选择函数“StopRuntime”。

触摸屏屏边的按键的设置:其功能和屏中的某些按钮实现同一功能,如图 9. 42 所示。当按键没有设置功能时,按键左上角为绿色,当设置功能连接变量后就变成黄色。

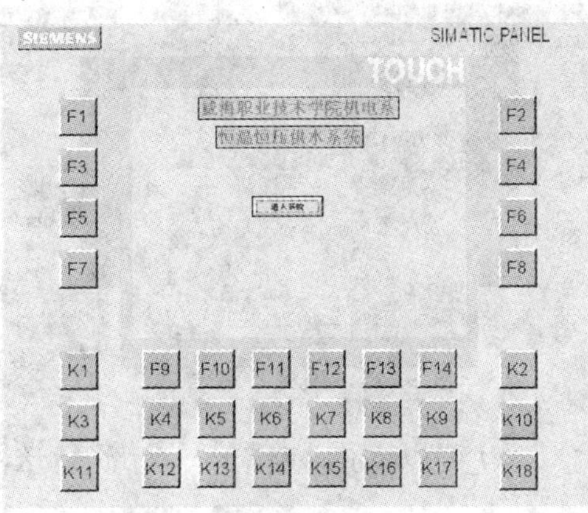

图 9. 42　带软键的触摸屏

点击要设置的按键,如软键 F1,在属性对话框中选择函数,如图 9. 43 所示。

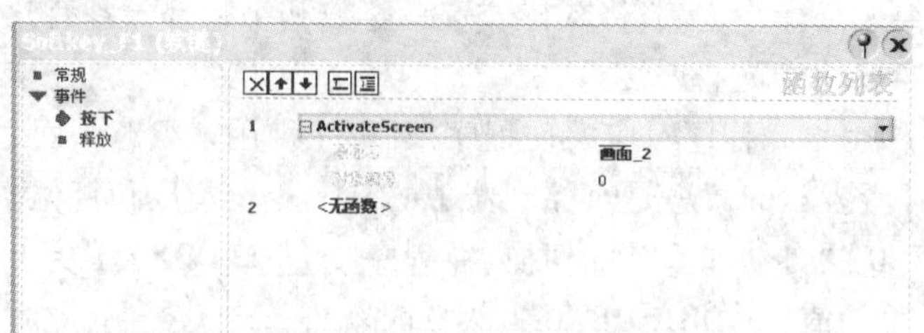

图 9.43　组态软键

软键的设置和按钮的设置窗口基本相同，可以在函数选取栏中选择切换画面函数或者退出相同函数。

恒温恒压供水系统的触摸屏组态完成后，如图 9.44 所示。

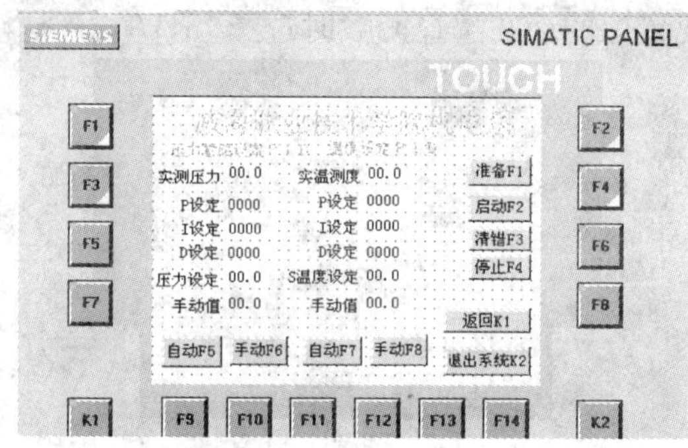

图 9.44　系统主界面

5. 组态编译和下载运行

点击项目菜单中的“编译器 - 生成(G)”进行编译，如果有错，按照提示修改错误，编译成功就可以模拟运行。点击菜单“项目”→“传送”→“传送设置”，进入如图 9.45 所示对话框。

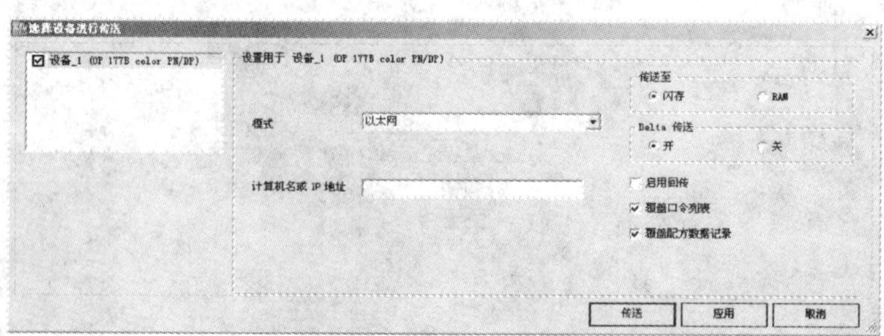

图 9.45　项目下载传送

在模式中选择“MPI/DP”方式或“以太网”方式等，点击“传送”按钮。传送完成后，即可调试运行。

附录A 指令一览表

助记符	程序元素目录	说明
—| |—	位逻辑指令	常开触点(地址)
—|/|—	位逻辑指令	常闭触点(地址)
—( )	位逻辑指令	输出线圈
—(#)—	位逻辑指令	中间输出
= =0—| |—	状态位	结果位等于0
>0—| |—	状态位	结果位大于0
> =0—| |—	状态位	结果位大于等于0
< =0—| |—	状态位	结果位小于等于0
<0—| |—	状态位	结果位小于0
< >0—| |—	状态位	结果位不等于0
ABS	浮点数指令	得到浮点数数字的绝对值
ACOS	浮点数指令	得到反余弦值
ADD_DI	整数数学运算指令	加双精度整数
ADD_I	整型数学运算指令	加整数
ADD_R	浮点数指令	加实数
ASIN	浮点数指令	得到反正弦值
ATAN	浮点数指令	得到反正切值
BCD_DI	转换	BCD 码转换为双精度整数
BCD_I	转换	BCD 码转换为整数
BR - -| |- -	状态位	异常位二进制结果
——(CALL)	程序控制	调用来自线圈的 FC 、SFC(不带参数)
CALL_FB	程序控制	从逻辑框中调用 FB
CALL_FC	程序控制	从逻辑框中调用 FC
CALL_SFB	程序控制	从逻辑框中调用 SFB
CALL_SFC	程序控制	从逻辑框中调用 SFC
——(CD)	计数器	减计数器线圈
CEIL	转换	上限
CMP > = D	比较	比较双精度整数(= = 、< > 、> 、< 、> = 、< =)

续表

助记符	程序元素目录	说明
CMP > =I	比较	比较整数(= = 、< > 、>、<、> = 、< =)
CMP > =R	比较	比较实数(= = 、< > 、>、<、> = 、< =)
COS	浮点数指令	得到余弦值
——(CU)	计数器	升值计数器线圈
DI_BCD	转换	双精度整数转换为 BCD 码
DI_R	转换	双精度整数转换为浮点数
DIV_DI	整数数学运算指令	除双精度整数
DIV_I	整数数学运算指令	除整数
DIV_R	浮点数指令	除实数
EXP	浮点数指令	得到指数值
FLOOR	转换	基数
I_BCD	转换	整数转换为 BCD 码
I_DI	转换	整数转换为双精度整数
INV_I	转换	二进制反码整数
INV_DI	转换	二进制反码双精度整数
|——(JMP)	跳转	无条件跳转
| |——(JMP)	跳转	有条件跳转
——(JMPN)	跳转	如果非则跳转
LABEL	跳转	标号
LN	浮点数指令	得到自然对数
——(MCR >)	程序控制	主控制继电器关闭
——(MCR <)	程序控制	主控制继电器开启
——(MCRA)	程序控制	主控制继电器激活
——(MCRD)	程序控制	主控制继电器取消激活
MOD_DI	整数数学运算指令	返回分数双精度整数
MOVE	传送	分配值
MUL_DI	整数数学运算指令	乘双精度整数
MUL_I	整数数学运算指令	乘整数
MUL_R	浮点数指令	乘实数
——(N)——	位逻辑指令	RLO 负跳沿检测
NEG	位逻辑指令	地址下降沿检测
NEG_DI	转换	二进制补码双精度整数
NEG_I	转换	二进制补码整数
NEG_R	转换	取反浮点数数字
——|NOT|——	位逻辑指令	取反能流

续表

助记符	程序元素目录	说明
——(OPN)	DB 调用	打开数据块 DB 或 DI
OS——| |——	状态位	存储的异常位溢出
OV - -| |——	状态位	异常位溢出
——(P)——	位逻辑指令	RLO 正跳沿检测
POS	位逻辑指令	地址上升沿检测
——(R)	位逻辑指令	复位线圈
——(RET)	——(RET)	程序控制
ROL_DW	移位/循环	循环左移双字
ROR_DW	移位/循环	循环右移双字
ROUND	转换	取整为双精度整数
RS	位逻辑指令	复位置位触发器
——(S)	位逻辑指令	置位线圈
——(SAVE)	位逻辑指令	将 RLO 的状态保存到 BR
——(SC)	计数器	设置计数器值
S_CD	计数器	减计数器
S_CU	计数器	增计数器
S_CUD	计数器	双向计数器
——(SD)	定时器	接通延时定时器线圈
——(SE)	定时器	扩展脉冲定时器线圈
——(SF)	定时器	断开延时定时器线圈
SHL_DW	移位/循环	左移双字
SHL_W	移位/循环	左移字
SHR_DI	移位/循环	右移双精度整数
SHR_DW	移位/循环	右移双字
SHR_I	移位/循环	右移整数
SHR_W	移位/循环	右移字
SIN	浮点数指令	得到正弦值
S_ODT	定时器	接通延时 S5 定时器
S_ODTS	定时器	保持接通延时 S5 定时器
S_OFFDT	定时器	断开延时 S5 定时器
——(SP)	定时器	脉冲定时器线圈
S_PEXT	定时器	扩展脉冲 S5 定时器
S_PULSE	定时器	脉冲 S5 定时器
SQR	浮点数指令	得到平方

附录B　组织块(OB)一览表

编号	启动事件	默认优先级	说明
OB1	启动或上一次循环结束时执行 OB1	1	主程序循环
OB10 ~ OB17	日期时间中断 0 ~ 7	2	在设置的日期时间启动
OB20 ~ OB23	时间延时中断 0 ~ 3	3 ~ 6	延时后启动
OB30 ~ OB38	循环中断 0 ~ 8,时间间隔分别为 5 s,2 s,1 s,500 ms,200 ms,100 ms,50 ms,20 ms,10 ms	7 ~ 15	以设定的时间为周期运行
OB40 ~ OB47	硬件中断 0 ~ 7	16 ~ 23	检测外部中断请求时启动
OB55	状态中断	2	DPV1 中断(PROFIBUS - DP)
OB56	刷新中断	2	
OB57	制造厂特殊中断	2	
OB60	多处理中断,调用 SFC35 时启动	25	多处理中断的同步操作
OB61 ~ OB64	同步循环中断 1 ~ 4	25	同步循环中断
OB70	I/O 冗余错误	25	冗余故障中断(只用于 H 系列的 CPU)
OB72	CPU 冗余错误,例如一个 CPU 发生故障	28	
OB73	通行冗余错误中断,例如冗余连接的冗余丢失	25	
OB80	时间错误	26,启动为 28	异步错误中断
OB81	电源故障	27,启动为 28	
OB82	诊断中断	28,启动为 28	
OB83	插入/拔出模块中断	29,启动为 28	
OB84	CPU 硬件故障	30,启动为 28	
OB85	优先级错误	31,启动为 28	
OB86	扩展机架、DP 主站系统或分布式 I/O 站故障	32,启动为 28	
OB87	通行故障	33,启动为 28	
OB88	过程中断	34,启动为 28	
OB90	冷、热启动,OB90 中正在执行的块被删除之后或结束了背景周期之后	29	背景循环
OB100	暖启动	27	启动
OB101	热启动	27	
OB102	冷启动	27	

续表

编号	启动事件	默认优先级	说明
OB121	编程错误	与引起中断的OB有相同的优先级	同步错误中断
OB122	I/O 访问错误		

附录 C 系统功能(SFC)一览表

编号	名称	功能
SFC0	SET_CLK	设系统时钟
SFC1	READ_CLK	读系统时钟
SFC2	SET_RTM	运行时间定时器设定
SFC3	CTRL_RTM	运行时间定时器启/停
SFC4	READ_RTM	运行时间定时器读取
SFC5	GADR_LGC	查询模块的逻辑起始地址
SFC6	RD_SINFO	读 OB 启动信息
SFC7	DP_PRAL	在 DP 主站上触发硬件中断
SFC9	EN_MSG	使能块相关的、符号相关的和组状态的信息
SFC10	DIS_MSG	禁止块相关的、符号相关的和组状态的信息
SFC11	DPSYC_FR	同步 DP 从站组
SFC12	D_ACT_DP	取消和激活 DP 从站
SFC13	DPNRM_DG	读 DP 从站的诊断数据(从站诊断)
SFC14	DPRD_DAT	读标准 DP 从站的连续数据
SFC15	DPWR_DAT	写标准 DP 从站的连续数据
SFC17	ALARM_SQ	生成可确认的块相关信息
SFC18	ALARM_S	生成恒定可确认的块相关信息
SFC19	ALARM_SC	查询最后的 LAARM_SQ 到来的事件信息的应答状态
SFC20	BLKMOV	拷贝变量
SFC21	FILL	初始化存储区
SFC22	CREAT_DB	生成 DB
SFC23	DEL_DB	删除 DB
SFC24	TEST_DB	测试 DB
SFC25	COMPRESS	压缩用户内存
SFC26	UPDAT_PI	刷新过程映像输入表
SFC27	UPDAT_PO	刷新过程映像输出表
SFC28	SET_TINT	设置日时钟中断
SFC29	CAN_TINT	取消日时钟中断

续表

编号	名称	功能
SFC30	ACT_TINT	激活日时钟中断
SFC31	QRY_TINT	查询日时钟中断
SFC32	SRT_DINT	启动延时中断
SFC33	CAN_DINT	取消延时中断
SFC34	QRY_DINT	查询延时中断
SFC35	MP_ALM	触发多 CPU 中断
SFC36	MSK_FLT	屏蔽同步故障
SFC37	DMSK_FLT	解除同步故障屏蔽
SFC38	READ_ERR	读故障寄存器
SFC39	DIS_IRT	禁止新中断和非同步故障
SFC40	EN_IRT	使能新中断和非同步故障
SFC41	DIS_AIRT	延迟高优先级中断和非同步故障
SFC42	EN_AIRT	使能高优先级中断和非同步故障
SFC43	RE_TRIGR	再触发循环时间监控
SFC44	REPL_VAL	传送替代值到累加器 1
SFC46	STP	使 CPU 进入停机状态
SFC47	WAIT	延迟用户程序的执行
SFC48	SNC_RTCB	同步子时钟
SFC49	LGC_GADR	查询一个逻辑地址的模块槽位的属性
SFC50	RD_LGADR	查询一个模块的全部逻辑地址
SFC51	RDSYSST	读系统状态表或部分表
SFC52	WR_USMSG	向诊断缓冲区写用户定义的诊断事件
SFC54	RD_PARM	读取定义参数
SFC55	WR_PARM	写动态参数
SFC56	WR_DPARM	写默认参数
SFC57	PARM_MOD	为模块指派参数
SFC58	WR_REC	写数据记录
SFC59	RD_REC	读数据记录
SFC60	GD_SND	全局数据包发送
SFC61	GD_RCV	全局数据包接收
SFC62	CONTROL	查询通信的连接状态
SFC63	AB_CALL	汇编代码块
SFC64	TIME_TCK	读系统时间
SFC65	X_SEND	向本地 S7 站之外的通信伙伴发送数据
SFC66	X_RCV	接收本地 S7 站之外的通信伙伴发送的数据

续表

编号	名称	功能
SFC67	X_GET	读取本地 S7 站之外的通信伙伴的数据
SFC68	X_PUT	写数据到本地 S7 站之外的通信伙伴
SFC69	X_ABORT	中断与本地 S7 站之外的通信伙伴已建立的连接
SFC72	I_GET	读取本地 S7 站内的通信伙伴的数据
SFC73	I_PUT	写数据到本地 S7 站内的通信伙伴
SFC74	I_ABORT	中断与本地 S7 站内的通信伙伴已建立的连接
SFC78	OB_RT	确定 OB 的程序运行时间
SFC79	SET	置位输出范围
SFC80	RSET	复位输出范围
SFC81	UBLKMOV	不间断拷贝变量
SFC82	CREA_DBL	在装载存储器中生成 DB 块
SFC83	READ_DBL	读装载存储器中的 DB 块
SFC84	WRIT_DBL	写装载存储器中的 DB 块
SFC87	C_DIAG	实际连接状态的诊断
SFC90	H_CTRL	H 系统中的控制操作
SFC100	SET_CLKS	设日期时间和日期时间状态
SFC101	RTM	运行时间计时器
SFC102	RD_DPARA	读取预定义参数(重新定义参数)
SFC103	DP_TOPOL	识别 DP 主系统中总线的拓扑
SFC104	CiR	控制 CiR
SFC105	READ_SI	读取动态系统资源
SFC106	DEL_SI	删除动态系统资源
SFC107	ALARM_DQ	生成可确认的块相关信息
SFC108	ALARM_D	生成恒定可确认的块相关信息
SFC126	SYNC_PI	同步刷新过程映像区输入表
SFC127	SYNC_PO	同步刷新过程映像区输出表

附录 D　SFB 块一览表

编号	名称缩写	功能
SFB0	CTU	加计数
SFB1	CTD	减计数
SFB2	CTUD	加/减计数
SFB3	TP	定时脉冲
SFB4	TON	延时接通
SFB5	TOF	延时断开
SFB8	USEND	非协调数据发送
SFB9	URCV	非协调数据接收
SFB12	BSEND	段数据发送
SFB13	BRCV	段数据接收
SFB14	GET	向远程 CPU 写数据
SFB15	PUT	从远程 CPU 读数据
SFB16	PRINT	向打印机发送数据
SFB19	START	在远程装置上实施暖启动或冷启动
SFB20	STOP	将远程装置变为停止状态
SFB21	RESUME	在远程装置上实施暖启动
SFB22	STATUS	查询远程装置的状态
SFB23	USTATUS	接收远程装置的状态
SFB29	HS_COUNT	计数器(高速计数器,集成功能)
SFB30	FREQ_MES	频率计(频率计,集成功能)
SFB31	NOTIFY_8P	生成不带确认显示的块相关信息
SFB32	DRUM	执行顺序器
SFB33	ALARM	生成带确认显示的块相关信息
SFB34	ALARM_8	生成不带 8 个信号值的块相关信息
SFB35	ALARM_8P	生成带 8 个信号值的块相关信息
SFB36	NOTIFY	生成不带确认显示的块相关信息
SFB37	AR_SEND	发送归档数据
SFB38	HSC_A_B	计数器 A/B 转换
SFB39	POS	定位(集成功能)

续表

编号	名称缩写	功能
SFB41	CONT_C	连续调节器
SFB42	CONT_S	步进调节器
SFB43	PULSEGEN	脉冲发生器
SFB44	ANALOG	带模拟输出的定位
SFB46	DIGITAL	带数字输出的定位
SFB47	COUNT	计数器控制
SFB48	FREQUENC	频率计控制
SFB49	PULSE	脉冲宽度控制
SFB52	RDREC	读来自 DP 从站的数据记录
SFB53	WRREC	向 DP 从站写数据记录
SFB54	RALRM	接收来自 DP 从站的数据记录
SFB60	SEND_PTP	发送数据(ASCII,3964(R))
SFB61	RCV_PTP	接收数据(ASCII,3964(R))
SFB62	RES_RECV	清除接收缓冲区(ASCII,3964(R))
SFB63	SEND_RK	发送数据(RK512)
SFB64	FETCH_RK	获取数据(RK512)
SFB65	SERVE_RK	接收和提供数据(RK512)
SFB75	SALRM	向 DP 从站发送中断

参 考 文 献

[1] 张万奎. 机床电气控制技术[M]. 北京:中国林业出版社,2006.
[2] 李崇华. 电气控制技术[M]. 重庆:重庆大学出版社,2008.
[3] 姚永刚. 电机与控制技术[M]. 北京:中国铁道出版社,2010.
[4] 齐占庆,王振臣. 电气控制技术[M]. 北京:机械工业出版社,2006.
[5] 廖常初. S7 - 300/400 PLC 应用教程[M]. 北京:机械工业出版社,2009.
[6] 龚仲华. S7 - 200/300/400 PLC 应用技术提高篇[M]. 北京:人民邮电出版社,2008.
[7] 吉顺平,孙承志,路明,等. 西门子 PLC 与工业网络技术[M]. 北京:机械工业出版社,2008.
[8] 秦益霖. 西门子 S7 - 300 PLC 应用技术[M]. 北京:电子工业出版社,2008.
[9] 廖常初. S7 - 300/400 PLC 应用技术[M]. 北京:机械工业出版社,2008.
[10] 廖常初,祖正容. 西门子工业通信网络组态编程与故障诊断[M]. 北京:机械工业出版社,2009.
[11] 崔坚,李佳. 西门子工业网络通信指南[M]. 北京:机械工业出版社,2004.
[12] 廖常初,陈晓东. 西门子人机界面(触摸屏)组态与应用技术[M]. 北京:机械工业出版社,2008.